Baustoffe und Betonbau

Lehren, Forschen, Prüfen, Anwenden

Baustoffe und Betonbau

Lehren, Forschen, Prüfen, Anwenden

Festschrift zum 60. Geburtstag
von Prof. Dr.-Ing. Harald S. Müller
Institut für Massivbau und Baustofftechnologie
Materialprüfungs- und Forschungsanstalt, MPA Karlsruhe

zusammengestellt von
Michael Haist und Nico Herrmann

Hinweis der Herausgeber
Für den Inhalt namentlich gekennzeichneter Beiträge ist die jeweilige Autorin
bzw. der jeweilige Autor verantwortlich.

Impressum
Karlsruher Institut für Technologie (KIT)
KIT Scientific Publishing
Straße am Forum 2
D-76131 Karlsruhe
www.ksp.kit.edu

KIT – Universität des Landes Baden-Württemberg und
nationales Forschungszentrum in der Helmholtz-Gemeinschaft

KIT Scientific Publishing 2012
Print on Demand

ISBN 978-3-86644-795-0

Inhalt

Grußwort
des Präsidiums des Karlsruher Instituts für Technologie (KIT)

Das Präsidium des Karlsruher Instituts für Technologie gratuliert Herrn Professor Dr.-Ing. Harald Müller herzlich zum 60. Geburtstag und verbindet seine besten Wünsche für die kommenden Jahre mit dem tief empfundenen Dank für herausragende Leistungen in Forschung, Lehre und Innovation.

Diese Leistungen wurden erbracht in beispielgebendem Engagement für die Universität Karlsruhe, für das Karlsruher Institut für Technologie, für die Fakultät für Bauingenieur-, Geo- und Umweltwissenschaften und für die gesamte Scientific Community. Harald Müller versteht es, eine erfüllende Forschertätigkeit mit der Hingabe eines überzeugten Hochschullehrers zu verbinden. Hervorzuheben ist seine aktive Mitgestaltung des Bauingenieur-Studiums in Karlsruhe insbesondere im Rahmen seines Engagements als Studiendekan. Die Erfolge seiner Studierenden sind sicherlich auch eine angemessene Anerkennung dieser Leistungen. Weiterer Dank gebührt Herrn Müller für die entschlossene Erfüllung seiner Aufgaben nicht nur als Leiter des Instituts für Massivbau und Baustofftechnologie, sondern auch als Direktor der Materialprüfungs- und Forschungsanstalt (MPA Karlsruhe). Vom persönlichen Einsatz der Wissenschaftler und Hochschullehrer seines Formats lebt eine Einrichtung wie das KIT, das sich die Integration einer Universität und eines nationalen Forschungszentrums auf allen für Forschung, Lehre und Innovation relevanten Ebenen auf die Fahnen geschrieben hat.

Mit dem Festkolloquium anlässlich des 60. Geburtstags von Harald Müller wird seinen langjährigen Wegbegleitern, Mitarbeitern, Kollegen und Freunden die Gelegenheit gegeben, ihm für viele anregende Gespräche, Diskussionen, Ratschläge und für die kollegiale Zusammenarbeit herzlich zu danken und dies mit den besten Wünschen für die Zukunft bei all seinen beruflichen und privaten Vorhaben zu verbinden.

Das gesamte KIT-Präsidium schließt sich diesen Wünschen an und wünscht Herrn Müller zum runden Geburtstag alles erdenklich Gute, viele schöne Jahre bei robuster Konstitution, weitere fruchtbare Beiträge zur Gestaltung des KIT und im Zusammenwirken mit seinen Mitarbeiterinnen und Mitarbeitern noch zahlreiche weitere wissenschaftliche Erfolge.

Prof. Dr.-Ing. Detlef Löhe
Vizepräsident für Forschung und Information

Grußwort

der Fakultät für Bauingenieur-, Geo- und Umweltwissenschaften
des Karlsruher Instituts für Technologie (KIT)

Die Fakultät für Bauingenieur-, Geo- und Umweltwissenschaften gratuliert Herrn Professor Dr.-Ing. Harald Müller zur Vollendung seines 60. Lebensjahres am 16.12.2011 sehr herzlich und verbindet damit die besten Wünsche für das nächste Lebensjahrzehnt.

Der „runde" Geburtstag bietet Anlass, seine Leistungen in Wissenschaft und Praxis zu würdigen. Die Verdienste von Harald Müller im fachlichen Bereich herauszustellen, soll berufeneren Kreisen vorbehalten bleiben.

Die Fakultät für Bau – Geo – Umwelt, der Herr Müller seit über 16 Jahren als Ordinarius für Baustoffe und Betonbau angehört, dankt ihm für seine herausragenden Leistungen als Wissenschaftler und Hochschullehrer, ganz besonders aber auch für seinen unermüdlichen Einsatz in den Gremien der Fakultät. Als Studiendekan für den Bereich Bauingenieurwesen hat er in den letzten 11 Jahren tatkräftig an verschiedenen Reformen des Studiengangs mitgewirkt und die Ausrichtung des Bauingenieur-Studiums in Karlsruhe, das in den Rankings der letzten Jahre permanent Spitzenplätze belegt, maßgeblich mitgestaltet. Sein Rat in den Gremien der Fakultät, insbesondere dem Fakultätsrat und dem Fakultätsvorstand, ist sehr gefragt und geschätzt.

Das Dekanat und die gesamte Fakultät für Bauingenieur-, Geo- und Umweltwissenschaften wünscht Herrn Müller für das neue Lebensjahrzehnt alles Gute, vor allem Gesundheit und weiterhin viel Freude und Erfolg bei der wissenschaftlichen Arbeit.

Prof. Dr.-Ing. Dr. h.c. Bernhard Heck
Dekan der Fakultät für Bauingenieur-, Geo- und Umweltwissenschaften

Vorwort

Die vorliegende Festschrift „Baustoffe und Betonbau – Lehren, Forschen, Prüfen, Anwenden" ist Herrn Prof. Dr.-Ing. Harald S. Müller zum 60. Geburtstag gewidmet. Sie würdigt die Tätigkeit von Herrn Prof. Müller als Hochschullehrer und Forscher, seinen unermüdlichen Einsatz für die Materialprüfung und Normung von Baustoffen sowie sein umfangreiches und langjähriges Engagement in vielen für die Betonbauweise relevanten Gremien und Vereinigungen.

Harald Müllers beruflicher Weg begann nach dem Abschluss des Abiturs 1971 mit dem Studium an der damaligen Universität Karlsruhe (TH). Nach einem zwei Semester währenden Exkurs in das Studium der Physik wechselte er zum Wintersemester 1972 zum Studium des Bauingenieurwesens, das er 1979 als Diplomingenieur mit Auszeichnung abschloss. In den folgenden Jahren arbeitete Harald Müller zunächst als wissenschaftlicher Mitarbeiter und nach Abschluss der Promotion bei Professor Hubert K. Hilsdorf als Oberingenieur am Institut für Massivbau und Baustofftechnologie der Universität Karlsruhe (TH). Im Jahr 1989 wechselte er von Karlsruhe an die Bundesanstalt für Materialforschung und -prüfung (BAM) in Berlin und war dort zunächst als Leiter und später als Direktor und Professor tätig.

Zum Wintersemester 1995 wurde Harald Müller in Karlsruhe zum Professor für Baustofftechnologie berufen. Viele seiner späteren Doktorschüler erlebten ihn ab diesem Zeitpunkt in seinen Vorlesungen, die sich u. a. durch ihre hervorragende didaktische Gliederung und Harald Müllers Engagement für die Studierenden auszeichneten. Nicht zuletzt aufgrund dieses Einsatzes wurde er im Jahr 2000 zum Studiendekan gewählt, mit der Aufgabe, den zu diesem Zeitpunkt seit Jahrzehnten unveränderten Studienplan an die Bedürfnisse einer modernen Bauingenieursausbildung anzupassen. Wahrlich eine Herkulesaufgabe, die er damals – und zwischenzeitlich zwei weitere Male – gemeinsam mit der Studienkommission der Fakultät meisterte!

Sein gesamtes forscherisches Wirken ist durch das Bestreben gekennzeichnet, die Eigenschaften des Werkstoffs Betons und auch anderer Werkstoffe in seinen grundlagenphysikalischen Zusammenhängen zu begreifen und darüber hinaus für den anwendenden Ingenieur in Form von Formeln und Diagrammen fassbar zu machen. Bereits in seiner ausgezeichneten Dissertation zum Kriechverhalten von Beton hat Harald Müller Maßstäbe gesetzt. Diese und weitere seiner Arbeiten bilden die Grundlage für fast alle in Europa gültigen Normen, die das Materialverhalten von Beton – und hier insbesondere dessen Verformungsverhalten – beschreiben.

Während in den ersten Jahren als Professor in Karlsruhe seine Arbeiten und die seiner Doktorschüler noch stark durch mechanische Themen geprägt waren, sind in den vergangenen zehn Jahren die Gebiete der Betontechnologie (insbesondere der Frischbetontechnologie) sowie der Dauerhaftigkeit und des Lebenszyklusmanagements hinzugekommen.

Harald Müller ist neben seinem Amt als Professor für Baustoffe und Betonbau gleichzeitig auch als Direktor der Materialprüfungs- und Forschungsanstalt, MPA Karlsruhe, tätig. Diese Tätigkeit sowie sein Engagement in zahlreichen Gremien und Vereinigungen bildet für seine Mitarbeiter und Doktoranden eine Brücke in die – manchmal raue – Welt der Baupraxis.

Stellvertretend für die Bereiche der Lehre und Forschung, der Normung und der Gremienarbeit wurden von den Herausgebern langjährige Wegbegleiter von Harald Müller seitens der Fédération Internationale du Béton (*fib*), des Deutschen Ausschusses für Stahlbeton (DAfStb) und der Deutschen Forschungsgemeinschaft (DFG) gebeten, die einzelnen Themenfelder und ihre Zusammenarbeit mit Harald Müller jeweils in einem Beitrag zu beleuchten. Dieser Bitte kamen die Herren Professoren Balázs, Curbach und Budelmann mit Freude nach.

Das vorliegende Buch wird abgerundet durch Beiträge aus den Fachgruppen des Lehrstuhls für Baustoffe und Betonbau sowie aus den Abteilungen der Materialprüfungs- und Forschungsanstalt, MPA Karlsruhe, die einen Überblick über das aktuelle Wirken von Harald Müller als deren Leiter geben.

Michael Haist und Nico Herrmann
Karlsruhe im Januar 2012

Prof. Dr.-Ing. Harald S. Müller

Lebenslauf

16.12.2011	60. Geburtstag von Prof. Dr.-Ing. Harald S. Müller
2011	Wahl in das DFG-Fachkollegium „Baustoffwissenschaften, Bauchemie, Bauphysik"
2006 – 2009	Mitglied des Senatsausschuss für Sonderforschungsbereiche der Deutschen Forschungsgemeinschaft (DFG)
2006	Ernennung zum Direktor der Materialprüfungs- und Forschungsanstalt, MPA Karlsruhe
2000	Wahl zum Studiendekan der Fakultät für Bauingenieur-, Geo- und Umweltwissenschaften der Universität Karlsruhe (TH)
1999	Gründung des Ingenieurbüros Ingenieurgesellschaft Bauwerke
1998	Vereidigung als Sachverständiger für Beton- und Mauerwerksbau, Bauschäden und Bauphysik
1995	Berufung zum Universitätsprofessor für Baustofftechnologie am Institut für Massivbau und Baustofftechnologie der Universität Karlsruhe
1992	Ernennung zum stv. Abteilungsleiter der Abteilung Bauwesen der Bundesanstalt für Materialforschung und -prüfung (BAM), Berlin
1990	Ernennung zum Direktor und Professor der Fachgruppe Baustoffe an der Bundesanstalt für Materialforschung und -prüfung (BAM)
1989	Wechsel an die Bundesanstalt für Materialforschung und -prüfung (BAM) als Leiter der Fachgruppe Baustoffe
1988	Auszeichnung mit dem Ehrensenator-Huber-Preis der Fakultät für Bauingenieur- und Vermessungswesen der Universität Karlsruhe
1986	Ernennung zum Oberingenieur des Instituts für Massivbau und Baustofftechnologie der Universität Karlsruhe
1986	Promotion zum Doktor-Ingenieur an der Fakultät für Bauingenieur- und Vermessungswesen der Universität Karlsruhe; Referenten: Professoren Hilsdorf und Eibl (Karlsruhe) und Trost (Aachen); Gesamturteil: mit Auszeichnung bestanden
1979 – 1985	Tätigkeit als wissenschaftlicher Mitarbeiter und Lehrstuhlassistent am Institut für Massivbau und Baustofftechnologie der Universität Karlsruhe

1979   Diplomabschluss im Fach Bauingenieurwesen und Auszeichnung mit dem Ludwig-Lenz-Preis der Fakultät für Bauingenieur- und Vermessungswesen der Universität Karlsruhe

1972 – 1979   Studium des Bauingenieurwesens an der Universität Karlsruhe

1971 – 1972   Studium der Physik an der Universität Karlsruhe

1971   Abitur am Nikolaus-Kistner-Gymnasium, Mosbach

16.12.1951   Geburt in Osterburken (Odenwald)

Mitgliedschaften und Funktionen

ACI   Mitglied im Arbeitsausschuss 209 „Creep and Shrinkage in Concrete" des American Concrete Institute

DAfStb   Mitglied im Vorstand des Deutschen Ausschusses für Stahlbeton e. V. sowie in verschiedenen Ausschüssen

DBV   Mitglied im Deutschen Beton- und Bautechnik-Verein sowie Tätigkeit als Sachverständiger für den DBV

DFG   Langjähriges Mitglied des Senats der Deutschen Forschungsgemeinschaft; derzeit Mitglied des Fachkollegiums Baustoffwissenschaften, Bauchemie, Bauphysik

DIBt   Mitglied in Sachverständigenausschüssen des Deutschen Instituts für Bautechnik

FGSV   Mitglied im Ausschuss „Straßenbeton" der Forschungsgesellschaft für Straßen- und Verkehrswesen

fib   Mitglied des Vorstands der Féderation Internationale du Béton

RILEM   Mitglied der Réunion Internationale des Laboratoires et Experts des Matériaux, Systèmes de Construction et Ouvrages

VDB   Mitglied im Verband Deutscher Betoningenieure

sowie Mitglied der Preisjury zum Rüsch-Forschungspreis des Deutschen Beton- und Bautechnik-Vereins e. V. und zum CEMEX Förderpreis Beton der CEMEX Deutschland AG

Görgy L. Balázs

fib Model Code 2010 as basis of codes for future concrete sructures

o. univ. Prof.
Dr.-Ing. habil.
György L. Balázs
President of *fib*, Lausanne

Budapest University of
Technology and Economics
Műegyetem rkp.3,
H-1111 Budapest
E-Mail: balazs@vbt.bme.hu

Preface

It is my pleasure to take this opportunity to express *fib*'s best wishes to Professor Harald S. Müller for continuing good health, happiness and fulfilment - also on behalf of the *fib* Presidium and the Secretariat in Lausanne.

His involvement both in earlier CEB and now *fib* has been and continues for high appreciation. Professor Harald S. Müller had major contribution to the *fib* Model Code 2010 on the Chapter Concrete.

In addition, I have to mention in particular his invaluable contributions to the *fib* Textbook on Structural concrete – behaviour, design and performance, as well as his achievements as chairman of *fib* Commission 8 Concrete which produced for example the famous *fib* bulletin on Constitutive modelling of high strength/high performance concrete, and many other things.

His highly valued participation in *fib*'s governing bodies over the years is also appreciated, especially his activities within the *fib* Presidium as elected member since 2007.

I personally was always very happy to work together with Professor Harald S. Müller over many years. He gave extremely important contributions to our international Federation for Structural Concrete (*fib*).

1 Introduction and mission of *fib*

Requirements for concrete structures were often formulated as follows: concrete structures must be resistant, serviceable, durable, economic and aesthetic.

Today, we have several further requirements or expectations regarding concrete structures, for example: they must be robust enough to avoid progressive collapse, should need only minimal maintenance, should be able to embed waste materials, should provide protection against accidents, should provide barriers against or following hazards, should be reusable or at least recyclable, should support sustainability in all possible ways, and in addition, provide adequate fire and earthquake resistance and be environmentally compatible. These are all challenges that we have to face and to which we must respond with our concrete structures.

Rapid development in the last decades has resulted in improved properties and improved concrete quality. An additional influence is the wider acceptance of concrete structures by the society, which is also very important. Concrete and concrete structures contribute considerably to the quality of life of people all over the world, even if we do not always realize it, and simply use them.

Concretes can be developed nowadays with high ductility, high toughness, high compressive strength, high tensile strength, high residual tensile strength after cracking or high freeze-thaw resistance or, on the other hand, with special characteristics such as low shrinkage, low creep or low water permeability. Special mix design and advanced admixtures help to attain special material characteristics. There is no other material today that is as versatile.

How was this possible? Concrete is a material that is being continuously developed to meet new requirements. Improved properties have been reached by using new types of cement, specific aggregates, improved mix designs (e.g. with optimized particle packing), new generations of admixtures, new types of reinforcements as well as appropriate solutions for casting and curing.

The mission of *fib* is to make a significant contribution to the advancement of knowledge and technical developments in the field of structural concrete.

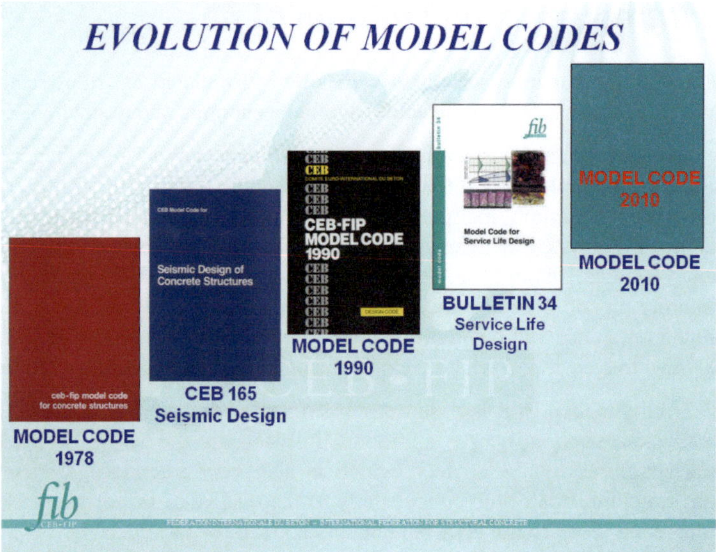

Fig. 1   Evolution of Model Codes

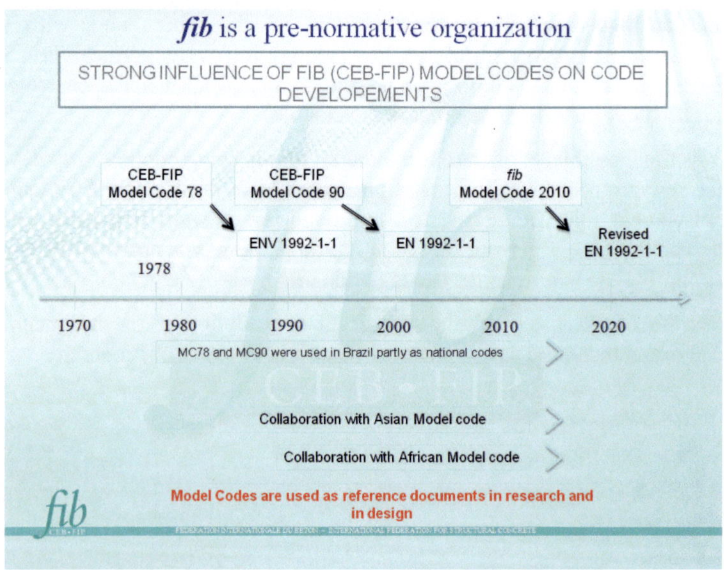

Fig. 2   Role of *fib* (CEB-FIP) on EN 1992-1-1 as a pre-normative organization

Most important documents of *fib* (CEB and FIP) are the Model Codes. Earlier Model Codes are presented in Fig. 1: Model Code 78 and Model Code 90 as well as Model Code for Seismic Design of Concrete Structures (1985) and Model Code for Service Life Design (2006). We are just ready with Model Code 2010

The *fib* Model Code 2010 (abbreviated as MC2010) is the most comprehensive code for concrete structures we ever had including the whole life cycle of a concrete structure from design, construction, conservation and dismantlement. Design is based on performance requirements incorporating considerations on safety, serviceability, durability and sustainability issues. The materials chapter is particularly extended with the new types of concretes (like fibre reinforced concrete) and new types of reinforcements (like non-metallic reinforcements).

Fig. 2 intends to summarize the role of *fib* (CEB and FIP) Model Codes on EN 1991-1-1, that is often refered to as EC2. This diagram also helps to demonstrate that *fib* is considered as a pre-normative organization. ENV 1991-1-1 (Pre-Norm version) was based on Model Code 1978. EN 1991-1-1 (final Norm version) was based on Model Code 1990. The revised version of EN 1991-1-1 is planed to be based on Model Code 2010 (the revision starts after 2015).

The *fib* Model Code 2010 is an exceptional code because it does not only give the regulations but also gives the corresponding explanations in a separate column of the document. Additionally, MC2010 is supported by background documents that have already been published (or will be published) in *fib* Bulletins and journal articles. Some recent examples are presented in Figs. 3 and Fig. 4.

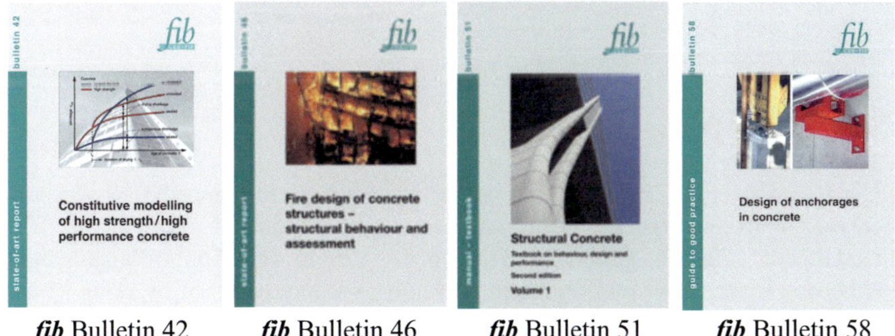

| *fib* Bulletin 42 | *fib* Bulletin 46 | *fib* Bulletin 51 | *fib* Bulletin 58 |

Fig. 3   Recent *fib* Bulletins as background documents to MC2010

It is important to remember how the aims of the Model Code 2010 are formulated:

- to serve as a basis for future codes for concrete structures

- represent new developments with regard to concrete structures, structural materials and new ideas

in order to achieve optimum behaviour.

The *fib* Model Codes (and earlier CEB-FIP Model Codes) are the only concrete codes in the word that are internationally developed and internationally voted involving activities and technical opininions from five continents.

MC2010 is subdivided into 5 main parts: I. Principles, II. Design input, III. Design, IV: Construction and V. Conservation and Dismatlement.

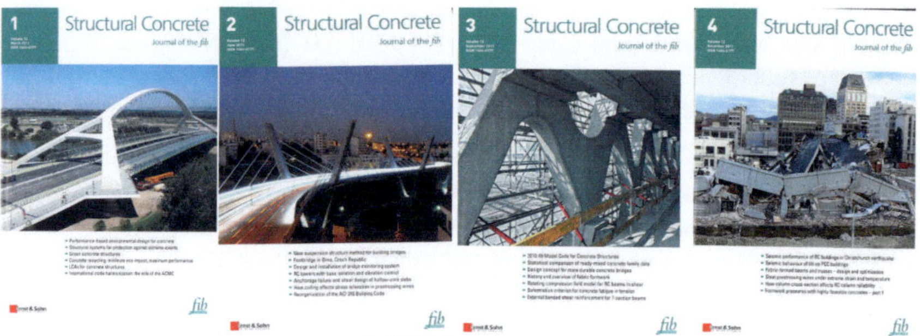

Fig. 4   Recent Volumes of the Structural Concrete Journal of *fib*

2   Principles

MC2010 intends to reach wider application of performance-based design; increased consideration of sustainability and environmental aspects; specific material and structural properties reached by careful selection of aggregates, admixtures, binders and reinforcement; technological improvement by using nano-systems.

Performance is defined as the behaviour of a structure or a structural element as a consequence of actions to which it is subjected to or which it generates. *Performance criteria* are quantitative limits defining the border between the desired and the adverse behaviour, relevant for the specific aspect of performance. If the performance requirements are satisfied during the specified (design) service life, the structure is considered to be sufficiently *durable*.

In the context of performance-based Limit State Design, performance criteria for serviceability and structural safety are specified by: serviceability limit states criteria, ultimate limit state criteria and *robustness criteria.* By virtue of robustness, the structural system should be able to continue to fulfil the function for which it was created, modified or preserved, without being damaged to an extent, disproportional to the cause of the damage.

The *specified service life* for new structures defines the period in which the structure has to satisfy the performance criteria agreed. The end of service life is reached when the performance criteria are not anymore met at the required reliability level.

Limit states are the states beyond which the performance requirements are no longer satisfied.

Verification of limit states associated to the *time-dependent material degradation* is performed by means of service life verifications.

An important aspect is the *life cycle management.* Life cycle management seeks to optimise the balance between factors such as cost, profit, risk, and quality, durability, sustainability, etc.

As a representation of the project as actually constructed, *As-built documentation* (often called as *Birth certificate document*) is used. It includes the result of an initial inspection of a new structure. It may serve as a basis for monitoring of the structure later.

3   Design input data, Materials, Interfaces

There is today a large variety of concrete types like LWC, FRC, HPC, UHPC, SCC, exposed concrete etc. in addition to the conventional concrete. Many of them are reflected in MC2010.

Based on the successful research work by Harald S. Müller and his research group from KIT Karlsruhe [8...17], Chapter 5.1 MC2010 on Concrete is very comprehensive including classifications, strength definitions, moduli of elasticity, stress-strain relations, creep and shrinkage, temperature effects, fatigue, impact, transport of liquids and gases in hardened concrete, properties related to durability, (carbonation progress, ingress of chlodires, freeze-thaw, alkali-aggregate reaction, degradation by acids and leaching).

Concrete grades in MC2010 are classified for normal weight concrete up to C120 and for light weight concrete up to LC80 (Fig. 5).

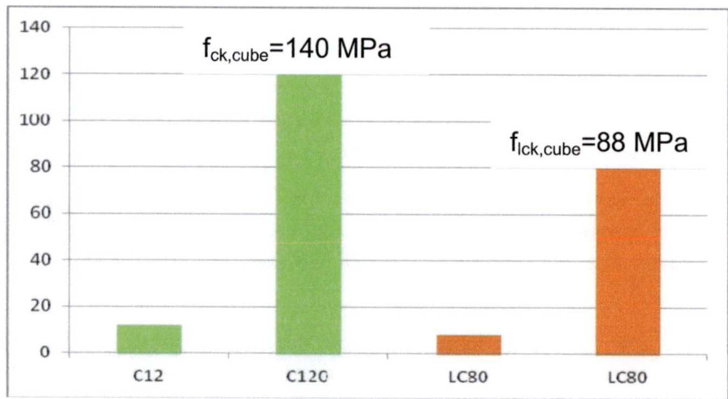

Fig. 5   Range of concrete grades according to MC2010

We have to analyse further reasonable applications of lightweight concretes. Lightweight aggregates, produced from recycled glass are shown in Fig 6.

Fig. 6   Lightweight aggregates (Geofil) (photo by Zsuzsanne Józsa)

For indicating concrete properties, I take the example of shrinkage. In MC2010 the total shrinkage is subdivided into autogeneous shrinkage and drying shrinkage, i.e. basic and drying shrinkage. Attention is called to the significance of autogenous shrinkage in high strength concrete (HSC) that becomes more pronounced than for normal strength concrete (Fig. 7).

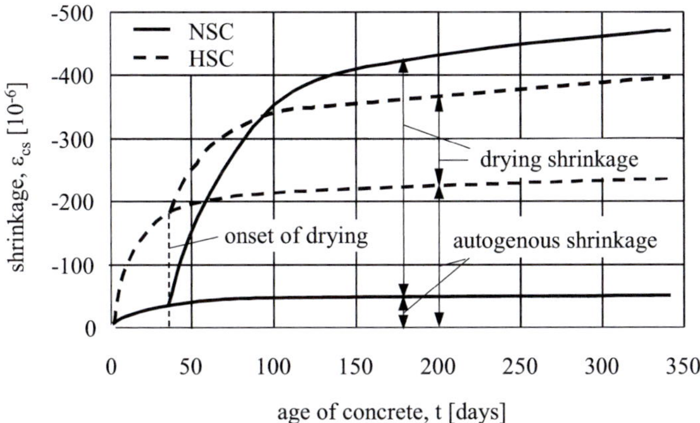

Fig. 7   Time development of autogenous shrinkage and of drying shrinkage in normal strength (conventional) concrete (NSC) and in high strength concrete (HSC) [6]

Failure strain decreases by increasing strength that is demonstrated in Fig. 8.

Fig. 8   Failure of high strength concrete (Photo by Salem G. Nehme)

In addition to conventional steel reinforcement and steel prestressing reinforcement, various types of fibre reinforced polymer (FRP) reinforcements are specified in MC2010. Stress-strain diagrams for reinforcing steel for prestressing steel and for FRP according to MC2010 are shown in Fig. 9.

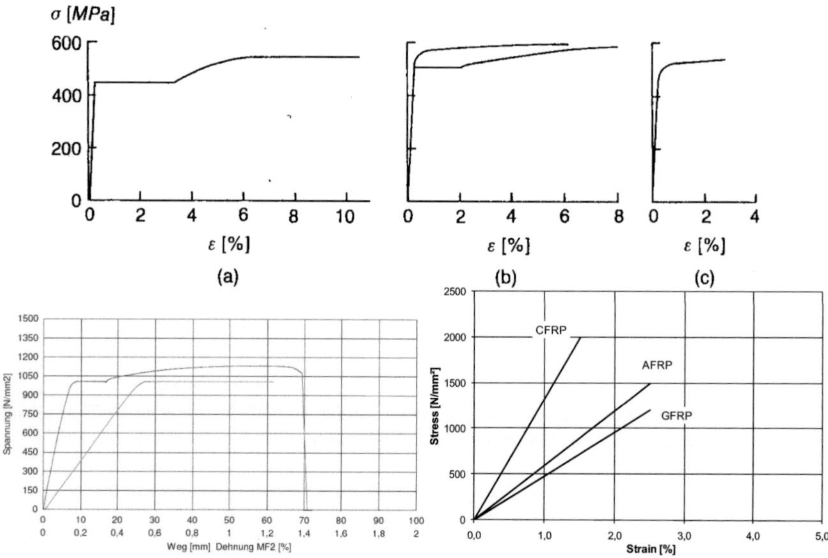

Fig. 9   Stress-strain diagrams for reinforceing steel for prestressing steel and for FRP in MC2010 (Figures of MC2010 from Ch. 5.2)

The following ductiliy classes are defined in MC2010 for steel reinforcing bars:

Class A: $(f_t/f_y)_k \geq 1.05$ and $\varepsilon_{uk} \geq 2.5\%$

Class B: $(f_t/f_y)_k \geq 1.08$ and $\varepsilon_{uk} \geq 5\%$

Class C: $(f_t/f_y)_k \geq 1.15$ and ≤ 1.35 and $\varepsilon_{uk} \geq 7.5\%$

Class D: $(f_t/f_y)_k \geq 1.25$ and ≤ 1.45 and $\varepsilon_{uk} \geq 8\%$.

Some typical FRP reinforcements (AFRP, CFRP, GFRP) are shown in Fig. 10.

Fig. 10   Fibre reinforced polymer (FRP) reinforcements

Fibres became important for concrete structures. A large variety of fibre applications is known from the last decades in various members and for various purposes using different fibres. These engineering applications often followed early empirical applications but are extended for further optimization of material properties. Steel and polymeric fibres are shown in Fig. 11.

Fig. 11   Various steel and polymeric fibres for concrete structures

Application of steel fibres in plain concrete improves material properties such as toughness, ductility, fatigue, and impact resistance [18] [19] [20] [21]. For this reason fibre concrete is especially applied for concreting industrial floors, roads and pavements, airfield runways, bridge decks, tunnels and other concrete and reinforced concrete structures. Fibre reinforcement can be effectively used as retrofitting material as well. However, as previous tests indicated, steel fibre reinforcement is not effective to improve the moment capacity of reinforced concrete members. However, fibres may have significant effect on shear resistance of reinforced concrete beams and slabs [22] (punching shear). Fibres may reduce the amount of stirrups and congestion of reinforcement in high shear regions. Fibres do not only increase shear capacity but also provide substantial post-peak resistance and ductility [23]. Moreover, by the use of steel fibres in plain concrete substantial decrease of crack width can be achieved [23].

Compressive strength is not significantly affected by fibres, unless high a percentage of fibres is used. Under uniaxial tension, FRC can show hardening or softening behaviour depending on the composition (Fig. 12)

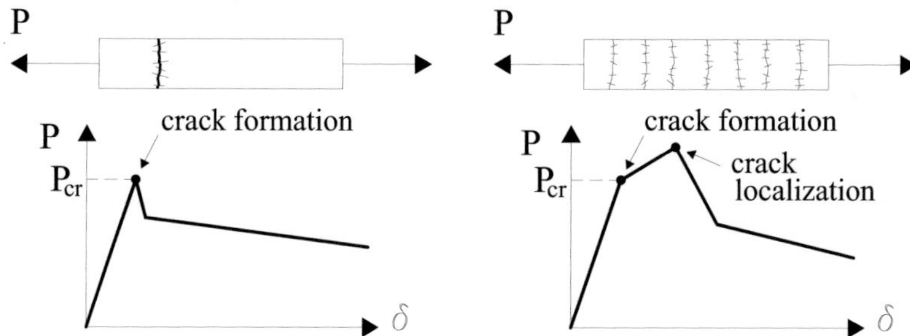

Fig. 12   Softening or hardening behaviours of FRC in axial tension (Figure 5.6-2 of MC2010)

Already low amounts of fibres produce an increase of toughness that is also mentioned as increase in energy absorption of concrete. Fibres help to transform tensile forces through the initially small cracks that is often called as cracks bridging mechanism. These include improved deformation capacity especially the increase of failure strain of concrete in compression. Fatigue and impact resistance can be also improved. In this phase the existence of residual tensile strength of fibre concrete after the appearance of cracks is very important. All these may lead to an improved behaviour both for serviceability and for durability. The higher the fibre content the higher the improvement. (Typical test set-up is shown if Fig. 13). High dosages may produce even more considerable improvements (Fig. 14).

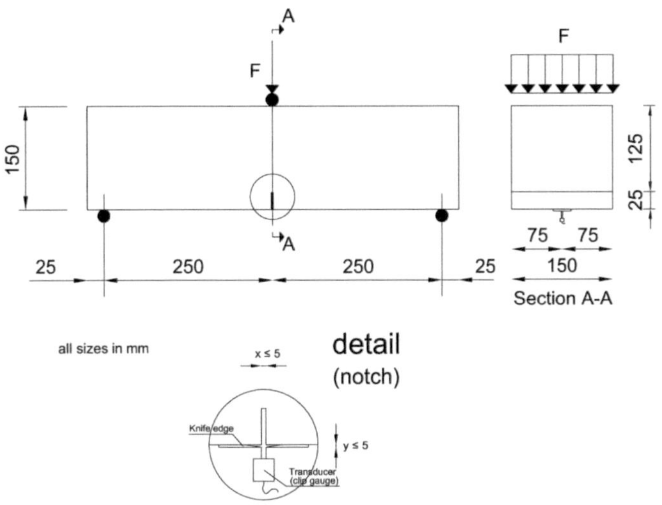

Fig. 13   Test set-up for three-point flexural test of notched FRC beam specimen (Fig. 5.6-5 of MC2010)

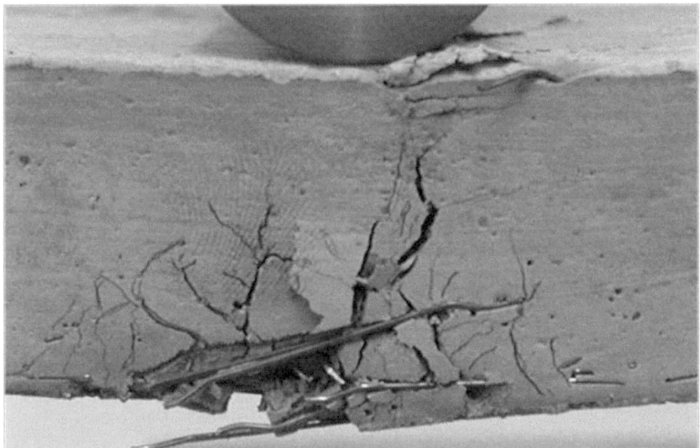

Fig. 14   Flexural behaviour with high dosages of steel fibres

Bond and anchorage properties of steel and embedded FRP reinforcements are presented in the Chapter *on Interface charactersictics* (see bond-slip relationships of steel and FRP reinforcements in Fig. 15.

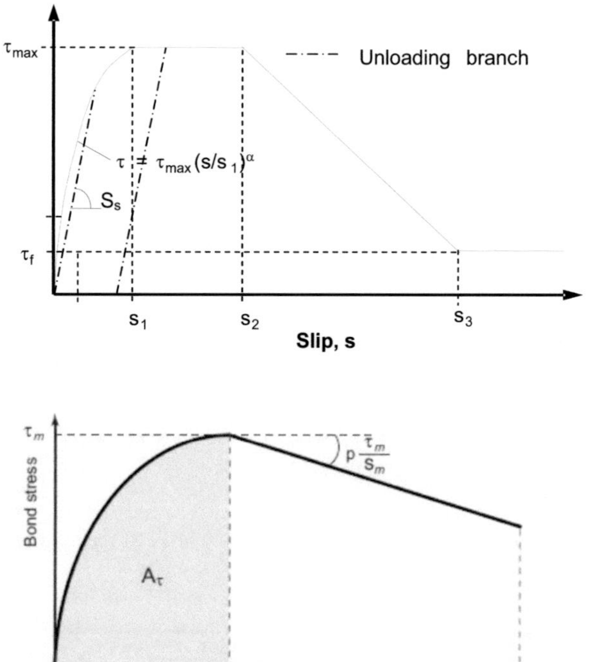

Fig. 15   Bond-slip of steel and FRP reinforcements (Figure 6.1-8 and Figure 6.2-1 of MC2010)

The anchoring capacity of steel reinforcing bars were re-evaluated from 800 tests results and the following semi-empirical equation was obtained (Eq. (6.1-19 of MC2010)) that served for the determination of design bond stress along the anchorage lengths:

$$f_{stm} = 54 \left(\frac{f_{cm}}{25} \right)^{0.25} \left(\frac{25}{\varnothing} \right)^{0.2} \left(\frac{l_b}{\varnothing} \right)^{0.55} \left[\left(\frac{c_{min}}{\varnothing} \right)^{0.33} \left(\frac{c_{max}}{c_{min}} \right)^{0.1} + k_m K_{tr} \right]$$

Critical failure modes are given in Fig. 16 for externally bonded FRP reinforcements.

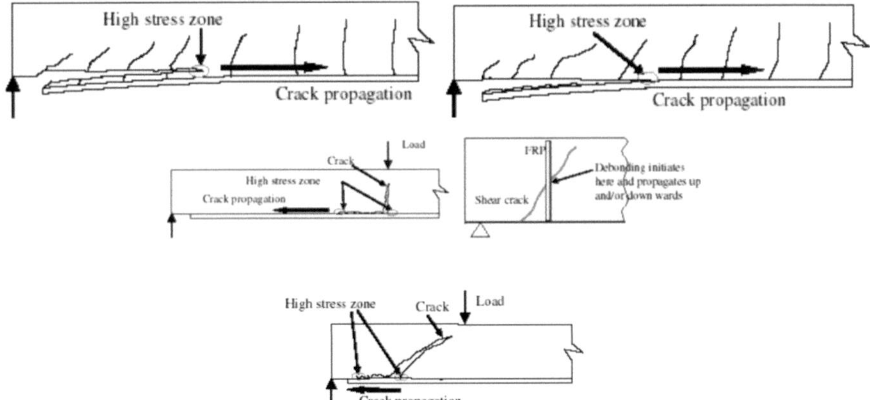

Fig. 16   Anchorage failur (top left) and concrete rip-off failure (top right) as well as intermediate crack debonding failures of FRP in EBR application (Fugure 6.2-4 and Figure 6.2-5 of MC2010)

Fastening elements (anchors) are also presented as interface elements. Their most relevant failure modes of anchores (steel failure, concrete cone failure, concrete splitting failure, edge failure and pull-out failure) are indicated in Fig. 17.

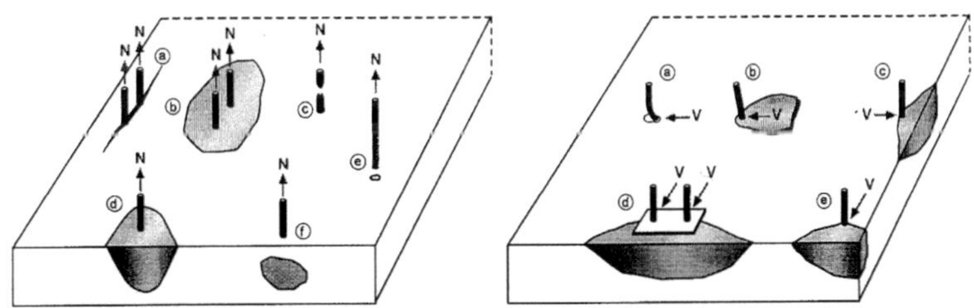

Fig. 17   The most relevant failure modes of anchores (Figure 6.4-3 of MC2010)

4   Design

Conceptual design, Structural analysis and dimensioning and presentation of possible time dependent analysis preceed verifications for ULS and for SLS. *Shear and punching* for static loading as well as *fatique, impact and explosion* are presented in multi levels of approximation with new models.

The importance of *seismic design* is demonstrated here by the photos taken after the Kobe earthquake (Fig. 18). The relative displacement reached one meter. All of the columns of a flyover suffered inelastic deformations.

Fig. 18   Kobe earthquake. Relative displacements along the fault (left), plastic hinge in a column of a fly over (right)

Constructions materials suffer at *high temperatures*. Deterioration of material characteristics and structural performance highly depend on constituents and on the temperature history. Design for high temperatures requires additional aspects of material composition and material characteristics compared to design for ULS and for SLS.

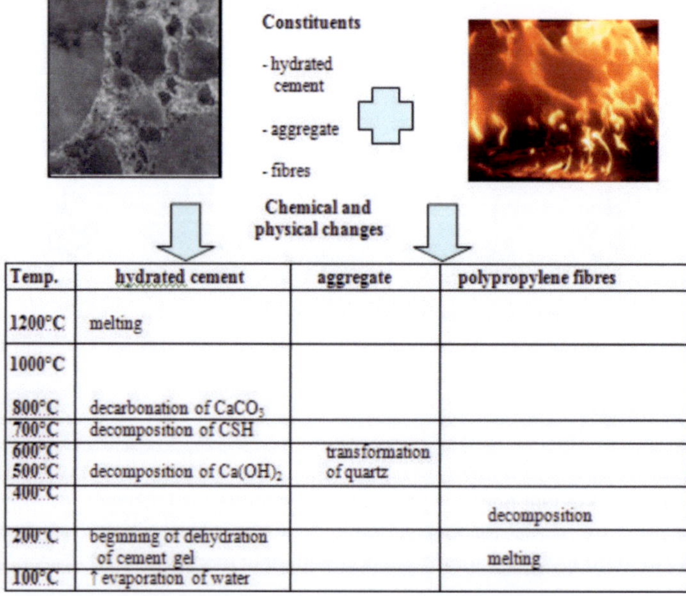

Temp.	hydrated cement	aggregate	polypropylene fibres
1200°C	melting		
1000°C			
800°C	decarbonation of $CaCO_3$		
700°C	decomposition of CSH		
600°C		transformation	
500°C	decomposition of $Ca(OH)_2$	of quartz	
400°C			
			decomposition
200°C	beginning of dehydration of cement gel		melting
100°C	↑ evaporation of water		

Fig. 19   Chemical changes of constituents of concrete during fire [24]

Different materials behave differently at high temperatures. Concrete is a composite material with large variability. When exposed to high temperatures, concrete undergoes changes in its chemical composition, physical structure and water content (Fig. 19). These changes occur primarily in the hardened cement paste in unsealed conditions.

Constructions materials are often in interaction with each other. Importance of their interaction is sometimes even more pronounced during fire. Fig. 20 intends to indicate the complexity of the phenomenon. Information is required on the hydrated cement stone, aggregates, conventional reinforcement as well as fibre reinforcement if a reinforced member is subjected to high temperatures.

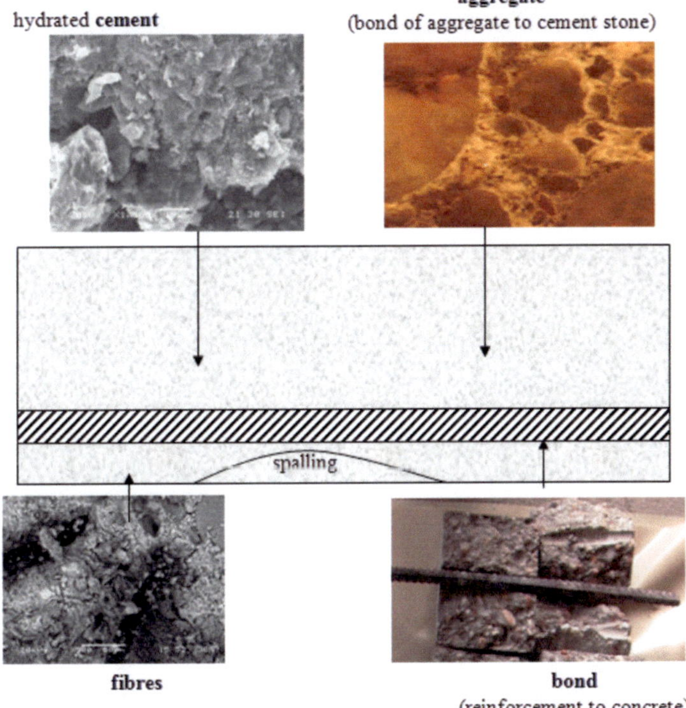

Fig. 20   Constituents of reinforced concrete [24]

Concrete has excellent properties with regard to the fire resistance compared with other materials and can be used to shield other structural materials such as steel.

During fire the mechanical characteristics of the concrete are subject to change. During the cooling process concrete is not able to recover its original characteristics. Deterioration of concrete at high temperatures has two forms: (1) local damage in the material itself and (2) global damage resulting from the failure of the elements.

Residual compressive strength of concrete exposed to high temperatures is influenced by the following factors: (a) water to cement ratio, (b) cement to aggregate ratio, (c) type of aggregate, (d) type of cement, (e) water content of concrete before exposing it to high temperatures and (6) fire process.

FRP reinforcements for concrete structures as internal reinforcements were presented in *fib* Bulletin 40 [25]. Results of a successive application of FRP reinforcement as internal prestressed reinforcement are presented in Fig. 21.

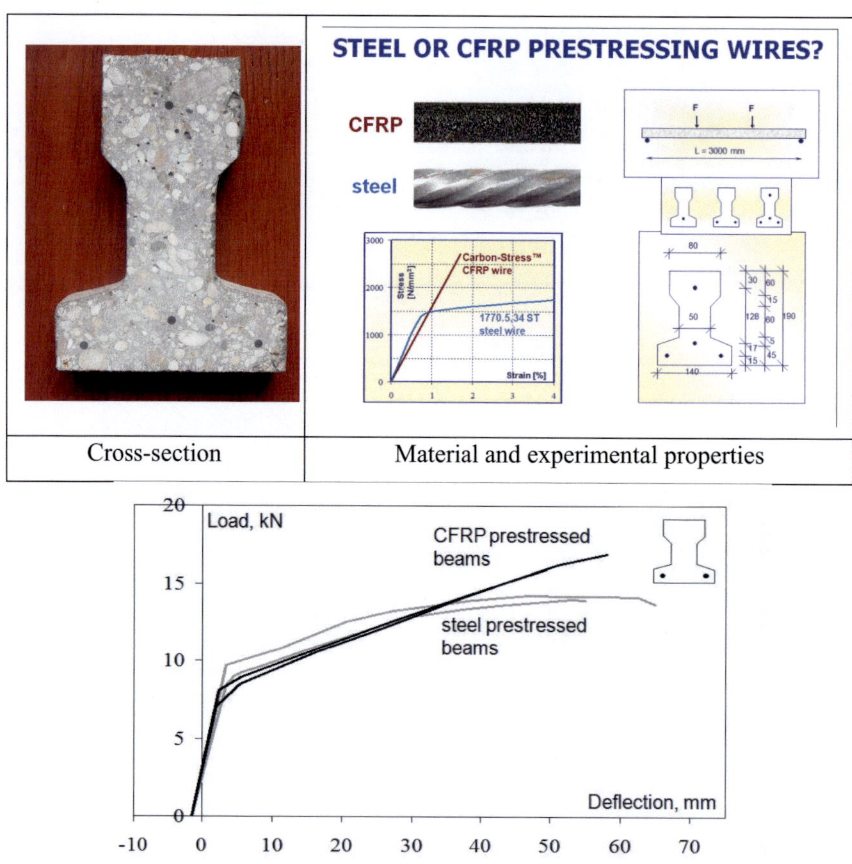

Fig. 21   Comperative study on concrete beams prestressed either with steel or with CFRP wires [26]

The verifications of limit states associated with *durability* may be done according to the safety formats: (a) probabilistic safety format, (b) partial safety factor format, (3) deemed-to-satisfy approach or (4) avoidance-of-deterioration approach. The following deterioration mechanisms are addressed which have relatively broad international acceptance: (a) carbonation-induced corrosion, (b) chloride-induced corrosion and (c) freeze-thaw attack. The principles of the verification has been published in details in *fib* Bulletin 34 "Model Code for Service Life Design" [27].

By verification of *robustness* it is intended to avoid with adequate reliability that accidental and/or exceptional events, or failure of a sructural component, cause disproportional damage of a large part of the structure or even total collapse of the whole structure.

Sustainability is verifid by the environmental performance that is required for the structure which has to satisfy both in economical and social terms. The verification is undertaken by using Life Cycle Assessment (LCA) analysis.

5 Construction, Conservation and dismatlement

The chapter on *Construction* gives guidance on all phases of building execution including reinforcing and prestressing operations, grouting, welding, formwork and falsework operations, concreteing and curing.

In MC2010 *conservation* is defined to mean all activities aimed at maintaining or returning a structure to a state which satisfies the defined performance requirements. Typically two conservation objectives are distinguished:

(1) conservation activities concerned with enabling a structure to meet its intended service life, as envisaged at the time of design or

(2) conservation activities concerned with extending the palnned service life of a structure or enabling it to meet revised performance requirements (e.g. revised loading or functionality needs).

Retrofitting of concrete structures by using externally bonded reinforcements has been published in *fib* Bulletins 14 [28] and 35 [29]. By using FRPs for strengthening, two techniques are distinguished (Fig. 22): application of external bonded reinforcement (EBR) [30] [31] or near surface mounted (NSM) reinformcenet [32] [33]. Boh techniques, especially EBR, gained a wide range of applications in the last two decades.

Concrete structures may need strengthening due to the deterioration of material properties (including excessive cracking or deflection), increase of loads or modification of strengthening system.

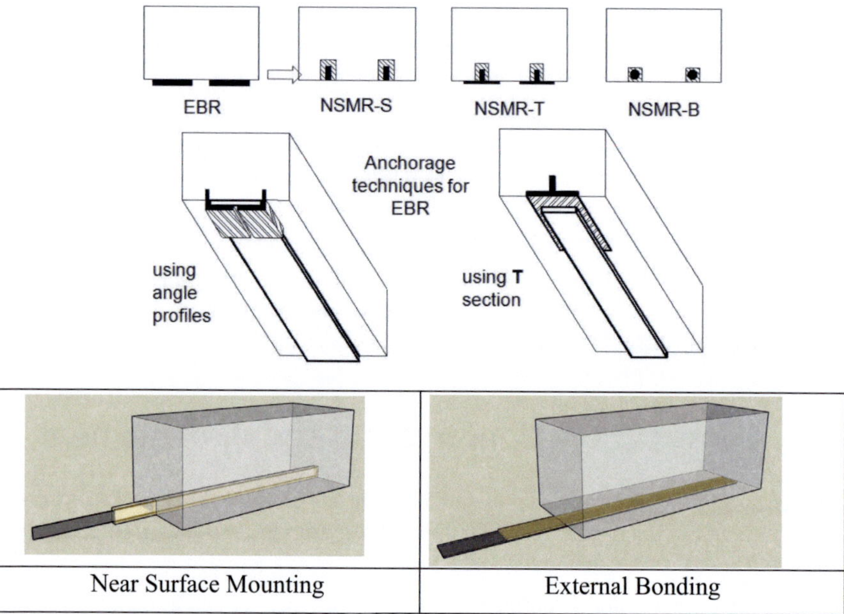

Fig. 22   Comparative study on concrete beams prestressed either with steel or CFRP wires [33]

6   Conclusions

Concrete can be developed nowadays with high ductility, high toughness, high compressive strength, high tensile strength, high residual tensile strength after cracking or high freeze-thaw resistance or, on the other hand, with special characteristics such as low shrinkage, low creep or low water permeability. Special mix design and advanced admixtures help to attain special material characteristics. There is no other material today that is as versatile.

The mission of *fib* is to make a significant contribution to the advancement of knowledge and technical developments in the field of structural concrete.

Most important products of *fib* (CEB and FIP) are the Model Codes. Earlier Model Codes were: Model Code 78 and Model Code 90 as well as Model Code for Seismic Design of Concrete Structures (1985) and Model Code for Service Life Design (2006). Model Code 2010 is just ready for use.

The *fib* Model Code 2010 (abbreviated as MC2010) is the most comprehensive code for concrete structures we ever had including the whole life cycle of a concrete structure from design, construction, conservation and dismantlement. Design is based on performance requirements incorporating considerations on safety, serviceability, durability and sustainability issues. The materials chapter is particularly extended with new types of concretes (like fibre reinforced concrete) and new types of reinforcements (like non-metallic reinforcements).

I wish you a successful application of *fib* Model Code 2010.

7　Acknowledgements

I would like to acknowledge all those who contributed the production of of *fib* Model Code 2010.

References

[1]　CEB-FIP (1978): CEB-FIP Model Code 1978

[2]　CEB-FIP (1993): CEB-FIP Model Code 1990, Thomas Telford

[3]　*fib* (2011): *fib* Model Code 2010, Published as First Complete Draft in *fib* Bulletins 55 and 56 (2010), Final printing is in preparation

[4]　*fib* (2008): Constitutive modeling of high strength / high performance concrete, *fib* Bulletin, Lausanne

[5]　*fib* (2008): Fire design of concrete structures – structural behavior and assessment, *fib* Bulletin 42, Lausanne

[6]　*fib* (2009): Structural concrete – Tectbook on behavior, design and performance , *fib* Bulletin 51, Lausanne

[7]　*fib* (2011): Design of anchorages in concrete, *fib* Bulletin 58, Lausanne

[8]　Müller, H. S.; Küttner, C. H.: Creep of high performance concrete – Characteristics and code-type prediction model. 4th International Symposium on Utilisation of High strength/High performance Concrete, Paris, France (1996), pp. 377-386.

[9]　Müller, H. S.; Küttner, C. H.; Kvitsel, V.: Creep and shrinkage models for normal and high performance concrete – a unified code-type approach. Journal of the Revue francaise du genie civil, Paris, France (1999).

[10]　Müller, H. S.; Linsel, S.; Garrecht, H.; Wagner, J.-P.; Thienel, K.-C.: Hochfester konstruktiver Leichtbeton – Teil 1: Materialtechnologische Entwicklungen und Betoneigenschaften. Beton- und Stahlbetonbau (2000), Vol. 95, No. 7, pp. 392-414.

[11]　Müller, H. S.; Haist, M.; Mechtcherine, V.: Selbstverdichtender Hochleistungs-Leichtbeton. Beton- und Stahlbetonbau (2002), Vol. 97, No. 6, pp. 326-333.

[12]   Müller, H. S.; Haist, M.: Selbstverdichtender Leichtbeton – Erste allgemeine bauaufsichtliche Zulassung. Betonwerk + Fertigteil-Technik (2004), Vol. 70, No. 12, pp. 8-17.

[13]   Müller, H. S.; Haist, M.: Sichtbetone aus Leichtbeton. Sichtbeton – Planen, Herstellen, Beurteilen, Müller, H. S.; Nolting, U.; Haist, M. (Eds.), 2. Symposium Baustoffe und Bauwerkserhaltung, Universitätsverlag Karlsruhe, Karlsruhe, Germany (2005), pp. 57-70.

[14]   Müller, H. S.; Kvitsel, V.: Kriechen und Schwinden von Hochleistungsbetonen. Beton (2006), Vol. 56, No. 1+2, pp. 36-42.

[15]   Müller, H. S.: Zum Baustoff der Zukunft. Gebaute Visionen – 100 Jahre Deutscher Ausschuss für Stahlbeton, Deutscher Ausschuss für Stahlbeton im DIN (Ed.), Beuth Verlag, Berlin, Germany (2007), pp. 195-221.

[16]   Müller, H. S.; Scheydt, J. C.: The durability potential of ultra-high-performance concretes – Opportunities for the precast concrete industry. Betonwerk + Fertigteil-Technik (2009), Vol. 75, No. 2, pp. 17-19.

[17]   Müller, H. S.; Reinhardt, H.-W.: Beton. Betonkalender 2010, Ernst & Sohn Verlag, Berlin, Germany (2010).

[18]   Naaman A. E. "Tailored Properties for Structural Performance. High Performance Fibre Reinforced Composites", RILEM Proceedings 15, Chapman and Hall, London, 1992

[19]   Balaguru P. N., Shah S. P. "Fiber-Reinforced Cement Composites" McGraw-Hill Inc., 1992, p. 531

[20]   Naaman A. E., Reinhardt H-W. "High Performance Fibre Reinforced Cement Composites" 2. Proceedings of the 2nd. Int. RILEM Workshop, Ann Arbor, USA, June 11-14, 1995, (EFN Spon, Suffolk)

[21]   DAfStb "Technical guidance document for fibre reinforced concrete", Betonkalender 2011, Ernst and Sohn Publ., pp. 767-800.

[22]   Falkner H., Kubat B., Droese S. „Durchstanzversuche an Platten aus Stahlfaserbeton (Punching tests on Steel Fibre Reinforced Plates)", Bautechnik 71, (8) 1994, pp. 460-467.

[23]   Kovács I., Balázs G. L. "Structural behaviour of steel fibre reinforced concrete" J of Structural Concrete., Vol 3, 2003, pp. 57-63.

[24]   Balázs, G. L.- Lublóy, É.: Concrete at high temperature, The Third International fib Congress incorporating the PCI Annual Convention and Bridge Conference, Washington D.C., USA, May 29-June 2, 2010, Proceedings

[25]   *fib* (2007): FRP reinforcement in RC structures, *fib* Bulletin, Lausanne

[26]   Borosnyói, A., Balázs, G. L.,"Comparison in behaviour of steel or CFRP prestressed beams", Proceedings, CCC2007 Visegrád (Eds: Balázs, G. L., Nehme, S. G.) 17-18 Sept. 2007, pp. 345-350.

[27]   *fib* (2006): Model Code for Service Life Design, *fib* Bulletin, Lausanne

[28]   *fib* (2011): Externally bonded FRP reinforcement for RC structures, *fib* Bulletin 14, Lausanne

[29]   *fib* (2006): Retrofitting of concrete structures by externally bonded FRPs with emphasis of seismic applications, *fib* Bulletin 35, Lausanne

[30]   Hollaway L. C., Leeming M. B. (eds.) „Strengthening of reinforced concrete structures - using externally bonded FRP composites in structural engineering", CRC Press 1999, ISBN 1855733781

[31]   Balázs L. G., Almakt M. M. (2000) „Strengthening with carbon fibres - Hungarian Experience" J of Concrete Structures Vol 2, 2000, pp. 52-60.

[32]   Blaschko M. A. „Load bearing capacity of concrete elements with CFRP strips glued into grooves" PhD Thesis, 2001, TU Munich (in German)

[33]   Szabó K. Zs., Balázs G. L. „Advanced pull-out tests for near surface mounted CFRP strips". Proceedings of 8th CCC2008, Challenges for Civil Construction (eds. Marques, A. -Juvandes, L. - Henriques, A.- Faria, R.- Baross, J.- Ferreira, A.), Porto 16-18 April 2008, ISBN: 978- 972- 752- 100- 5, pp. 192-193.

Manfred Curbach · Silke Scheerer

Wie die Baustoffe von heute das Bauen von morgen beeinflussen

**Prof. Dr.-Ing.
Dr.-Ing. E.h.
Manfred Curbach**

Direktor des Instituts für
Massivbau, Fakultät
Bauingenieurwesen,
TU Dresden, 01062 Dresden
E-Mail: Manfred.Curbach
@tu-dresden.de

**Dr.-Ing.
Silke Scheerer**

Institut für Massivbau,
Fakultät Bauingenieurwesen,
TU Dresden, 01062 Dresden
E-Mail: Silke.Scheerer
@tu-dresden.de

Vorwort

Von Manfred Curbach.

Eine erfolgreiche Forschung im Bereich des Betonbaus kann nur dann stattfinden, wenn Material und Konstruktion gleichwertig berücksichtigt werden. Nachdem das Wissen in beiden Teilbereichen bereits seit Jahrzehnten derartig angewachsen ist, so dass kein Forscher beide Gebiete vollständig abdecken kann, kommt einer intensiven Zusammenarbeit von Wissenschaftlern ganz besondere Bedeutung zu.

Der erstgenannte Autor hat das große Glück, mit dem Jubilar seit nunmehr dreißig Jahren auf außerordentlich freundschaftliche Weise gemeinsam die Betonbauweise durch viele Gespräche und Diskussionen, durch Ideen und Konzepte und durch gemeinsame Arbeit ein kleines Stück vorangebracht zu haben. Dass insgesamt drei Versuche, dies von derselben Universität aus zu betreiben, fehlgeschlagen sind, hat der Freundschaft keinen Abbruch getan und es besteht die Hoffnung und die Absicht, auch in Zukunft so manche Innovation im Betonbau aus der Taufe zu heben.

In diesem Sinne sind die im Folgenden aufgeschriebenen Gedanken als Vorschlag für weitere Entwicklungen gemeint, verbunden mit den besten Wünschen zum 60. Geburtstag für das persönliche Wohlergehen des Jubilars Prof. Dr.-Ing. Harald S. Müller.

1 Stahlbetonbauwerke im Wandel der Zeit

Stahlbeton hat, seit er Mitte des 19. Jahrhunderts (wieder) erfunden wurde, einen unvergleichlichen Siegeszug erlebt. Kein anderer Baustoff prägte in den vergangenen 100 Jahren unser gebautes Umfeld so nachhaltig und findet heute so oft Verwendung. Die Vorteile des Materials liegen auf der Hand:

- Beton ist ein einfaches Drei-Stoff-Gemisch aus Wasser, Zement und Zuschlag und kann überall auf der Welt in großen Mengen hergestellt werden.
- Beton ist preiswert.
- Frischbeton kann (fast) jede Form einnehmen und sie durch den Erstarrungsprozess dauerhaft konservieren.
- Druckfester Beton kann mit zugfester Stahlbewehrung kombiniert werden.

Ästhetisch ansprechende und statisch sinnvolle Bauten aus Stahlbeton wurden schon zu Beginn des 20. Jahrhunderts gebaut. Als Vorbild gelten heute z. B. die Bauwerke Maillarts, von denen zwei in Bild 1 gezeigt sind. Das linke Foto zeigt schlanke, gevoutete Stützen, die das Dach eines Kühl- und Lagerhauses tragen, das rechte die Salginatobelbrücke in Graubünden mit ihrem aufgelösten Tragwerk.

Bild 1   Bauwerke von Robert Maillart aus der Anfangszeit des Stahlbetonbaus; links: Kühl- und Lagerhaus in St. Petersburg (Foto: unbekannt, 1912); rechts: Salginatobelbrücke (Foto von L. Crameri, 1929) [1]

Zu Maillarts Zeiten war Baumaterial zwar teuer, die Arbeitskraft des Menschen im Gegensatz zu heute aber eher preiswert. Aufwendiger Schalungsbau war also beispielsweise weniger problematisch als heute. Ein merklicher Wandel in der Architektur und Baukultur vollzog sich in der Zeit nach dem zweiten Weltkrieg. Der Bedarf an Bauwerken war in weiten Teilen Europas enorm. Das Handwerkliche beim Bauen geriet in den Hintergrund, denn in sehr kurzer Zeit mussten Wohnbauten, Industrie und Infrastruktur wiedererrichtet werden. Staatlich geförderte Wohnungsbauprogramme verstärkten diesen Trend zum Industriellen [2]. Der Geschosswohnungsbau aus dieser Zeit prägt noch heute das Bild unserer Städte (Bild 2).

Bild 2   Plattenbauweise (Fotos: Eugen Nosko (links), Joachim F. Thurn (rechts) [3])

Den Vorteilen der Fertigteilbauweise wie Witterungsunabhängigkeit oder Zeit- und Materialersparnis stehen aber auch etliche Nachteile gegenüber, zu denen nicht zuletzt die wachsende Monotonie in der Baulandschaft gehörte. Im Schatten der Lösung drängender gesellschaftlicher Aufgaben wurde dies aber in Kauf genommen [4].

Diese Situation ist natürlich nicht befriedigend, denn eigentlich sollten Anmut, Festigkeit und Zweckmäßigkeit die Grundpfeiler der Baukunst bilden, was schon Vitruv (1. Jh. v. Chr.) in seinen „Zehn Büchern über Architektur" darlegt [5] und wie Eugen Kurrer in [6] sehr anschaulich beschreibt (Bild 3). Es muss Ziel von Architekten und Ingenieuren sein, Tragwerke zu schaffen, in denen Entwurf, Konstruktion und Funktion eine Einheit bilden.

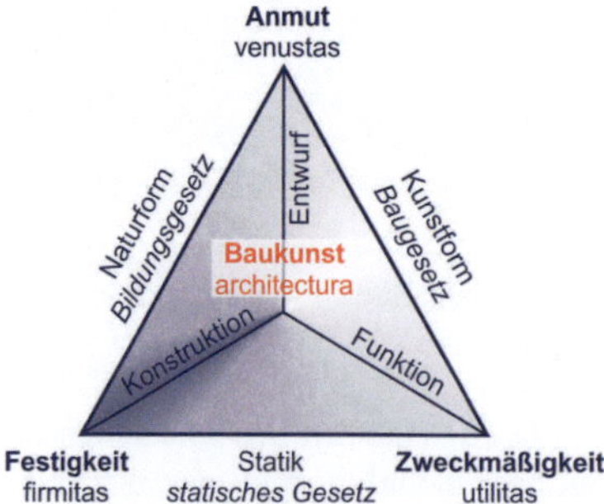

Bild 3   Tetraeder von Anmut und Gesetz der Baukunst, aus [6]

Mit den uns heute zur Verfügung stehenden Erkenntnissen und Erfahrungen, den modernen Materialien und leistungsfähigen Entwurfs- und Berechnungstools sollten wir die Frage, wie wir unsere technischen Bauten in jeder Hinsicht optimieren können, lösen können. Neben ästhetischen und konstruktiven Gesichtspunkten ist vor dem Hintergrund immer knapper werdender natürlicher Ressourcen ein minimaler Einsatz von Material und Energie Grundanliegen des Bauens heute und in Zukunft.

Im Massivbau bieten sich zwei Lösungsansätze an, um Beton sinnvoller zu verwenden. Zum einen können die mechanischen Eigenschaften des Baustoffs gezielt beeinflusst und hinsichtlich spezieller Anforderungen und Einsatzgebiete optimiert werden. Genannt seien beispielsweise die Betone der neuen Generation: Künstliche leichte Zuschläge ermöglichen Bauteile mit verbesserten thermophysikalischen Eigenschaften oder bewirken eine Reduzierung der dead loads; hochfeste Betone können extreme Druckkräfte aufnehmen; der Zusatz von Kurzfasern bewirkt eine gesteigerte Duktilität – und dies sind nur einige Beispiele für unsere heutigen Möglichkeiten. Zum anderen kann durch intelligente Tragwerksplanung, z. B. durch Orientierung am Kraftfluss, die Effizienz von Tragwerken gesteigert werden. Zwei Lösungsansätze, die in Dresden verfolgt werden, sollen im Folgenden vorgestellt werden.

2 Textilbeton – innovativ und effizient

Die Suche nach alternativen Werkstoffkombinationen, mit dem Ziel, durch verbesserte Eigenschaften neue Gestaltungsmöglichkeiten und Einsatzgebiete für den Betonbau zu erschließen, brachte Mitte der 1990er Jahre Dresdner Forscher auf die Idee, anstelle des korrosionsanfälligen Stahls textile Gelege aus korrosionsbeständigen Endlosfasern in den wenig zugfesten Beton einzubetten, s. z. B. [7], [8], [9] – der neuartige Baustoff Textilbeton (TRC) war geboren. Grundlagenforschung wurde seit 1999 maßgeblich in den beiden durch die DFG geförderten Sonderforschungsbereichen SFB 528 in Dresden und SFB 532 in Aachen geleistet.

Textilbewehrter Beton zeichnet sich in erster Linie durch seine Leichtigkeit bei gleichzeitig hoher Tragfähigkeit aus. Typische Schichtdicken betragen ein bis drei Zentimeter, in Ausnahmefällen maximal fünf Zentimeter. Bild 4 zeigt anhand eines Demonstrators den typischen geschichteten Aufbau von Textilbeton.

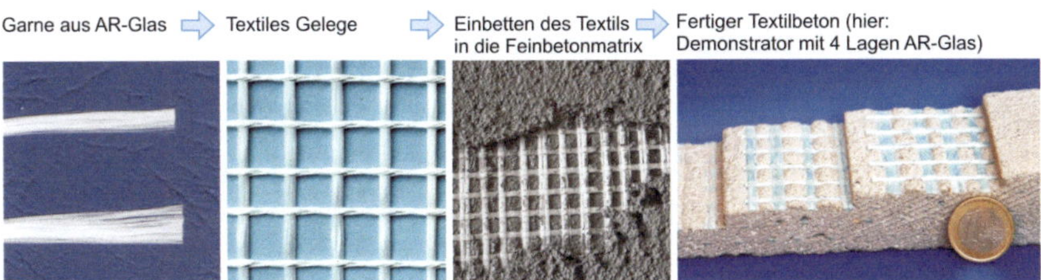

Bild 4   Aufbau von Textilbeton

Im Gegensatz zum Faserbeton, in dem die kurzen Verstärkungsfasern ungerichtet eingebettet sind, werden beim Textilbeton Endlosgarne in einer Feinbetonmatrix fixiert. Diese Garne bestehen aus vielen, sehr zugfesten Einzelfilamenten aus alkaliresistentem Glas oder Carbon, die auf Textilmaschinen zu Gelegen verarbeitet werden, z. B. [10]. Ein solches Gelege oder Textil aus AR-Glas ist in Bild 4 zu sehen. Durch diesen Verarbeitungsschritt kann die Zugbewehrung – analog dem Bewehrungsstahl beim Stahlbeton - entsprechend des Kraftflusses im Bauteil ausgerichtet werden.

Die zweite Komponente von TRC ist der Feinbeton. Diese spezielle mineralische Matrix wurde an der TU Dresden im Hinblick auf die verwendeten Textilien entwickelt und optimiert. I. d. R. wird ein Größtkorn von ein bis zwei Millimetern Durchmesser eingesetzt. Dieses Maß resultiert aus der Dimension der Bewehrung einerseits und den angestrebten geringen Schichtdicken andererseits. Als Bindemittel wird eine Kombination aus Zement, Flugasche und Mikrosilika verwendet. Das Mengenverhältnis und die Art des Zementes richten sich nach dem geplanten Einsatz des TRC. Außerdem werden noch Wasser und Fließmittel ergänzt. Aufgrund seiner hohen Festigkeit von bis zu 90 N/mm² kann der Feinbeton als hochfester Beton eingestuft werden. Für weiterführende Informationen werden z. B. [7] und [9] empfohlen.

Mittlerweile konnten wir zahlreiche positive Aspekte des Bauens mit Textilbeton feststellen und in forschungs- und anwendungsorientierten Projekte belegen. Als besonders bemerkenswert haben sich folgende Eigenschaften herausgestellt (s. auch Bild 5):

- Die textile Bewehrung ist flexibel. Deshalb können geschwungene Formen viel einfacher als mit Stahlbeton realisiert werden [8], [11[].
- Textilbeton eignet sich sowohl für die Herstellung neuer Bauteile als auch zur Verstärkung bestehender [12], [13], [14].
- Textilbeton besitzt bezogen auf seine Schichtdicke eine sehr hohe Tragfähigkeit. Das ist bei neuen Bauteilen, besonders aber bei der Verstärkung bestehender Bauwerke vorteilhaft, da eine deutliche Tragfähigkeitserhöhung schon mit einer sehr geringen Lagenzahl erreicht werden kann, so dass das Eigengewicht also nur minimal vergrößert wird, [9], [15], [16].
- Das charakteristische Rissbild von Textilbeton ist gekennzeichnet durch viele Risse mit geringen Rissweiten und Rissabständen.

Bild 5   Textilbeton – Eigenschaften und Anwendung; oben: Grundlagenforschung im Labor; Mitte: Verstärken einer historischen Stahlbeton-Tonnenschale; unten: Segmentbrücke aus Textilbeton in Kempten und Textilbeton-Kunstwerk des Dresdner Künstlers Hans-Volker Mixsa (Fotos u. a. aus [7], [11], [12], [18])

- Außer einer merklichen Traglasterhöhung bewirken Verstärkungsschichten aus TRC eine höhere Steifigkeit des Bauteils und somit geringere Durchbiegungen [15].
- Textilbeton kann leicht von Hand hergestellt und appliziert werden. In der Praxis erprobt und bewährt haben sich das Sprühen des Feinbetons und das Laminieren von Hand, z. B. [12], [17].

Die Verwendung von Gelegen aus Endlosfasern war ein völlig neuer Ansatzpunkt. Nach einem reichlichen Jahrzehnt Grundlagenforschung ist der aus dieser Idee entstandene, innovative Verbundbaustoff Textilbeton der Fachwelt wohl bekannt. Textilbeton ist eine Alternative zum stahlbewehrten Normalbeton, die diesen zwar nicht ersetzen wird, sich aber schon heute verschiedene Anwendungsgebiete erschlossen hat. Derzeit streben wir eine Allgemeine bauaufsichtliche Zulassung für Biegeverstärkungen mit Textilbeton an, um die Anwendung von TRC in der Praxis zu vereinfachen.

3   SPP 1542 – Leicht Bauen mit Beton

Leistungsfähige und vielseitige Baustoffe stehen uns heute also zur Verfügung. Da aber jedes Material positive und negative Eigenschaften besitzt, müssen Bauten so konstruiert werden, dass die Nachteile in den Hintergrund treten. Dieser Grundsatz ist nicht neu. Schon im Altertum wusste man, dass über die Fugen von Mauerwerk keine nennenswerten Zugkräfte übertragen werden können. Also errichtete man druckbeanspruchte Tragwerke, die so tragfähig waren, dass sie bis heute erhalten sind (Bild 6 links).

Bild 6   Links: Mächtige Bögen beim Kolosseum in Rom (Foto: Sylke Scholz); rechts: Fachwerkbrücke von Telford bei Craigellachie

Gusseisen und heute Stahl sind sowohl druck- als auch zugfest und somit ideal für normalkraft- und biegebeanspruchte Tragwerke geeignet. Im Vergleich zu anderen Materialien ist Stahl aber teuer. Aufgelöste Strukturen wie Fachwerke oder Konstruktionen mit Kabeln oder Seilen waren die logische Folge. Ein frühes Bauwerk ist rechts in Bild 6 dargestellt. Diese 1814 fertiggestellte gusseiserne Bogenbrücke in Craigellachie in Schottland ist außer Normalkräften stellenweise auch Biegebeanspruchungen ausgesetzt [19].

Doch welche Formensprache ist optimal für bewehrten Beton? Die gängige Erscheinungsform von Stahlbeton ist eben und eckig, da die meisten Bauteile heute parallelwandig oder parallelgurtig hergestellt werden [4]. In der Öffentlichkeit ist deshalb der Begriff „Beton" eher negativ besetzt. In [4] ist dies sehr treffend formuliert: „Abwertende Ausdrücke wie „Betonkopf" oder „Betonwüste" aus dem üblichen Sprachgebrauch stehen stellvertretend für das negative Image dieses wichtigsten Baustoffs der jüngeren Vergangenheit und der Gegenwart."

Im Einrichtungsantrag zum SPP 1542 [4] ist eine Zukunftsvision treffend formuliert: „Als Wissenschaftler müssen wir Lösungen für heute bereits erahnbare, in Zukunft aber reale, drängende Probleme finden. Es erfordert Mut, den Schritt vom Materiellen zur Idee, vom Körperlichen zum Geistigen, vom plumpen Betonbau der Vergangenheit zur Filigranität und Leichtigkeit des Betonbaus der Zukunft zu gehen, denn der Erfolg kann nicht garantiert werden."

Leistungsfähige Materialien sind vorhanden. Auch Alternativen zum ebenen und eckigen Standardbauwerk aus Beton gibt es, allerdings handelt es sich dabei heute eher um Sonderbauwerke, die von modernen Architekten und Ingenieuren wie Calatrava, Gehry oder Hadid entworfen wurden. Ziel muss es aber sein, den Leichtbau mit Beton in allen Bauwerken anwenden zu können. Aus diesem Grund haben sich im Sommer 2009 Forscher verschiedener Fachdisziplinen zusammen getan und ein neues DFG-Schwerpunktprogramm initiiert [4]. Ziel soll es sein, alle maßgebenden Konstruktionselemente wie Decken, Wände und Stützen nach dem Kraftfluss im Bauteil selbst nach dem Prinzip „form follows force" auszubilden. Zwei wesentliche Ziele wurden für das SPP formuliert:

- Das Formenspektrum im Betonbau soll vergrößert werden, um den Gestaltungsspielraum beim Bauen mit Beton zu erweitern. Die Bauwerke sollen natürlich zweckmäßig sein, gleichzeitig aber variable Nutzungen ermöglichen.
- Gewichtsminimale Bauteile, die sich bei Befolgen des Grundsatzes „form follows force" ergeben müssen, haben eine Einsparung von natürlichen Ressourcen und von Energie bei der Bereitstellung von Stahl, Zement und Zuschlagstoffen zur Folge. Damit könnte das Bauwesen einen wichtigen Beitrag zur Verminderung des CO_2-Ausstoßes leisten.

Um diese Ziele zu erreichen, sind zahlreiche Fragen zu klären. Geeignete Entwurfsmethoden und praktisch anwendbare Bemessungsverfahren müssen gefunden und entwickelt, Sicherheitsaspekte bei filigranen Konstruktionen bedacht und Lösungen zur konkreten Bauausführung gefunden werden.

Interessante Lösungsansätze für effiziente Tragwerke findet man in der Natur. Den meisten fällt sicher zuerst der Bambus ein, dessen durch Knoten verstärkter Hohlquerschnitt eine extreme Festigkeit und Stabilität besitzt. Insektenflügel sind ein weiteres beeindruckendes Beispiel [20]. Bei Libellen werden die Flügel beispielsweise von Längsadern durchzogen, die sich in einem Knotenpunkt treffen. Dadurch entsteht eine wirkungsvolle Längsaussteifung, damit die Flügel bei einer Längsbeanspruchung nicht abknicken (Bild 7 links und [21]). Die Seile von Spinnennetzen bestehen aus Seide, die – bezogen auf ihr Eigengewicht – bis zu viermal zugfester ist als Stahl (rechtes Foto in Bild 7 und [22]). Andere Naturformen erreichen eine besonders hohe Stabilität durch optimierte Formgebung. Man denke nur an Hohlprofile, Verzweigungen, Knoten (beispielweise bei Grashalmen) oder Faltungen (z. B. bei Muscheln).

Bild 7   Libellenflügel, Spinnennetze – Beispiele für natürliche leichte Tragwerke

In anderen Wissensgebieten ist die Bionik bereits etabliert. Im Bauwesen tut man sich hingegen noch etwas schwer, obwohl natürliche Leichtbauprinzipien weit verbreitet sind und Vorbild für unsere heutigen Bauwerke sein können. Vorreiter waren hier Frei Otto und die Forscher im Sonderforschungsbereich 230 „Natürliche Konstruktionen, Leichtbau in Architektur und Natur", welcher 1984 in Stuttgart ins Leben gerufen worden war. Im Sommer dieses Jahres startete das SPP 1542 in die erste Förderperiode [23]. Man darf gespannt sein ob es gelingt, mit Hilfe der erwarteten Ergebnisse einen Paradigmenwechsel im Bauen einzuleiten: weg vom Massivbau – hin zum leichten Bauen mit Beton als Standard im „alltäglichen" Bauen und nicht nur als Sonderlösung bei herausragenden Einzelprojekten.

4   Ausblick

Der Baustoff Beton ist heute noch oft Synonym für Schwere, Grau und Eintönigkeit. Beton und Leichtigkeit – also ein Widerspruch? Textilbeton ist eine Möglichkeit von vielen, diesen scheinbaren Gegensatz aufzulösen, der Entwurf und das Bauen von nach dem Kraftfluss entwickelten, effizienten Tragwerken ein zweiter. Wenn in Zukunft Beton mit Leichtigkeit, Flexibilität, Formbarkeit und ungewöhnlichen Lösungen in Verbindung gebracht wird, ist es uns gelungen, das Bauen wieder als Baukunst zu verstehen.

Literatur

[1]   Bauwerke Maillarts: ETH-Bibliothek Zürich, Bildarchiv/Robert Maillart-Archiv, Bildcode: Hs_1085-1912-1-547 und Hs_1085-1929-30-1-58, Download am 12.12.2011

[2]   Künzel, E.: Wohin mit der „Platte"? Beton- und Stahlbetonbau 100 (2005) H. 4, S. 294-304

[3]   Plattenbauten: Foto von Eugen Nosko (1975, Bildbeschreibung: Baumaschinist; Quelle: Deutsche Fotothek, file:df_n-07_0000047) und von Joachim F. Thurn (08/1991, Kurztitel: Halle/Saale, Halle-Neustadt, Zentrum; Deutsches Bundesarchiv (German Federal Archive), B 145 Bild-F089044-0030), Download am 12.12.2011 bei wikimedia.commons

[4]   Curbach, M.; Hamm, C.; Schlaich, M.; Schnellenbach-Held, M.; Sobek, W.; Weiß, G.; Scheerer, S.: Leicht Bauen mit Beton – Grundlagen für das Bauen der Zukunft mit bionischen und mathematischen Entwurfsprinzipien. Antrag zur Eirichtung eines Schwerpunktprogramms an die Deutsche Forschungsgemeinschaft DFG im November 2009

[5]   http://de.wikipedia.org/wiki/Vitruv, abgerufen am 15.12.2011

[6]   Kurrer, K.-E.: Philosophie und Ingenieurbau. In: Festschrift zum 60. Geburtstag von Wolfram Jäger. Schriftenreihe des Lehrstuhls für Tragwerksplanung der TU Dresden, Bd. 10, Dresden : 2011, Eigenverlag, S. 373-385

[7]   Curbach, M.; Scheerer, S.: Concrete light – Possibilities and Vision. In: Proceedings fib Symposium PRAGUE 2011, Keynote Plenary Lectures, S. 29-44, ISBN 978-80-87158-29-6

[8]   Curbach, M.; Michler, H.; Weiland, S.; Jesse, D. Textilbewehrter Beton – Innovativ! Leicht! Formbar! In: BetonWerk International 11 (2008) 5, S. 62-72

[9]   Jesse, F.; Curbach, M.: Verstärken mit Textilbeton. In: Bergmeister, K.; Fingerloos, F.; Wörner, J.-D. (Hrsg.): Beton-Kalender 2010. Teil I, Berlin : Ernst & Sohn, 2009, S. 457-565

[10]   Lorenz, E.; Ortlepp, R.; Hausding, J.; Cherif, C.: Effizienzsteigerung von Textilbeton durch Einsatz textiler Bewehrungen nach dem erweiterten Nähwirkverfahren. Beton- und Stahlbetonbau 106 (2011) 1, S. 21-30 - DOI: 10.1002/best.201000072

[11]   Curbach, M. (Hrsg.): Hans-Volker Mixsa – Skulpturen in Beton. Katalog zu einem Projekt der Deutschen Forschungsgemeinschaft DFG mit Fotos und Texten von Ulrich van Stipriaan, 1. Auflage, Dresden, 2011

[12]   Schladitz, F.; Lorenz, E.; Jesse, F.; Curbach M.: Verstärkung einer denkmalgeschützten Tonnenschale mit Textilbeton. Beton- und Stahlbetonbau 104 (2009) 7, S. 432-437 – doi:10.1002/best.200908241

[13]   Curbach, M.; Hauptenbuchner, B.; Ortlepp, R.; Weiland, S.: Textilbewehrter Beton zur Verstärkung eines Hyparschalentragwerks in Schweinfurt. Beton- und Stahlbetonbau 102 (2007) 6, S. 353-361 - DOI: 10.1002/best.200700551

[14]   Curbach, M.; Ortlepp, R.; Scheerer, S.; Frenzel, M.: Von der Vision bis zur Anwendung – Verstärken mit textilbewehrtem Beton. Der Prüfingenieur (2011) H. 39, S. 32-44

[15]   Schladitz, F.; Lorenz, E.; Curbach, M.: Biegetragfähigkeit von textilbetonverstärkten Stahlbetonplatten. Beton- und Stahlbetonbau 106 (2011) 6, S. 377-384 - DOI: 10.1002/best.201100002

[16]   Ortlepp, R.; Schladitz, F.; Curbach, M.: Textilbetonverstärkte Stahlbetonstützen. Beton- und Stahlbetonbau 106 (2011) H. 9, S. 640-648 - DOI: 10.1002/best.-201100017

[17]   Lorenz, E.; Schladitz, F.; Jesse, F.; Curbach, M.: Textile Reinforced Concrete (TRC) for Strengthening of RC Structures - Report from Practical Application. In: 3rd International fib Congress, Washington D.C., 29.05.-02.06.2010

[18]   Ehlig, D.: Hochtemperaturverhalten von Textilbeton. Lecture held on DZT-Anwendertagung 2010 in Dresden

[19]   http://de.wikipedia.org/wiki/Craigellachie-Brücke, abgerufen am 13.12.2011

[20]   Schäfer, S.: Bionik – Lösungen für die Fragen das Bauens?. In: Festschrift zum 60. Geburtstag von Wolfram Jäger. Schriftenreihe des Lehrstuhls für Tragwerksplanung der TU Dresden, Bd. 10, Dresden : 2011, Eigenverlag, S. 31-38

[21]   http://de.wikipedia.org/wiki/Libellen, abgerufen am 13.12.2011

[22]   http://de.wikipedia.org/wiki/Spinnennetz, abgerufen am 13.12.2011

[23]   http://spp1542.tu-dresden.de/, abgerufen am 13.12.2011

Baustofftechnologie in Lehre und Forschung

Harald Budelmann

**Prof. Dr.-Ing.
Harald Budelmann**
Institut für Baustoffe,
Massivbau und Brandschutz,
TU Braunschweig
Beethovenstr. 52
38106 Braunschweig
E-Mail: h.budelmann@tu-bs.de

Vorwort

Die Erinnerung geht über 30 Jahre zurück, in eine Zeit des gleichzeitigen wissenschaftlichen Frondienstes an den viskoelastischen Betonverformungen. Du, lieber Harald, warst soeben von deinem Lehrer und Doktorvater Hubert Hilsdorf in Karlsruhe in dessen Forschungsarbeiten zum Betonkriechen einbezogen worden und in dessen wissenschaftlichen Diskurs mit Zdenek Bazant zur Frage, ob denn ein Summationsansatz oder ein Produktansatz für eine widerspruchsfreie Beschreibung des Betonkriechens besser geeignet sei. Mich quälte in Braunschweig die Berücksichtigung höherer Temperatur in der Betonkriechprognose.

Seither haben uns manche Parallelen begleitet: unsere fast gleichzeitigen Promotionen in Karlsruhe und Braunschweig mit ähnlichen Themen, die nachfolgenden Jahre als Oberingenieure an unseren Heimatinstituten, der Weggang an andere Wirkstätten, die spätere Rückkehr an unsere Heimatinstitute als Nachfolger unserer Lehrer und Doktorväter und die dortigen Anfangsjahre in zu groß empfundenen Schuhen.

Der persönliche und berufliche Gesprächsfaden zwischen uns riss nie ab, eine vertrauensvolle Kollegialität und Freundschaft entstand, für die ich sehr dankbar bin. Sie mögen fortbestehen!

Herzlichen Glückwunsch zum 60. Geburtstag, weiterhin die Dir eigene Schaffenskraft und Schaffensfreude!

1 Baustoffe und das Bauen

Baustoffe stehen gewissermaßen im Zentrum des Bauens. Die Leistungsfähigkeit der Baustoffe und unser Wissen darüber bestimmen maßgeblich, welche Eigenschaften Bauwerke erlangen können (Bild 1).

Bild 1   Baustoffe prägen Bauwerke

In der Geschichte des Bauens waren Meilensteine der bautechnischen Entwicklung stets dann möglich, wenn materialtechnische Fortschritte erreicht wurden. Beispiele sind die Entwicklung des Mauerwerkbaus in der Antike und im Mittelalter mit dem Brennen von Ziegeln und deren Fügen mit Mörtel, später in der Zeit der Industrialisierung die Stahlbauweise mit der großtechnischen Stahlherstellung und die Betonbauweise dank moderner Zementherstellung. In den letzten Jahrzehnten ist die Entwicklung der Werkstoffe im Bauwesen rasant wie nie zuvor. Hochfeste nichtmetallische Fasern erreichen und übertragen die Festigkeit von Spannstahl, Hochleistungsbetone konkurrieren mit der Festigkeit von Baustahl, fließen und verdichten sich selbsttätig, erlangen durch Faser- und Textilbewehrung hohe Duktilität und Filigranität. Durch die Kombination und den Verbund mehrerer Phasen oder Stoffe oder mittels einer gezielten Funktionalisierung von inneren und äußeren Oberflächen werden zuvor unerreichbare Eigenschaftskombinationen realisierbar, wie z. B. gleichzeitig fest und leicht, porös und dicht, können Oberflächen adaptiv ausgestattet werden, mit bedarfsgerecht veränderlichen Eigenschaften (smart materials).

Die Nutzung der herausragenden Eigenschaften moderner Baustoffe für das Bauen erfordert komplexe Methoden des Entwurfs, der Bemessung und Ausführung. Früher konnte durch Erfahrung abgesichertes Wissen über die Materialien, beschrieben in einfachen empirischen Stoffgesetzen, mittels ebenfalls einfacher, zumeist linearer mechanischer Ansätze und handwerklicher Fertigungsmethoden genutzt werden. Baustoffeigenschaften waren robust gegenüber unbeabsichtigten oder unkontrollierbaren Veränderungen der Zusammensetzung, der Komponenteneigenschaften oder Verarbeitungsschwankungen. Dem stehen heute eine enorme Komplexität und ein hohes Entwicklungstempo gegenüber, die die Ansammlung durch Erfahrung abgesicherten Wissens kaum zulassen und die der Notwendigkeit langlebiger Bauwerke an sich entgegenstehen.

Die Lösung liegt in der Anwendung realitätsnäherer Methoden. Dies sind einerseits Stoffmodelle und Simulationsverfahren, die komplexe Stoffbildungs-, Stoffverhaltens- und Stoffschädigungsprozesse beschreiben können und andererseits nichtlineare numerische Rechenverfahren auf unterschiedlichen Skalen bis hinauf zum gesamten Bauwerk. Hieraus folgen Anforderungen an die Ausbildung von Bauingenieuren wie auch an die Forschung im Fach Baustofftechnologie.

2   Baustofftechnologie in der Lehre

Wenn der Umfang des Wissensgebietes groß ist und sich schnell verändert, müssen an die Stelle von Fakten Grundlagen und Methoden treten. Unverzichtbare Grundlagen sind zunächst die chemischen und physikalischen Gesetzmäßigkeiten und Zusammenhänge der Gewinnung, Aufbereitung, Bindung, Struktur, Zustände und Eigenschaften der organischen, metallischen und mineralischen Werkstoffe.

In entsprechender Weise sind desweiteren die Zusammenhänge der Herstellungs- und Verarbeitungsprozesse sowie der mechanischen Eigenschaften und Schädigungsprozesse einzubeziehen um die Grundlagen gezielter Eigenschaftsabstimmungen und beanspruchungsabhängiger Eigenschaftsänderungen verstehen und modellhaft beschreiben zu können. Faktisches Wissen zu Bauprodukten tritt in der Bedeutung hinter eine methodische Kompetenz zurück, Zusammenhänge grundlegend verstehen und beschreiben, numerisch simulieren und in Modellen abbilden zu können. Schließlich geht es um die Schaffung der Voraussetzungen für eine angemessene Baustoffauswahl und -anwendung.

Die Umsetzung all dessen in einem Lehrkonzept ist angesichts der Vielfalt und Komplexität schwierig, Beschränkung ist notwendig, jeweils angepasst an die Studienstufe. In der ersten Studienstufe stehen die o.g. Grundlagen des Gesamtspektrums der Baustoffe im Mittelpunkt. Erst in der zweiten Studienstufe ist eine deutliche fachliche Spezialisierung möglich, orientiert an den jeweiligen Arbeits- und Forschungsgebieten. Eine solche Spezialisierung kann auf Mechanismen oder Methoden gerichtet sein, wie beispielsweise chemisch-physikalische Schädigungsmechanismen und deren Beschreibung in Transport- und Reaktionsmodellen oder auf Stoffgesetze und numerische Simulationen mechanischer Eigenschaften. Oder sie kann besondere Aufgaben an Bauwerken betreffen, wie z.B. die Erhaltung historischer Bauwerke, die Lebensdaueranalyse und Bauwerksüberwachung, den baulichen Brandschutz u.v.m..

In [1] wurden die Ziele und wesentliche Inhalte der universitären Lehre im Fach Baustofftechnologie definiert. Derzeit wird das Memorandum auf das Bologna-Konzept und aktuelle Forschungsausrichtungen aktualisiert.

3 Baustofftechnologie in der Forschung

3.1 Ziele und Methodik

Die baustofftechnologische Forschung ist vielfältig. Sie kann u.a. gerichtet sein auf die Entwicklung und Anwendung neuer Werkstoffe, die Optimierung bekannter Werkstoffe oder die Verbesserung des Verständnisses und der Untersuchungsmethoden respektive der Modelle für bekannte Werkstoffe. Stets dient die Zielsetzung der Forschung der Anwendung der Werkstoffe für das Bauen, trägt also auf den ersten Blick das Merkmal der Anwendungsforschung. Gleichwohl ist die Werkstoffforschung im Bauwesen, naturwissenschaftlich geprägt durch ihre Basis in Mathematik, Mechanik, Chemie, Physik und Mineralogie, verglichen mit anderen Forschungsgebieten des Bauwesens häufig in besonderem Maße grundlagenorientiert.

Wenn es überhaupt einen grundsätzlichen Unterschied zwischen einer auf das Erkennen und Verstehen gerichteten Grundlagenforschung und einer auf Anwendungsinteressen bezogenen Anwendungsforschung gibt, so ist er im Falle der Werkstoffforschung wenig deutlich ausgeprägt. Die beiden Erkenntnisziele „Verstehen" und „praktische Nützlichkeit" sind zumeist verknüpft und essentiell voneinander abhängig. Wo ordnet man denn Forschungsarbeiten zu neuen Materialien ein, die dringend notwendig sind, um technische Problemlösungen voranzutreiben?

Nach allgemeinem Verständnis verbreitert Grundlagenforschung die Basis der Wettschöpfungspyramide der modernen, wissensbasierten Gesellschaft, während die Anwendung deren Spitze in die Höhe treibt [2]. Amerikanische Studien zeigen, dass etwa 75 % aller Originalpublikationen für Patentanmeldungen auf der staatlich geförderten sog. Grundlagenforschung basieren und dass ferner etwa 50 % aller Forschungsprojekte aus der staatlich geförderten Grundlagenforschung im Ergebnis zu anwendungsnahen Problemlösungen führen und umgekehrt. „Theoria cum praxi" ist eine These von Gottfried Wilhelm Leibniz, die heute zutreffender denn je ist und die in der modernen Werkstoffforschung gelebt wird.

Allerdings war die Baustoffforschung lange Zeit traditionell empirisch geprägt, führte vom experimentellen Erkennen von Phänomenen mittels Prüfung (z.B. Einfluss des Wasserzementwertes auf die Festigkeit, der Faserwirkung auf die Bruchdehnung u.a.m.) zur praktischen Beschreibung in Form von Handlungsanweisungen oder allenfalls einfachen funktionalen Beschreibungen von Eigenschaften in

Abhängigkeit von wenigen Variablen. Viele technische Regelwerke basieren noch heute auf solchen einfachen, empirischen Stoffgesetzen.

Bild 2   Arbeitsansatz der Baustoffforschung

Die moderne Materialforschung zielt auf das Verstehen von chemischen und physikalischen Wirkmechanismen, setzt hierfür neueste Analysewerkzeuge und komplexe Simulationsmodelle ein. Das Stoffgesetz wird zum komplexen Materialmodell, in dem die vielfältigen Prozesse der Stoffbildung und Stoffbindung einerseits und der einwirkungsabhängigen Stoffeigenschaften und -schädigung andererseits, basierend auf den chemischen und physikalischen Mechanismen, beschrieben werden (Bild 2). Der Entwurf von Werkstoffen mit gezielten Eigenschaften wird erst hierdurch möglich.

Die in Modellen abzubildenden Prozesse finden auf unterschiedlichsten Größenskalen statt. Diese reichen von den chemischen Reaktionen und elektrostatischen Oberflächenladungen von Partikeln (Nano-Skala) über die die Struktur und das Gefüge von Stoffen bestimmenden Skalen (Mikro, Meso) bis zur Bauteilskala (Bild 3). Nun bildet jedes Modell die Realität bestenfalls vereinfacht ab und für die den Ingenieur interessierende Beschreibung des Bauwerksverhaltens können nicht alle in Modellen auf kleinen Skalen erfassten Prozesse mitgeführt werden. Daraus resultiert die Notwendigkeit der Modellvereinfachung und -homogenisierung. Während die Werkzeuge der Mathematik und Mechanik für Mehrskalenmodellierungen schon weit entwickelt sind, stellen geeignete kompatible Materialmodelle und die im Zusammenhang mit der Modellvereinfachung und Modellvalidierung erforderlichen, zumeist experimentellen Nachweise die vielleicht größten Herausforderungen für die Materialforschung in den kommenden Jahrzehnten dar.

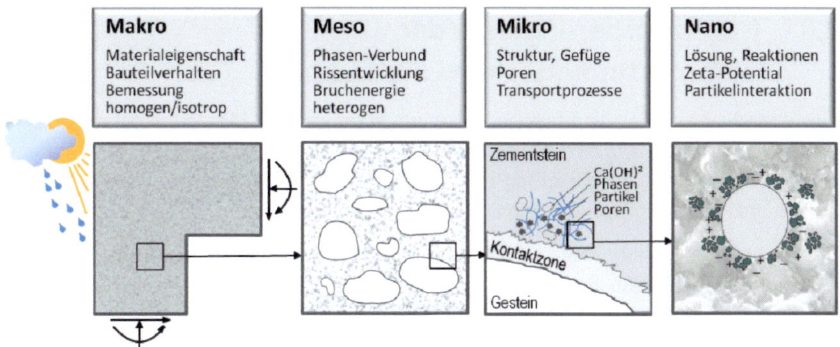

Bild 3   Struktur- und Modellierungsskalen für Beton

3.2   Baustoffforschung in der DFG

Die Deutsche Forschungsgemeinschaft (DFG) ist die Selbstverwaltungsorganisation der Wissenschaft in Deutschland. Sie dient der Wissenschaft in allen ihren Zweigen. Die DFG erhält ihre finanziellen Mittel in Höhe von ca. 2,3 Mrd. Euro/Jahr zu etwa zwei Dritteln vom Bund und etwa einem Drittel von den Ländern. Die Kernaufgabe der DFG besteht in der wettbewerblichen Auswahl der besten Forschungsvorhaben von Wissenschaftlerinnen und Wissenschaftlern an Hochschulen und Forschungsinstituten und in deren Finanzierung. Die bewilligten Projektmittel teilen sich je etwa zur Hälfte auf für die Einzelprojektförderung und für die koordinierten Programme Sonderforschungsbereiche, Schwerpunktprogramme, Forschergruppen und Graduiertenkollegs. Der Jahresbericht der DFG enthält genauere Angaben [3].

Die Ingenieurwissenschaften nehmen etwa 22 % der Fördermittel in Anspruch; unter diesen ist das Fachgebiet Bauwesen und Architektur mit knapp einem Viertel vertreten. Etwa ein Drittel der beantragten Fördersumme im Bauwesen konnte 2010 bewilligt werden; für Einzelprojekte und Forschergruppen war das ein Betrag von etwa 12 Mio. EUR.

Das Fach Baustoffwissenschaften, Bauchemie, Bauphysik ist eines von sechs Fächern des Bauwesens und zählt zu den förderstärksten Fächern des Bauwesens. Allerdings ist das Bauwesen insgesamt, und sind es die Baustoffwissenschaften ebenfalls, derzeit nur in sehr wenigen koordinierten Projekten beteiligt.

3.3 Herausforderungen in der betontechnologischen Forschung

Die betontechnologische Forschung hat im vergangenen Jahrzehnt entscheidende Fortschritte gemacht, deren heutiger Stand auch auf die konsequente Anwendung der in Abschnitt 3.1 vorgestellten Forschungsmethodik zeigt. Einen Überblick über betontechnologische Innovationen gibt Bild 4 aus [4].

Die Entwicklungsziele waren und sind sehr unterschiedlich, nachfolgend einige Beispiele: Substitution von Portlandzement durch weniger CO_2- und energierelevante Ersatzbindemittel, eine verbesserte Verarbeitbarkeit des Frischbetons (selbstverdichtend bis grünstandfest), eine hohe bis ultrahohe Festigkeit, eine hohe Duktilität, ein hoher Widerstand gegen chemische und physikalische Einwirkungen. Die eingesetzten Mittel zur Erreichung der Ziele können in wenigen Gruppen erfasst werden:

- Neuartige Fließmittel auf der Basis von Polycarboxylaten (PC)
- Reaktive und inerte Zusatzstoffe unterschiedlicher Feinheit
- Optimierung der Kornzusammensetzung

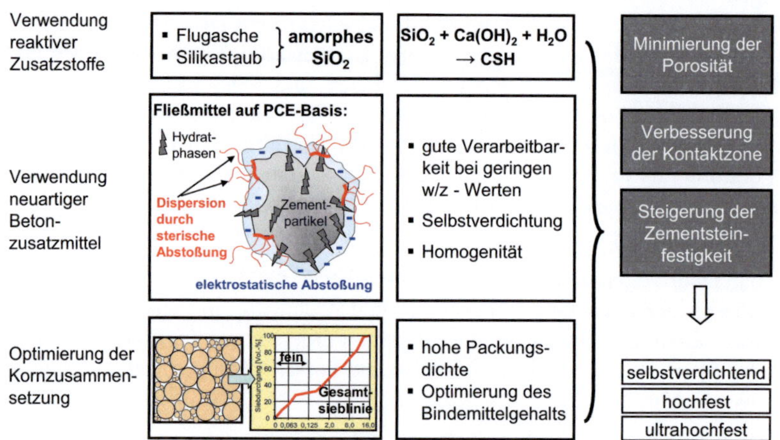

Bild 4   Innovationen in der Betontechnologie; aus [4]

Die experimentelle und theoretische Erforschung der Wirkungsweisen dieser Mittel und deren Beschreibung in Modellen auf den unterschiedlichen Größenskalen des Verbundwerkstoffs Beton ist die Voraussetzung für eine gezielte Nutzung von deren Leistungspotenzial und heute ein zentrales Forschungsgebiet.

Ein repräsentativer Überblick kann hier nicht gegeben werden, einige Beispiele seien nachfolgend angesprochen. Wir wissen heute viel über das Adsorptionsverhalten von modernen Fließmitteln auf unterschiedlich geladenen Partikeloberflächen und deren Adsorptionskonformation, die beide die Dicke und Dichte der adsorbierten Polymerschicht bestimmen und somit sowohl das Fließverhalten von Suspensionen als auch den sterischen Effekt [5] prägen. Und auch über die Erreichung einer optimalen Packungsdichte durch abgestimmte Korngrößen vom Grobkorn bis zu den mehlfeinen Bestandteilen liegen umfassende Erkenntnisse vor, z.B. [6].

In den letzten Jahren wird insbesondere den Wirkungen feiner reaktiver und inerter Partikel im alkalischen Zementleim nachgegangen (Bild 5). Deren unterschiedliche Oberflächenladungen (Zetapotenzial) sind von großer Bedeutung, denn sie beeinflussen maßgeblich die Partikelanordnung im frischen Zementleim. So können schon kleine Mengen solcher Stoffe zur Steuerung der rheologischen Eigenschaften, der Hydratationskinetik und der Strukturentwicklung eingesetzt werden.

Die Einflüsse der feinen Zement- und Zusatzstoffpartikel auf die Rheologie von Zementsuspensionen hat Haist in seiner Dissertation [7] untersucht und ein auf den interpartikulären Kräften aufbauendes Fließmodell entwickelt.

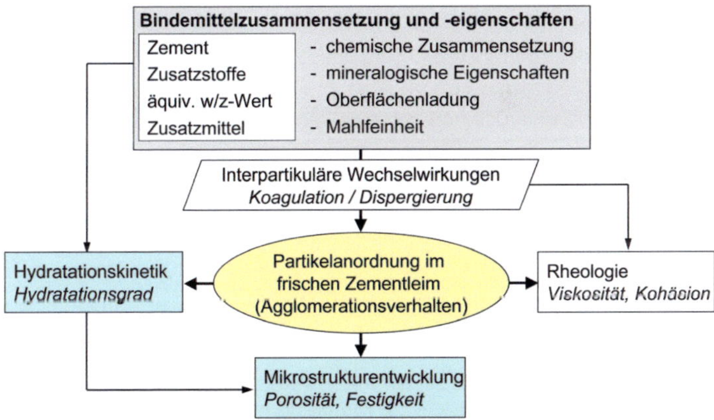

Bild 5   Einflüsse feiner Partikel auf Zementleimeigenschaften

Krauss befasst sich in Braunschweig mit dem Einfluss feiner inerter Stoffe auf die Hydratationskinetik und die Mikrostrukturentwicklung [8]. Er stellte fest, dass die verbesserte Raumausfüllung durch inerte Füller zu einer geringeren Initialporosität im frischen Zementleim führt, dadurch die Hydratationsprodukte geringere Distanzen in der Lösung überbrücken müssen und so bereits bei einem geringen Hydratationsgrad ein dichtes Gefüge entsteht. Die zusätzlichen Keimbildungsoberflächen durch Feinstoffe sind je nach mineralogischer Herkunft unterschiedlich „affin" für die Bildung von Hydratationsprodukten. So bewirkt das bevorzugte Wachstum von Hydratationsprodukten auf Kalkstein- und Tonmineraloberflächen eine Beschleunigung der anfänglichen Hydratation (20 % bis 50 % in den ersten 12 Stunden), während Quarzmehle erst spätere Reaktionsphasen beeinflussen. In einem ersten plausiblen Funktionsmodell können die Einflüsse der Feinheit und der Mineralogie von Feinstoffen auf das Agglomerationsverhalten und die Partikelanordnung im frischen Zementleim sowie die Hydratationskinetik erklärt werden (Bild 6). Bis zu einem quantitativen Modell ist noch weitere Forschung notwendig.

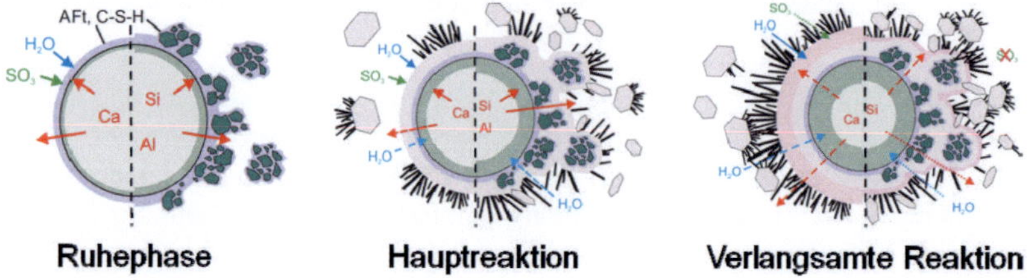

Bild 6   Reaktionsbeeinflussung eines Zementkorns durch Feinstoffpartikel; aus [8] (links: ohne, rechts: mit Tonpartikelagglomeraten)

Obwohl nun, wie beispielhaft gezeigt wurde, viele der äußerst unterschiedlichen Prozesse auf den ebenfalls sehr unterschiedlichen strukturellen Größenbereichen in der aktuellen betontechnologischen Forschung intensiv untersucht wurden und werden, stellt die Zusammenführung von Modellen über diese weit gespannten strukturellen Größenskalen des heterogenen Werkstoffes Beton ein insgesamt noch ungelöstes Problem dar. So behilft man sich heute überwiegend noch damit, die auf der Nano- und Mikroskala erarbeiteten Teilmodelle zu einer plausiblen, jedoch rein qualitativen Interpretation auf der Makroskala (Betonbauteil) in Form konstitutiver Ingenieurmodelle zu nutzen. Ein grundlegender wissenschaftlicher Ansatz müsste stattdessen die Vorgänge auf der Nano- und Mikroskala jeweils quantitativ und unter Bewahrung der chemischen und physikalischen Effekte schrittweise auf die nächste Strukturebene übertragen, dort in homogenisierten Modellen beschreiben und diese experimentell validieren.

Bislang fehlt es aber noch an einem durchgängigen, dreidimensionalen, numerischen Multiskalen-Strukturmodell des Betons. International wird vielerorts an der Entwicklung gearbeitet, mit allerdings sehr unterschiedlichen Zielrichtungen. In [9] hat Nothnagel bestehende Modelle analysiert und selbst ein Hydratations- und Strukturmodell für Zementstein entwickelt. In diesem Modell werden die Strukturbildung und die Hydratationsteilprozesse gekoppelt und dreidimensionale, lokale Porositätsverteilungen ermittelt, die wegen des Verzichts auf eine a-priori-Unterscheidung von Feststoff und Pore im numerischen Element zu deutlich besserer Auflösung der Porenstruktur führt (Bild 7). Auf der Grundlage solcher Modelle können Materialeigenschaften künftig besser berechnet werden.

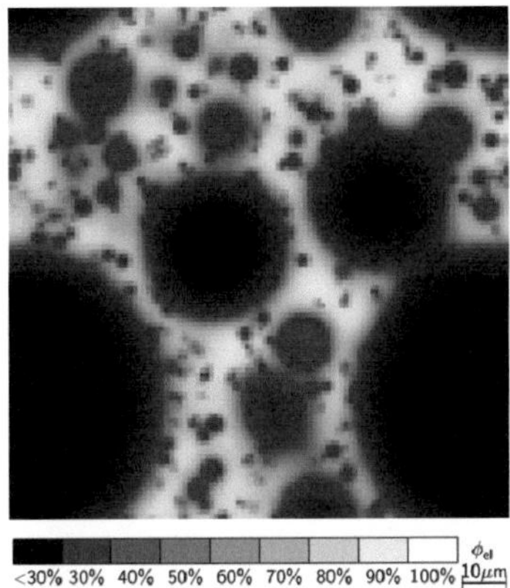

Bild 7   Errechnete lokale Porositätsverteilung in einem Zementsteinvolumenelement

4   Ausblick

Baustoffe werden auch in der Zukunft das Bauen prägen und Beton wird wegen seiner Leistungsfähigkeit, Nachhaltigkeit und Wirtschaftlichkeit einer der wichtigsten Konstruktionsbaustoffe auch des nächsten Jahrhunderts sein. Auf die Ausbildung von Bauingenieuren im Fach Baustofftechnologie und auf die baustofftechnologische Forschung kommen weiterhin große Herausforderungen zu. Diese werden in der Forschung darin bestehen, das wachsende Wissen über die grundlegenden Stoffprozesse, neue experimentelle Möglichkeiten zu deren Nachweis und die modernen numerischen Möglichkeiten zu realitätsnahen Materialmodellen und Simulationsverfahren zusammenzuführen.

Literatur

[1]   Reinhardt, H.-W.: Hochschullehrer-Memorandum: Werkstoffe im Bauwesen - Universitäre Lehre und Forschung. In: Bauingenieur 75 (2000) No. 11, S. 723-729.

[2]   Hasinger, G. G.: Grundlagenforschung ist Entwicklungshilfe. Einsteinereien, Einsteinitis, Vereinsteinerung. In: Gegenworte (2005) No. 15, S. 16-19.

[3]   Deutsche Forschungsgemeinschaft: Jahresbericht 2010: Aufgaben und Ergebnisse - Programme und Projekte. (2011), 300 Seiten, Bonn.

[4]   Müller, H. S.: Betonbautechnik - neue Entwicklungen im Überblick. In: Tagungsband 3. Symp. Baustoffe und Bauwerkserhaltung (2006) S. 1-8, Universität Karlsruhe.

[5]   Schröfl, C.; Gruber, M.; Plank, J.: Interactions between polycarboxylate superplasticizers and components present in ultra-high strength concrete. In: Journal of the Chinese Ceramic Society 38 (2010) No. 9, S. 7-15.

[6]   Budelmann, H.; Krauss, H.-W.: Einflüsse hochfeiner natürlicher Mineralstoffe auf Betoneigenschaften. In: ibausil 17 (2009) S. 903-914.

[7]   Haist, M.: Zur Rheologie und den physikalischen Wechselwirkungen bei Zementsuspensionen. Dissertation, KIT Karlsruhe (2009).

[8]   Krauss, H.-W.; Budelmann, H.: Hydration kinetics of cement paste with very fine inert mineral additives. In: RILEM proceedings 79, Advances in Construction Materials through Science and Engineering, Hong Kong (2011).

[9]   Nothnagel, R.: Hydratations- und Strukturmodell für Zementstein. Dissertation, TU Braunschweig (2007).

Michael Haist

Betontechnologie, Werkstoffmechanik, Dauerhaftigkeit

Forschung und Lehre am
Lehrstuhl für Baustoffe und Betonbau

**Dr.-Ing.
Michael Haist**

Oberingenieur am
Institut für Massivbau und
Baustofftechnologie

Karlsruher Institut für
Technologie (KIT)
Gotthardt-Franz-Str. 3
76131 Karlsruhe
E-Mail: Haist@kit.edu

Vorwort

Der vorliegende Beitrag gibt einen kurzen Überblick über die Geschichte des Lehrstuhls für Baustoffe und Betonbau sowie über die Forschungs- und Lehrtätigkeit unter der Leitung von Prof. Dr.-Ing. Harald S. Müller seit 1995.

1 Eine kurze Geschichte des Lehrstuhls für Baustoffe und Betonbau

Die Geschichte des heutigen Lehrstuhls für Baustoffe und Betonbau begann 1971 mit der Berufung von Prof. Dr.-Ing. Hubert K. Hilfsdorf auf den damals neu geschaffenen Lehrstuhl für Baustofftechnologie. Mit dem Amtsantritt von Prof. Hilsdorf war gleichzeitig auch die Gründung des heutigen Instituts für Massivbau und Baustofftechnologie verbunden, das aus dem bereits seit 1916 bestehenden Institut für Beton und Eisenbeton (später Institut für Beton- und Stahlbetonbau) und dem neu gegründeten Lehrstuhl für Baustofftechnologie hervorging.

Die Berufung von Prof. Hilsdorf trug vor allem der Tatsache Rechnung, dass zu diesem Zeitpunkt das Verständnis des Verformungs- und Bruchverhaltens von Beton sowie Fragen zu dessen Korrosionsverhalten und Dauerhaftigkeit stark an Bedeutung gewannen. Dies spiegelt sich auch in den damals am Lehrstuhl bearbeiteten Forschungsprojekten wider. Diese umfassten Untersuchungen zu Festigkeits- und Strukturveränderungen von Beton bei erhöhten Temperaturen, zum Verhalten von Beton unter radioaktiver Strahlung, zum bruchmechanischen Verhalten von Beton sowie zu Fragen der Betontechnologie und der Betoninstandsetzung (siehe [1]). Prof. Hilsdorf verstand es dabei, sowohl in den Bereichen der Werkstoffmechanik von Beton als auch dem der Dauerhaftigkeitsforschung Meilensteine zu setzen (siehe [2, 3]).

Nach der Emeritierung von Prof. Hilsdorf übernahm im Herbst 1995 Prof. Dr.-Ing. Harald S. Müller den Lehrstuhl für Baustofftechnologie. Unter seiner Leitung wurden dabei insbesondere die Bereiche der Betontechnologie und der Dauerhaftigkeitsforschung verstärkt, ohne jedoch gleichzeitig die unter Prof. Hilsdorf etablierten Forschungsbereiche zu vernachlässigen. Bereits früh erkannte Prof. Müller auch die Bedeutung des Lebenszyklusmanagements von Bauwerken, das er als Forschungsfeld am Lehrstuhl verankerte. Diese Verschiebung in der Forschungsausrichtung schlug sich im Jahr 2011 auch in einer Umwidmung des Lehrstuhls für Baustofftechnologie in den neuen Lehrstuhl für Baustoffe und Betonbau und in der Gliederung der einzelnen Forschungsfelder des Lehrstuhls in drei Fachgruppen nieder. Die Fachgruppenstruktur dient dabei weniger einer organisatorischen als vielmehr einer fachlichen Zuordnung einzelner Forschungsprojekte zu Fachgebieten, um den wissenschaftlichen Austausch der auf verwandten Gebieten forschenden Mitarbeiter und deren Betreuung durch erfahrene Ingenieure zu intensivieren.

Die nachfolgenden Kapitel dieses Beitrags geben einen kurzen Überblick über die Forschungstätigkeit am Lehrstuhl unter der Leitung von Prof. Harald S. Müller ab dem Jahr 1995. Dabei können weitgehend nur Inhalte und Zielsetzungen der einzelnen Forschungsarbeiten aufgezeigt werden. Für detaillierte Informationen zu einzelnen Forschungsprojekten sei auf die Beiträge der Leiter der einzelnen Fachgruppen bzw. auf weiterführende Quellen verwiesen.

2 Forschungsaktivitäten der Abteilung Baustoffe und Betonbau

Die Forschungstätigkeiten am Lehrstuhl für Baustoffe und Betonbau unter der Leitung von Prof. Dr.-Ing. Harald S. Müller lassen sich im Wesentlichen in drei Themenkomplexe gliedern, welche den gesamten Lebenszyklus eines Bauwerks, angefangen bei den Baustoffen über Fragen der Errichtung von Bauwerken bis hin zu deren Abbruch und dem Recycling der verwendeten Baustoffe umfassen. Im Einzelnen handelt es sich hierbei um

- das Themenfeld der Betontechnologie,

- Fragen der Werkstoffmechanik, der Versagensmechanismen und der Instandsetzung sowie

- die Themenfelder der Dauerhaftigkeit und des Lebenszyklusmanagements.

Den oben aufgeführten Themen ist jeweils eine Fachgruppe am Lehrstuhl zugeordnet. Wie die nachführenden Ausführungen zeigen werden, ist jedoch eine Vielzahl von Projekten in den Schnittstellen zwischen einzelnen Themenfeldern angesiedelt. Die Werkstoffmechanik spielt in nahezu all diesen Feldern eine zentrale Rolle. Durch ein verbessertes Verständnis der chemischen und physikalischen Prozesse auf der Mikroebene in Kombination mit dem Einsatz rheologischer oder numerischer Modelle ist es in den vergangenen Jahren gelungen, Schädigungsprozesse wie beispielsweise die Betonschädigung infolge Bewehrungskorrosion oder die Verwitterung von Sandstein zu prognostizieren. Eine zentrale Voraussetzung hierfür ist jedoch neben dem mikroskopischen Prozessverständnis eine detaillierte, skalenübergreifende Kenntnis des Verformungs- und Bruchverhaltens der verwendeten Werkstoffe.

Der Einsatz skalenübergreifender Methoden ist nicht allein auf die Modellierung von korrosiven Prozessen beschränkt. Durch eine mechanische Modellbildung auf Partikelebene können auch elektrophysikalische Wechselwirkungen zwischen den einzelnen Bestandteilen eines frischen Betons vorhergesagt werden. Dies eröffnet erstmals einen analytischen Zugang zu der bisher zumeist stark empirisch geprägten Betontechnologie.

Auf die Anwendung dieses skalenübergreifenden Forschungsansatzes wird nachfolgend anhand ausgewählter Beispiele eingegangen. Nähere Informationen zu einzelnen Forschungsthemen sind den Beiträgen von Bohner [4], Kotan [5], Vogel [6] und dem des Autors [7] zu entnehmen.

2.1 Betontechnologie

Die Betontechnologie, d. h. die Lehre von der gezielten Herstellung von Beton mit bestimmten Eigenschaften, geht bereits auf die Ursprünge des modernen Betons zurück (siehe z. B. [8]). Angesichts zunehmender technischer Anforderungen an den Werkstoff Beton und immer knapper werdender Ressourcen kommt der modernen Betontechnologie mehr denn je eine Schlüsselrolle beim Bauen mit Beton zu.

Grundlage für die Entwicklung moderner, maßgeschneiderter Betone ist neben der Kenntnis der Eigenschaften im erhärteten Zustand ein detailliertes **Verständnis der Frischbetoneigenschaften**. Hierzu wurden am Lehrstuhl für Baustoffe und Betonbau in den vergangenen Jahren verschiedene Messtechniken und Geräte – u. a. die sog. Baustoffzelle – entwickelt, die eine physikalisch korrekte Bestimmung des Verformungsverhaltens von Zementsuspensionen und Mörteln gestatten [9]. Diese Messaufbauten werden durch eine quantifizierte in-situ Messung der elektrostatischen Wechselwirkungen und des Agglomerationsverhaltens der Partikel mittels elektroakustischer Methoden ergänzt. Mit Hilfe der so erzielten Messergebnisse konnte ein Modell entwickelt werden, das es erstmals ermöglicht, die rheologischen Eigenschaften von Zementsuspensionen auf Basis der Eigenschaften der suspendierten Partikel physikalisch korrekt vorherzusagen (siehe [10]). Einen detaillierten Einblick in die entsprechenden Forschungsergebnisse gibt ein gesonderter Beitrag des Autors in dieser Festschrift (siehe [7]).

Ebenfalls im Bereich der Frischbetontechnik sind Forschungsprojekte zum **Verhalten geotechnischer Suspensionen** bzw. Betone angesiedelt. Eine zentrale Fragestellung bildet hier das Strömungsverhalten von Zementsuspensionen zur Verpressung von Hohlräumen und Klüften in Karstgestein bzw. anderen geologischen Formationen oder zur Verfüllung von Bohrlöchern. Neben der Untersuchung der grundlegenden Mechanismen, die das Fließverhalten von Zementsuspensionen in solchen Systemen bestimmen, steht hier auch die gezielte Entwicklung von intelligenten Verpressmaterialien und -techniken im Vordergrund. Beispiele für die Forschung auf diesem Gebiet sind die BMBF-Projekte „Entwicklung und Erprobung CO_2-resistenter Bohrlochzemente" (COBOHR) und „Entwicklung eines Bohrlochsimulators" (COBRA). Zielsetzung des Projekts COBOHR war die gezielte Entwicklung von Zementsuspensionen, die einen dauerhaften und leckagefreien Verschluss von Bohrlöchern gestatten, in die überkritisches Kohlendioxid (CO_2) aus der Rauchgasabscheidung verpresst wird. Die verwendeten Zementsuspensionen müssen hierzu im erhärteten Zustand eine möglichst geringe Permeabilität und eine möglichst hohe Korrosionsbeständigkeit gegenüber den im Bohrloch anstehenden Medien – vornehmlich überkritisches CO_2 bzw. Kohlensäure – aufweisen. Hierzu wurden verschiedene Zemente auf Calciumsilikat- bzw. Bariumsilikatbasis mit teilweise stark verbessertem Korrosionswiderstand entwickelt und in einem eigens hierfür aufgebauten Autoklavensystem bei Temperaturen von bis zu

150 °C und Drücken von bis zu 300 bar getestet (siehe Bild 1, links). Da eine optimale Abdichtung des Bohrlochs nur dann gewährleistet ist, wenn der erhärtete Zementstein ein Minimum an Fehlstellen, Lunkern und Poren aufweist, wurden zusätzlich umfangreiche Untersuchungen zu den rheologischen Eigenschaften von Zementsuspensionen unter den gleichen Bedingungen durchgeführt. Auch hier mussten zunächst geeignete Messtechniken in Form einer Hochdruck-Hochtemperatur-Messzelle entwickelt werden (siehe Bild 1, rechts). Die Einstellung der gewünschten Eigenschaften solcher Suspensionen erfolgt durch eine breite Palette an Betonzusatzmitteln, die weit über das im Betonbau bekannte Maß hinausgeht. Um eine gezielte Steuerung der Frischbetoneigenschaften der Betone zu ermöglichen, wurde ein Klassifizierungssystem für die rheologische Wirkungsweise der einzelnen Zusatzmittel entwickelt. Das derzeit laufende Anschlussprojekt COBRA untersucht den Einfluss der Eigenschaften von Bohrlochzementsuspensionen auf die Bildungsmechanismen von Lunkern und Fehlstellen in einem Bohrloch und die sich daraus ergebenden Folgen für die Dichtheit der gesamten Versiegelung.

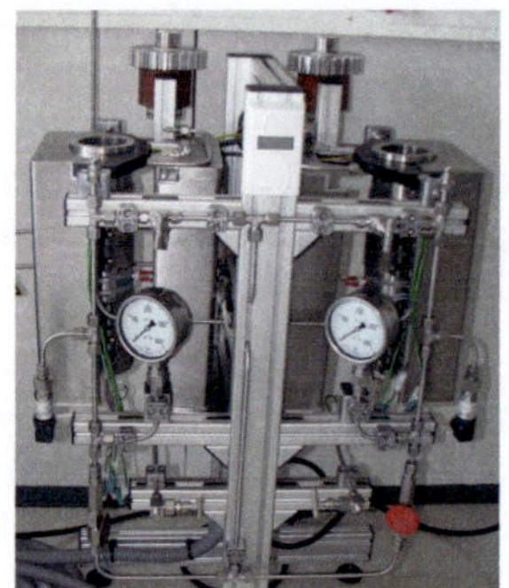

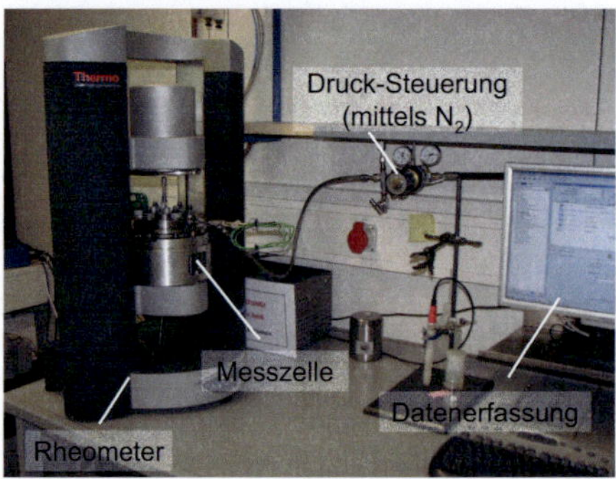

Bild 1   Autoklavensystem zur Untersuchung der Korrosionsbeständigkeit erhärteter Zementleime bei Beaufschlagung mit Kohlensäure bzw. überkritischem CO_2 (links) und rheologisches Hochdruckmesssystem für die Untersuchung des Fließverhaltens frischer Zementsuspensionen (rechts), jeweils für Temperaturen von bis zu 150 °C und Drücken bis zu 300 bar

Die **Entwicklung von Sonderbetonen** für den Hoch- und Tiefbau – und hier insbesondere von hochfesten und ultrahochfesten Betonen, Leichtbetonen, selbstverdichtenden und besonders nachhaltigen Betonen – bildet den dritten Grundpfeiler der Arbeiten zum Thema Betontechnologie. In enger Zusammenarbeit mit verschiedenen Industriepartnern konnten die wissenschaftlich-technischen Grundlagen der Mischungsentwicklung, Herstellung und Anwendung derartiger Betone entwickelt und die Betone durch Aufnahme in die entsprechenden Normen bzw. durch allgemeine bauaufsichtliche Zulassungen in der Praxis eingeführt werden (siehe [11-14]). Weiterhin wurde gezielt der Einfluss der Zusammensetzung und Konsistenz auf den Schalungsdruck von Normalbetonen sowie leichtverdichtbaren und selbstverdichtenden Betonen untersucht (siehe [15]).

Ebenfalls im Bereich der Entwicklung von Sonderbetonen sind verschiedene Projekte zur Herstellung von Verfüllbetonen für den kerntechnischen Rückbau bzw. die Endlagerung radioaktiver Abfälle angesiedelt. Beispielsweise wurde die Verfüllung des Reaktorbehälters des AVR-Versuchsreaktors (Jülich) mit 550 m³ Spezialbeton gutachterlich vom Lehrstuhl für Baustoffe und Betonbau begleitet. In einem anderen Projekt werden derzeit hoch-fließfähige Sonderbetone unter Verwendung staubförmiger radioaktiver Abfallprodukte zur Verfüllung von Endlagerbehältern entwickelt.

Einen gesonderten Themenschwerpunkt bilden schließlich besonders nachhaltige Betone mit optimierter Ökobilanz und die **Mechanismen der Festigkeitsbildung bindemittelarmer Betone**. Da diese Betone häufig durch einen reduzierten Gehalt an Zementklinker und damit einen stark reduzierten Wassergehalt gekennzeichnet sind, liegt der Schlüssel zur Herstellung derartiger Betone ebenfalls in einem verbesserten Verständnis von deren Frischbetoneigenschaften sowie der Hydratationsmechanismen binärer sowie tenärer Bindemittelsysteme. Hierbei wird am Lehrstuhl neben reaktiven Bindemitteln wie Flugasche und Hüttensand vor allem das Verhalten inerter Gesteinsmehle untersucht. Der Schwerpunkt der Untersuchungen liegt dabei auf Kalksteinmehlen unterschiedlicher Provinienz. Durch den kombinierten Einsatz chemischer, oberflächenanalytischer, rheologischer und mechanischer Methoden konnten dabei Schlüsselkenngrößen identifiziert werden, mithilfe derer das Verhalten von Kalkstein als Zementersatz besser vorhergesagt werden kann [16]. Die Arbeiten fügen sich ein in umfangreiche Untersuchungen von Herold zu den mechanischen Eigenschaften und zur Dauerhaftigkeit von Portlandkalksteinzementen [17].

2.2 Werkstoffmechanik, Versagensmechanismen und Instandsetzung

Wie bereits erläutert, nimmt die Werkstoffmechanik eine Schlüsselrolle sowohl bei der Beschreibung des Fließverhaltens frischer Betone als auch bei der Abbildung der Schädigungsmechanismen infolge eines Dauerhaftigkeitsangriffs ein. Dementsprechend vernetzt ist die Arbeit der einzelnen Fachgruppen.

Die **Beschreibung des Langzeitverformungsverhaltens von Beton** stellt seit vielen Jahren einen zentralen Forschungsschwerpunkt am Lehrstuhl dar. Umfangreiche Untersuchungen wurden hier zum Schwind- und Kriechverhalten normal- und hochfester Betone vorgestellt (siehe [18-20]). Die von Müller et al. entwickelten Modelle bilden heute die Grundlage sowohl des *fib* Model Codes, der europäischen Normung sowie vieler nationaler Normen weltweit (siehe z. B. [21-23]).

Neuere Untersuchungen beschäftigen sich darüber hinaus intensiv mit modernen Sonderbetonen, wie Leichtbeton, Selbstverdichtendem Beton und Ultrahochfestem Beton. Im Unterschied zu Normalbeton muss bei der Messung und anschließenden Modellierung des Verformungsverhaltens von Leichtbeton vor allem das teilweise stark ausgeprägte Quellvermögen dieser Betonart berücksichtigt werden. Quellerscheinungen konnten dabei auf eine Wasserabgabe der vorgenässten leichten Gesteinskörnung zurückgeführt werden. Diese Transportprozesse werden jedoch – je nach Lagerungsbedingung der Probe – durch Trocknungsvorgänge und daraus resultierende Schwindverkürzungen überlagert. Dementsprechend komplex gestaltete sich die Modellbildung (siehe z. B. [24]).

Gleiches gilt für Untersuchungen zum Kriechverhalten junger Betone. Insbesondere bei der Herstellung vorgespannter Bauteile, aber auch zunehmend im täglichen Bauprozess wird der Beton bereits im sehr frühen Alter von ca. 8 bis 12 Stunden einer mechanischen Druckbelastung ausgesetzt. Mit abnehmendem Belastungsalter ist eine stark ausgeprägte Zunahme der Kriechverformungen zu beobachten, deren korrekte Vorhersage entscheidend für die Berechnung der Verformung bzw. des Vorspanngrads eines Bauteils ist. Auf der Grundlage umfangreicher experimenteller Untersuchungen konnte in den vergangenen Jahren ein Modell entwickelt werden, welches das Verformungsverhalten dieser Betone in Abhängigkeit vom Belastungsalter korrekt abbildet (siehe [25]). Neben normalfesten Betonen wurden dabei auch hochfeste und ultrahochfeste Betone mit in die Betrachtungen einbezogen [26]. Zusätzlich wurden sowohl das Druck-Relaxationsverhalten junger Betone in eigens dafür entwickelten Relaxationsständen (siehe Bild 2) als auch das Dauerstandverhalten untersucht.

Bild 2   Kriechstände (links) und Relaxationsstände (rechts) für die Messung des Kraft-Verformungsverhaltens von Baustoffen

Zielsetzung all dieser o. g. Arbeiten ist es, eine möglichst exakte Zustandsbeschreibung eines Bauwerks in Abhängigkeit von dessen Alter bzw. den vorherrschenden Umweltbedingungen zu ermöglichen. Besonders in den Bereichen des Kraftwerkbaus bzw. neuartiger Energiespeicher ist der Beton dabei dauerhaft erhöhten Temperaturen von bis zu 100 °C ausgesetzt. Derartige Temperaturen können je nach verwendeter Betonzusammensetzung und den vorliegenden Trocknungsmöglichkeiten des Bauteils eine signifikante Veränderung der Festigkeit und des Verformungsverhaltens des Betons zur Folge haben, die bei der Bemessung des Bauwerks zwingend berücksichtigt werden müssen. Hierzu laufen derzeit umfangreiche Untersuchungen im Rahmen eines BMBF-Verbundprojekts.

Auch Arbeiten zur **Bruchmechanik und zu den Schadensmechanismen von Beton** bilden einen zentralen Forschungsschwerpunkt des Lehrstuhls. Kessler-Kramer [27] gelang es durch umfangreiche experimentelle Untersuchungen den Einfluss einer Ermüdungsbeanspruchung auf das Zugtragverhalten von Beton vorherzusagen. Maßgebende Grundlagen zu den Mechanismen der Rissausbreitung in Beton in Abhängigkeit von dessen Zusammensetzung und Lagerungsbedingungen konnte Mechtcherine [28] legen. Darauf aufbauend beschäftigte sich Malárics [29] mit den Versagensmechanismen von Beton im Spaltzugversuch und konnte sowohl durch experimentelle als auch numerische Untersuchungen aufzeigen, dass bei der Umrechnung der Spaltzugfestigkeit in die einaxiale Zugfestigkeit die Druckfestigkeit des Betons und die verwendete Probengröße mit berücksichtigt werden müssen.

Auch bei der Modellierung der Rissbildung in Beton infolge von Bewehrungskorrosion spielen bruchmechanische Fragestellungen eine zentrale Rolle. Diese werden im Falle eines aktuellen DFG-Projekts jedoch durch Fragestellungen aus dem Bereich der Baustoffkorrosion erschwert. Bei der Korrosion von Stahl entstehen an der Oberfläche der Bewehrung Reaktionsprodukte mit einem gegenüber den Ausgangsstoffen stark vergrößerten Volumen. Diese füllen zunächst den Porenraum des Betons und sind in der frühen Phase der Bewehrungskorrosion weitgehend unschädlich. Mit fortschreitender Korrosion und zunehmendem Füllgrad der Poren kommt es jedoch zum Aufbau von Sprengdrücken und zu den bekannten Abplatzungserscheinungen über der Bewehrung (siehe Beitrag von Bohner [4] in dieser Festschrift).

Wie die obigen Ausführungen zeigen, ist das zuvor beschriebene Projekt ein gutes Beispiel für die Anwendung mechanischer Prinzipien zur Beschreibung von dauerhaftigkeitsbedingten Schädigungsprozessen. Ähnliches gilt auch für die Beschreibung des Verformungsverhaltens von Betonfahrbahnplatten infolge einer Alkali-Kieselsäure-Reaktion (AKR), eines chemischen Treibvorgangs der den Beton stark schädigt bzw. zerstört. In umfangreichen numerischen Simulationen konnte hier von den Quelldehnungen auf Mikroebene auf das makroskopische Verformungsverhalten, den Spannungsaufbau und die Rissbildung in Betonfahrbahnplatten geschlossen werden [30]. Im Rahmen einer neu eingerichteten DFG-Forschergruppe wird derzeit gezielt der Einfluss einer AKR auf die (bruch-) mechanischen Eigenschaften von Beton und die resultierende Schadensentwicklung in Betonfahrbahnplatten untersucht.

Auch die am Lehrstuhl durchgeführten **Arbeiten zum hygrischen und thermischen Verformungsverhalten von Betonbauteilen** sind an der Schnittstelle zwischen der Werkstoffmechanik und der Dauerhaftigkeitsforschung angesiedelt. Umfangreiche numerische und experimentelle Untersuchungen zum Verformungsverhalten von Betonfahrbahnplatten wurden von Foos [31] und Maliha [32] vorgestellt. Das von Foos entwickelte Modell gestattet dabei eine Vorhersage der aus hygrischen und thermischen Belastungen resultierenden Spannungszustände im Beton. Erstmalig konnte dabei auch der Einfluss der Nullspannungstemperatur des Bauteils und damit der Herstellungsbedingungen berücksichtigt werden. Weiterhin gibt Foos umfangreiche Empfehlungen zur Herstellung und Bemessung von Betonfahrbahnplatten [31].

Die Fragestellung des Feuchtetransports in Beton sind auch wichtiger Bestandteil eines am Lehrstuhl bearbeiteten BMBF-Projekts, das gezielt die Wechselwirkung zwischen der Betonfeuchte und einer auf den Beton einwirkenden Mikrowellenstrahlung untersucht. Zielsetzung der Versuche ist es, durch eine Bestrahlung des Betons mit Mikrowellen, die mit der im Beton gespeicherten Feuchte interagieren, kontrolliert die Betonrandzone beispielsweise von kontaminierten Bauteilen aus der Kerntechnik abzulösen. Weiterhin soll ein detailliertes mechanisches Verständnis des Ablationsvorganges in Abhängigkeit von den Betoneigenschaften und den Bestrahlungsparametern gewonnen werden. Das Projekt baut dabei auf umfangreiche Vorarbeiten am Lehrstuhl von Herold [33] auf, der im Rahmen der Untersuchung der Transportmechanismen von Radionukliden in Beton feststellte, dass sich die kontaminierten Bereiche i. d. R. auf nur wenige Zentimeter unterhalb der Oberfläche beschränken.

Verstärkt anwendungsorientiert sind Arbeiten im Rahmen des BMBF-Förderschwerpunkts „Integriertes Wasserressourcen-Management (IWRM)". In Zusammenarbeit mit Herrn Prof. Nestmann vom Institut für Wasser und Gewässerentwicklung (IWG) des KIT sowie verschiedenen weiteren Partnerinstituten wurde auf der indonesischen Insel Java ein unterirdisches Sperrwerk mit integrierter Wasserkraftanlage entworfen, geplant und erfolgreich umgesetzt (siehe Bild 3). Das inzwischen in Betrieb befindliche Höhlenkraftwerk liefert Trinkwasser für die dort ansässige Landbevölkerung und ist somit ein Meilenstein für die nachhaltige Entwicklung dieser Region (siehe [34, 35]). Neben zahlreichen ingenieurtechnischen und soziokulturellen Herausforderungen lag der wissenschaftliche Schwerpunkt im Projekt in der Entwicklung geeigneter Betonrezepturen für eine Unterwasserbetonage in schnell fließendem Wasser und geeigneter Zementsuspensionen zur Verpressung der Kluftsysteme im umgebenden Karstgestein, sowie in der Implementierung einfacher Herstellungstechnologien und in einer derzeit laufenden Entwicklung angepasster Instandsetzungssysteme für Trinkwasserbehälter und Rohrleitungen zur Verteilung des geförderten Trinkwassers.

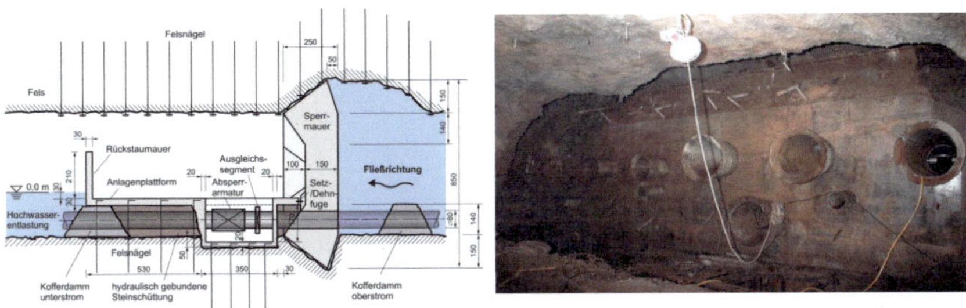

Bild 3   Schematische Darstellung (links) des unterirdischen Sperrwerks Bribin (Java, Indonesien) sowie Ansicht der wasserseitigen Staumauer aus Beton unmittelbar nach der Fertigstellung und vor dem Einstau (rechts)

Die **Instandsetzung und zerstörungsfreie Prüfung** von Beton und Mauerwerk stellt schlussendlich ein weiteres wichtiges Forschungsfeld am Lehrstuhl für Baustoffe und Betonbau dar. Umfangreiche Arbeiten konnten insbesondere zur denkmalgerechten Instandsetzung von Betonbauwerken vorgestellt werden (siehe z. B. [36-40]). Neben ästhetischen Gesichtspunkten, wie beispielsweise einer auf den Grundbeton angepassten Farbe und Textur, muss bei der Mischungsentwicklung des Reparaturbetons zwingend auch ein zum Bauteil kompatibles Verformungsverhalten sichergestellt werden. Das Schwinden und die Wärmedehnung infolge der Hydratationswärmeentwicklung müssen dabei soweit minimiert werden, dass Rissbildungen und Ablösungserscheinungen in der Fuge zwischen Alt- und Reparaturbeton vermieden werden. Auch der E-Modul des Reparaturmaterials muss hierzu gezielt beeinflusst werden. Bei Bauteilen die vor der Instandsetzung eine signifikante mechanische Entlastung erfahren muss darüber hinaus ein kompatibles Verformungsverhalten bei einer Belastung sichergestellt sein.

Die umfangreichen Forschungsarbeiten im Bereich der Instandsetzung werden durch vergleichende Untersuchungen zur Güte verschiedener zerstörungsfreier Materialprüfmethoden ergänzt [41].

2.3   Dauerhaftigkeit und Lebenszyklusmanagement

Neben der Betontechnologie und der Werkstoffmechanik bildet die Dauerhaftigkeitsforschung die dritte Säule der Forschungstätigkeit am Lehrstuhl für Baustoffe und Betonbau. Sie ist eingebettet in das Lebenszyklusmanagement von Bauwerken, das am Lehrstuhl wissenschaftlich weiterentwickelt wird. Zentraler Bestandteil der Forschungstätigkeiten ist die **Entwicklung von Schädigungszeitgesetzen** für Beton und Sandstein infolge eines Dauerhaftigkeitsangriffs. Entsprechende Modelle wurden am Lehrstuhl zum Beispiel entwickelt zur Beschreibung des Korrosionsverhaltens von Beton bei einem Angriff durch Mineralsäuren (siehe [42]) oder durch Sulfat (siehe [43)] und zur bereits beschriebenen Vorhersage von Rissbildungen in Beton infolge von Bewehrungskorrosion (siehe [4]) bzw. Abwitterungen von Sandstein infolge thermisch-hygrisch bedingter Gefügespannungen (siehe [5, 44]).

Im Rahmen eines von der Deutschen Forschungsgemeinschaft geförderten Verbundprojekts wurde untersucht, wie sich durch eine Beaufschlagung von Beton mit Sulfat und die dadurch bedingte chemische Treibreaktion, Quelldrücke im Porenraum des Betons aufbauen, welche eine Rissbildung und sukzessive Zerstörung des Bauteils zur Folge haben können. Hierbei wurden erstmals skalenübergreifende numerische Modelle eingesetzt, die durch Parameterstudien Rückschlüsse über die Auswirkungen von Treibvorgängen auf der Meso- und der Mikroebene gestatteten (siehe z. B. [43]). Bei der Abbildung des Verformungs- und Bruchverhaltens des Betons unter Zugbelastung konnte dabei auf die Arbeiten von Kessler-Kramer [27] zurückgegriffen werden.

Die Forschung am Lehrstuhl für Baustoffe und Betonbau ist jedoch nicht ausschließlich auf den Werkstoff Beton beschränkt. Im Zuge des Wiederaufbaus der Dresdner Frauenkirche wurden in umfangreichen Untersuchungen das Feuchtetransportverhalten und die Dauerhaftigkeit verschiedener Sandsteine in Verbindung mit einer breiten Palette an Mörteln untersucht und es wurden Empfehlungen zur Auswahl geeigneter Materialien ausgesprochen (siehe [45]). Um ein verbessertes Verständnis der für frei bewitterten Sandstein relevanten Schädigungsmechanismen zu gewinnen, wurden auf der Grundlage der experimentellen Ergebnisse von Hörenbaum [45] das Feuchtetransportverhalten im Sandstein und die aus der Befeuchtung resultierenden Verformungsänderungen numerisch simuliert [44]. Durch Koppelung mit den mechanischen Kennwerten des Sandsteins konnten die ermittelten, in Folge der wechselnden Befeuchtung und Trocknung zyklisch schwankenden Dehnungen des Sandsteins in makroskopische Spannungszustände übersetzt werden, die für das Material eine Ermüdungsbeanspruchung darstellen. Aufbauend auf die bereits erwähnten Vorarbeiten zum Ermüdungsversagen von Beton unter Zugbelastung (siehe [27]) konnte ein Prognosemodell zur Vorhersage des Schädigungsverhaltens und somit der Lebensdauer von bewittertem Sandstein entwickelt werden (siehe [5]).

Einen weiteren Schwerpunkt der Dauerhaftigkeitsforschung am Lehrstuhl bilden Arbeiten zur Verschleißbeständigkeit von Beton gegenüber einem hydroabrasiven Angriff, wie er im Wasserbau häufig vorkommt. Im Rahmen eines deutsch-russischen BMBF-Verbundprojekts wurde hierzu ein voll-probabilistisches Modell entwickelt, das den Betonverschleiß in Abhängigkeit von den Strömungsrandbedingungen, der Geschiebefracht und den Betoneigenschaften vorhersagt. Weiterhin wurde ein neuartiges Verfahren zur Instandsetzung von vertikalen Betonflächen unter Wasser vorgestellt, durch das die Instandsetzung großer wasserbaulicher Anlagen bei minimalen betrieblichen Beeinträchtigungen erheblicht vereinfacht und vergünstigt werden kann (siehe [46, 47]). Weiterhin wird derzeit an der Entwicklung eines Prognosemodells zur Vorhersage der Betonschädigung infolge eines Frostangriffs gearbeitet.

Neben Schädigungszeitgesetzen für einzelne Dauerhaftigkeitsangriffe bilden **kombinierte Dauerhaftigkeitsangriffe** ein weiteres Kernthema am Lehrstuhl. Derartige Angriffe können derzeit nicht − oder wenn überhaupt nur sehr eingeschränkt − durch Modelle erfasst werden. Unabdingbare Voraussetzung hierfür ist zum einen ein eingehendes Verständnis der zugrunde liegenden physikalischen Mechanismen und zum anderen eine statistisch abgesicherte Kenntnis der Auftretenswahrscheinlichkeiten der einzelnen Ereignisse bzw. deren − teilweise korrelierten − gemeinsamen Auftretens. Umfangreiche Arbeiten wurden beispielsweise zur Wechselwirkung zwischen Feuchtetransportprozessen, der Carbonatisierung von Beton und der Korrosion von Bewehrungsstahl vorgestellt (siehe [48]).

Alle genannten Arbeiten aus dem Bereich der Dauerhaftigkeitsforschung sind eingebettet in die Forschung zum **Lebenszyklusmanagement von Bauwerken**. Unter Verwendung der zuvor beschriebenen Schädigungszeitgesetze können mittels probabilistischer Methoden Aussagen über die Versagenswahrscheinlichkeit und den möglichen Versagenszeitpunkt eines Bauwerk bei einem gegebenen Dauerhaftigkeitsangriff gemacht werden. Die Aufgabe des Bauingenieurs in diesem stark statistisch geprägten Forschungsfeld ist es, geeignete voll-probabilistische Stoffgesetze zu entwickeln, und vor allem mögliche Interaktionen zwischen den Umweltbedingungen, Korrosionsprozessen und den nutzungsspezifischen Gegebenheiten eines Bauwerks zu erfassen und ggf. abzuschätzen. Hierzu wird derzeit beispielsweise an der Verwendung von Fehlerbaumanalysen gearbeitet, die eine gleichzeitige Berücksichtigung sowohl quantitativer als auch kategoriabler Kenngrößen gestatten. Mit diesen Methoden kann der Einfluss unterschiedlicher Schädigungsmechanismen auf die Ausfallwahrscheinlichkeit einzelner Komponenten bzw. mehrteiliger Betonstrukturen quantifiziert werden [6, 49].

3 Lehre am Lehrstuhl für Baustoffe und Betonbau

Zentraler Bestandteil aller Tätigkeiten am Lehrstuhl für Baustoffe und Betonbau ist die Lehre. Nahezu alle Mitarbeiter des Hauses sind dabei in die vom Lehrstuhl angebotenen Vorlesungen und Übungen eingebunden. Einen Schwerpunkt bilden hierbei die Veranstaltungen des Bachelorstudiengangs „Bauingenieurwesen", mit den Grundlagenvorlesungen Baustoffkunde, Konstruktionsbaustoffe, Bauphysik und Bauchemie. Diese werden durchschnittlich von ca. 300 bis 400 Hörern besucht. Während die genannten Vorlesungen, mit Ausnahme der Vorlesung Bauchemie, von Herrn Prof. Harald S. Müller persönlich gelesen werden, sind die Übungen auf die Doktoranden und wissenschaftlichen Mitarbeiter des Lehrstuhls aufgeteilt. Durch ein jährlich rotierendes System setzen sich die Doktoranden mit allen Aspekten der Baustoffkunde auseinander, was somit auch Teil ihrer Doktorandenausbildung darstellt. Eine weitere Besonderheit bilden die in fast allen Übungsveranstaltungen durchgeführten praktischen Vorführungen. Erklärtes Ziel von Herrn Prof. Müller ist es, den Studierenden neben dem theoretischen auch ein praktisches Verständnis für das Werkstoffverhalten zu vermitteln. In den Übungen entwickeln die Studierenden beispielsweise neue Betonrezepturen, untersuchen das Bruch- und Dauerstandverhalten von Beton oder prüfen das Biegezugverhalten unterschiedlicher Gläser und Kunststoffe. Um dies so anschaulich wie möglich zu machen, sind alle Demonstrationen auf eine maximale Gruppengröße von ca. 20 Studierenden begrenzt.

Im ehemaligen Diplom-Vertieferstudium bzw. dem heutigen Masterstudium ist der Lehrstuhl für Baustoffe und Betonbau mit den folgenden Vorlesungsangeboten vertreten:

- **Betontechnologie**
  Die Vorlesung Betontechnologie baut auf die Kenntnisse des Grund bzw. Bachelorstudiums auf und vermittelt den Studierenden die Methoden der modernen Betontechnologie. Die Schwerpunkte der Veranstaltung bilden moderne Sonderbetone, wie selbstverdichtende, hochfeste und faserbewehrte Betone sowie Leichtbetone und Massenbetone. Weiterhin wird eingehend auf die Betonherstellung und den Betoneinbau eingegangen. Es werden Methoden erläutert, wie eine Schädigung bzw. eine Rissbildung des Betons durch geeignete betontechnologische Methoden vermieden werden kann.

- **Baustoffkorrosion und Dauerhaftigkeit**
  Die Vorlesung Baustoffkorrosion und Dauerhaftigkeit erläutert eingehend die maßgebenden Mechanismen der Baustoffkorrosion für alle im Bauwesen üblichen Baustoffe, wie u. a. Beton, Kunststoffe, Gläser, Baukeramiken und Metalle. Einen Schwerpunkt bildet dabei der Abschnitt zum Thema Beton, in dem alle für Beton relevanten Angriffsarten, wie die Frostbeanspruchung, die Carbonatisierung, die Alkali-Kieselsäurereaktion aber auch die Bewehrungskorrosion behandelt werden.

- **Verformungs- und Bruchprozesse**
  Die Vorlesung Verformungs- und Bruchprozesse behandelt Methoden und Ansätze zur Beschreibung des Verformungs- und Bruchvorgangs von Beton. Neben dem einaxialen Tragverhalten werden das mehraxiale Trag- und Bruchverhalten und die damit verbundenen Prozesse und Mechanismen bei Beton behandelt. Einen weiteren Schwerpunkt bildet das zeitabhängige Ver-

formungsverhalten, d. h. das Schwinden und Kriechen von Beton. Hierbei wird auch detailliert auf die verschiedenen, zur Verfügung stehenden Modelle zur Beschreibung dieser Formänderungsprozesse eingegangen.

- **Schutz- und Instandsetzung von Beton und Mauerwerk**
  Die Vorlesung Schutz- und Instandsetzung von Beton und Mauerwerk behandelt die wesentlichen für Beton und Mauerwerk relevanten Schädigungsprozesse. Der Schwerpunkt dieser Veranstaltung liegt in der Beschreibung des Schadensbilds und der Zuordnung der verantwortlichen Schädigungsmechanismen. Darauf aufbauend werden gängige Instandsetzungverfahren vorgestellt und die zugrundeliegenden Prinzipien erläutert. Weitere Kernthemen sind der Bautenschutz und die Verstärkung von Bauteilen.

- **Angewandte Bauphysik**
  Die Vorlesung Angewandte Bauphysik baut auf die Grundlagenvorlesung Bauphysik des Bachelorstudiums Bauingenieurwesen auf und vermittelt die physikalischen Grundlagen des Wärme- und Feuchtetransports und die Anwendung der gewonnenen Kenntnisse zur Erzielung eines ausreichenden Wärme- bzw. Feuchteschutzes. Einen Schwerpunkt bilden in diesem Zusammenhang auch die energetische Sanierung von Bestandsobjekten und die dabei eingesetzten Technologien und Methoden. Weiterhin wird eingehend das Thema Brandschutz von Gebäuden behandelt.

- **Praktischer Schallschutz**
  Aufbauend auf den bauphysikalischen Grundlagen der Schallleitung bietet die Vorlesung einen Einblick in die Luft- und Trittschalldämmung von Bauteilen, den Körperschallschutz und den Schutz gegen Außenlärm. Des Weiteren werden der gegenwärtige Stand der Messtechnik zur Erfassung schalltechnischer Kenngrößen sowie die normativen Anforderungen an den baulichen Schallschutz vorgestellt. Hierbei steht die Umsetzung der Anforderungen im rechnerischen Nachweis der einschlägigen Normen und Regelwerke im Vordergrund. Daneben werden auch das schalltechnische Verhalten spezieller Bauteile vorgestellt und die Grundlagen der Raumakustik erarbeitet.

Die oben aufgeführten Veranstaltungen können von den Studierenden entweder einzeln als Wahlpflichtfach- oder Ergänzungsfach bzw. zusammen als Vertiefungsschwerpunkt gehört werden. Alle Veranstaltungen werden im Schnitt von ca. 40 bis 60 Studierenden besucht.

Literatur

[1]   Deutscher Ausschuss für Stahlbeton e. V. (Hrsg.): 10. DAfStb-Forschungskolloquium. Hilsdorf, H. K.; Müller, F. P. (Eds.), Karlsruhe, März 1979

[2]   Deutscher Ausschuss für Stahlbeton e. V. (Hrsg.): 24. DAfStb-Forschungskolloquium. Karlsruhe, Oktober 1990

[3]   Deutscher Ausschuss für Stahlbeton e. V. (Hrsg.): 32. DAfStb-Forschungskolloquium. Karlsruhe, März 1996

[4]   Bohner, E.: Prognosemodell für die Rissbildung infolge Bewehrungskorrosion. In: Baustoffe und Betonbau – Lehren, Forschen, Prüfen, Anwenden; Festschrift zum 60. Geburtstag von Prof. Dr.-Ing. Harald S. Müller; Haist, M., Herrmann N. (Hrsg.); KIT Scientific Publishing, Karlsruhe, 2011, S. 87-104

[5]   Kotan, E.: Ein Prognosemodell für die Verwitterung von Sandstein. In: Baustoffe und Betonbau – Lehren, Forschen, Prüfen, Anwenden; Festschrift zum 60. Geburtstag von Prof. Dr.-Ing. Harald S. Müller; Haist, M., Herrmann N. (Hrsg.); KIT Scientific Publishing, Karlsruhe, 2011, S. 105-124

[6]   Vogel, M.: Dauerhaftigkeitsbemessung und Lebensdauerprognose als zentrale Bausteine eines effektiven Lebenszyklusmanagements im Betonbau. In: Baustoffe und Betonbau – Lehren, Forschen, Prüfen, Anwenden; Festschrift zum 60. Geburtstag von Prof. Dr.-Ing. Harald S. Müller; Haist, M., Herrmann N. (Hrsg.); KIT Scientific Publishing, Karlsruhe, 2011, S. 125-144

[7]   Haist, M.: Panta Rhei – Das Verformungsverhalten frischer Zementsuspensionen als Schlüssel zur modernen Betontechnologie. In: Baustoffe und Betonbau – Lehren, Forschen, Prüfen, Anwenden; Festschrift zum 60. Geburtstag von Prof. Dr.-Ing. Harald S. Müller; Haist, M., Herrmann N. (Hrsg.); KIT Scientific Publishing, Karlsruhe, 2011, S. 69-86

[8]   Fuller, W.; Thompson, S. T.: The laws of proportioning concrete. Transactions of the American Society of Civil Engineers 59 (1907), S. 67-172

[9]   Haist, M.; Müller, H. S.: Rheometer Testing. In: World Cement **38** (2007) Nr. 2, S. 129-134

[10]   Haist, M.: Zur Rheologie und den physikalischen Wechselwirkungen bei Zementsuspensionen. Dissertation, Universität Karlsruhe (TH), 2009; erschienen bei: KIT Scientific Publishing, Karlsruhe, 2010

[11]   Müller, H. S.; Linsel, S.; Garrecht, H.; Wagner, J.-P.;Thienel, K.-Ch.: Hochfester konstruktiver Leichtbeton. In: Beton und Stahlbetonbau **95** (2000) Nr. 7, S. 392-401

[12]   Haist, M.; Müller, H. S.: Selbstverdichtender Beton. In: Tagungsband des 3. Symposiums Baustoffe und Bauwerkserhaltung - Betonbauinnovationen, Müller, H. S., Nolting, U., Haist, M. (Hrsg.), Universitätsverlag Karlsruhe, 2006, S. 9-22

[13]   Müller, H. S.; Haist, M.; Mechtcherine, V.: Selbstverdichtender Hochleistungs-Leichtbeton. In: Beton- und Stahlbetonbau **97** (2002) Nr. 6, S. 326-333

[14] Herold, G.; Scheydt, J. C.; Müller, H. S.: Entwicklung und Dauerhaftigkeit ultra-hochfester Betone. In: Betonwerk + Fertigteil-Technik **72** (2006) Nr. 10, S. 4-14

[15] Beitzel, M.: Frischbetondruck unter Berücksichtigung der rheologischen Eigen-schaften. Dissertation, 2009, Karlsruher Institut für Technologie (KIT), KIT Scienti-fic Publishing, 2012

[16] Haist, M.; Glowacky, J.; Eckhardt, J.-D.; Müller, H. S.: Replacement of Cement Clinker by Limestone Powders Improving the Sustainability of Concrete Structures. In: Tagungsband zu „International Conference: Climate and Constructions", 24.-25. Oktober 2011, S. 207-218, Karlsruhe, 2011

[17] Herold, G.; Müller, H. S.: Dauerhaftigkeit von CEM II/A-LL-Zementen im Ver-gleich zu CEM I-Zementen. In: beton **55** (2005) Nr. 4, S. 164-169

[18] Müller, H. S.: Zur Vorhersage des Kriechens von Konstruktionsbeton. Dissertation, 168 S., Universität Karlsruhe, 1986

[19] Müller, H. S.; Küttner, C. H.; Kvitsel, V.: Creep and shrinkage models of normal and high-performance concrete – Concept for a unified code-type approach. Special Issue of RFGL – ACI Workshop, Paris, Frankreich, 1999

[20] Müller, H. S.: Zur Vorhersage der Schwindverformungen von Bauteilen aus Beton. In: Werkstoffe im Bauwesen – Theorie und Praxis, Hans-Wolf Reinhardt zum 60. Geburtstag. Hrsg.: R. Eligehausen, S. 363 - 374, 1999

[21] Müller, H. S.; Kvitsel, V.: Kriechen und Schwinden von Beton. Grundlagen der neuen DIN 1045 und Ansätze für die Praxis. In: Beton- und Stahlbetonbau, Band 97, Heft 1, Seite 8 - 19, 2002

[22] Müller, H. S.; Kvitsel, V.: Kriechen und Schwinden von Hochleistungsbetonen. In: beton **56** (2006) Nr. 1+2, S. 36-42

[23] Fédération Internationale du Béton (Ed.): *fib* Model Code 2010. Erster vollständiger Entwurf veröffentlicht in *fib* Bulletins 55 and 56 (2010), Lausanne, Schweiz

[24] Kvitsel, V.: Zur Vorhersage des Schwindens und Kriechens von normal- und hoch-festem Konstruktionsleichtbeton mit Blähtongesteinskörnung. Dissertation, 2010, Karlsruher Institut für Technologie (KIT), KIT Scientific Publishing, 2012

[25] Anders, I.: Stoffgesetz zur Beschreibung des Kriech- und Relaxationsverhaltens junger normal- und hochfester Betone. Dissertation (in Vorbereitung)

[26] Burkart, I.; Müller, H. S.: Creep and shrinkage characteristics of ultra high strength concrete (UHPC). In: Proceedings of the 8th Int. Conference on Creep, Shrinkage and Durability Mechanics of Concrete and Concrete Structures (Concreep 8), Sept. 30 - Oct. 2, 2008, pp. 689 - 694 (Vol. 1), Ise Shima, Japan, 2008

[27] Kessler-Kramer, Ch.: Zugtragverhalten von Beton unter Ermüdungsbeanspruchung. Dissertation, Universität Karlsruhe, Schriftenreihe des Instituts für Massivbau und Baustofftechnologie, Karlsruhe, 2002

[28] Mechtcherine, V.: Bruchmechanische und fraktologische Untersuchungen zur Riss-ausbreitung in Beton. Dissertation, Universität Karlsruhe, Schriftenreihe des Insti-tuts für Massivbau und Baustofftechnologie, Karlsruhe, 2000

[29]   Malárics, V.: Ermittlung der Betonzugfestigkeit aus dem Spaltzugversuch an zylindrischen Betonproben. Dissertation, 2010, Karlsruher Institut für Technologie (KIT), KIT Scientific Publishing, 2012

[30]   Müller, H. S.; Malárics, V.; Soddemann, N.; Guse, U.: Rechnerische Untersuchung zur Entstehung breiter Risse in Fahrbahndecken aus Beton unter Mitwirkung einer Alkali-Kieselsäure-Reaktion. Abschlussbericht zum Forschungsvorhaben 08.0189/ 2006/LRB im Auftrag des BMVBS/BASt, 2010

[31]   Foos, S.: Unbewehrte Betonfahrbahnplatten unter witterungsbedingten Beanspruchungen. Dissertation, Universität Karlsruhe, Schriftenreihe des Instituts für Massivbau und Baustofftechnologie, Karlsruhe, 2006

[32]   Maliha, R.: Untersuchungen zu wirklichkeitsnahen Beanspruchungen in Fahrbahndecken aus Beton. Dissertation, Universität Karlsruhe, Schriftenreihe des Instituts für Massivbau und Baustofftechnologie, Karlsruhe, 2006

[33]   Herold, G.; Neumann, A.; Fleischer, K.; Knappik, R.; Müller, H. S.: Das Eindring- und Auslaugverhalten ausgewählter Radionuklide gegenüber der Betonmatrix. In: Tagungsband KONTEC 2005 (CD-ROM), S. 489 - 508, 7. Internationales Symposium, „Konditionierung radioaktiver Betriebs- und Stilllegungsabfälle", Berlin, 20. - 22. April 2005

[34]   Nestmann, F.; Oberle, P.; Ikhwan, M.; Singh, P.: Bau eines Höhlenkraftwerkes zur Trinkwassergewinnung auf Java - Teil 1: Gesamtkonzept zur energetischen Nutzung unterirdischer Wasserressourcen in Karstgebieten. In: Tagungsband 5. Symposium Baustoffe und Bauwerkserhaltung – Betonbauwerke im Untergrund: Infrastruktur für die Zukunft, Müller, H. S., Nolting, U., Haist, M. (Hrsg.), Universitätsverlag Karlsruhe, S. 109-120, 2008

[35]   Müller, H. S., Fenchel, M., Bohner, E., Mutschler, T.: Bau eines Höhlenkraftwerks zur Trinkwassergewinnung auf Java, Teil 2: Konzeption und Realisierung eines Sperrwerks unter Berücksichtigung örtlich verfügbarer Baustoffe und Technologien. In: Tagungsband 5. Symposium Baustoffe und Bauwerkserhaltung – Betonbauwerke im Untergrund: Infrastruktur für die Zukunft, Müller, H. S., Nolting, U., Haist, M. (Hrsg.), Universitätsverlag Karlsruhe, S. 121-137, 2008

[36]   Günter, M.: Beanspruchung und Beanspruchbarkeit des Verbundes zwischen Polymerbeschichtungen und Beton. Dissertation, Universität Karlsruhe (TH), Schriftenreihe des Instituts für Massivbau und Baustofftechnologie, 1997

[37]   Günter, M.; Müller, H. S.: Entwicklung von Instandsetzungsmörteln für spezifische Anforderungen. In: Proceedings of the 5th International WTA-Kolloquium on Materials Science and Restoration - MSR V, Technische Akademie Esslingen, S. 895 - 903, 1999

[38]   Müller, H. S.; Günter, M.; Hilsdorf, H. K.: Instandsetzung historisch bedeutender Beton- und Stahlbetonbauwerke. In: Beton und Stahlbetonbau, Heft 3, S. 143 - 157, 2000

[39]   Müller, H. S.; Günter, M.; Hilsdorf, H. K.: Instandsetzung historisch bedeutender Beton- und Stahlbetonbauwerke. In: Beton und Stahlbetonbau, Heft 6, S. 360 - 364, 2000

[40]   Müller, H. S.: Denkmalgerechte Betoninstandsetzung - Überblick und technisch-wissenschaftliche Grundlagen. Technisch-wissenschaftliches Symposium, Universität Karlsruhe, Landesdenkmalamt Baden-Württemberg, Südzement Marketing GmbH, Tagungsband S. 33 - 41, Karlsruhe, 2004

[41]   Müller, H. S. et al.: Zerstörungsfreie Ortung von Gefügestörungen in Betonbodenplatten. In: DAfStb – Deutscher Ausschuss für Stahlbeton, Heft Nr. 589, 1. Auflage 2010, Beuth Verlag GmbH, Berlin 2010

[42]   Herold, G.: Korrosion zementgebundener Werkstoffe in mineralsauren Wässern. Dissertation, Universität Karlsruhe, Schriftenreihe des Instituts für Massivbau und Baustofftechnologie, Karlsruhe, 1999

[43]   Fenchel, M.; Müller, H. S.: Prediction model for the degradation process of concrete due to the attack of sulphate-bearing water. In: Simulation of Time Dependent Degradation of Porous Materials, Final Report on Priority Program 1122, Franke, L., Deckelmann, G., Espinosa-Marzal, R. (Hrsg.), Cuvillier Verlag, Göttingen, 2009, S. 227-242

[44]   Kotan, E.: Ein Prognosemodell für die Verwitterung von Sandstein. Dissertation, 2011, Karlsruher Institut für Technologie (KIT), KIT Scientific Publishing, 2012

[45]   Hörenbaum, W.: Verwitterungsmechanismen und Dauerhaftigkeit von Sandsteinsichtmauerwerk. Dissertation, Universität Karlsruhe, Schriftenreihe des Instituts für Massivbau und Baustofftechnologie, Karlsruhe, 2005

[46]   Vogel, M.: Schädigungsmodell für die Hydroabrasionsbeanspruchung zur probabilistischen Lebensdauerprognose von Betonoberflächen im Wasserbau. Dissertation, Karlsruher Institut für Technologie (KIT), Institut für Massivbau und Baustofftechnologie, 2011

[47]   Müller, H. S.; Kvitsel, V.; Vogel, M.; Djuric, Z., Günter, M.; Kleen, E.: Bauwerksertüchtigung im Wasserbau – technisch-wissenschaftliche Grundlagen und Praxisanwendungen. In: WasserWirtschaft 4 (2011), S. 39 - 43

[48]   Müller, H. S.; Vogel, M.: Lebensdauerbemessung im Betonbau – Vom Schädigungsprozess auf Bauteilebene zur Sicherheitsanalyse der Gesamtkonstruktion. In: Beton- und Stahlbetonbau 106 (2011), Heft 6, S. 394-402

[49]   Müller, H. S.; Vogel, M.; Neumann, T.: Quantifizierung der Lebensdauer von Betonbrücken mit den Methoden der Systemanalyse. In: Berichte der Bundesanstalt für Straßenwesen, Brücken- und Ingenieurbau, Heft B81, Wirtschaftsverlag NW, Bremerhaven, 2011

Michael Haist

Panta Rhei

Das Verformungsverhalten frischer
Zementsuspensionen als Schlüssel zur
modernen Betontechnologie

**Dr.-Ing.
Michael Haist**

Oberingenieur und
Leiter der Fachgruppe I

Institut für Massivbau und
Baustofftechnologie,
Karlsruher Institut für
Technologie (KIT)
Gotthardt-Franz-Str. 3
76131 Karlsruhe
E-Mail: Haist@kit.edu

Vorwort

Panta Rhei – Alles fließt.

Diese Feststellung hat auch fast 2500 Jahre nach Heraklit nicht an Wahrheit verloren. Zwar war Heraklit kein Werkstoffwissenschaftler – geschweige denn Betontechnologe –, doch ist dieser Ausspruch wie geschaffen, um Ihr wissenschaftliches Arbeitsfeld zu beschreiben, Herr Professor Müller. Am Beispiel Beton wird deutlich, dass "Fließen" nicht zwingend etwas mit Geschwindigkeit im klassischen Sinne zu tun hat – und seine Beobachtung manches Mal viel Geduld erfordert. Vor allem Ihre Untersuchungen zum Verformungsverhalten von Beton – und hier insbesondere zum Schwinden und Kriechen – benötigten viel Zeit und zählen sicherlich zu einem zentralen Teil Ihres Lebenswerks.

Auch mein persönlicher Weg als Ihr Mitarbeiter ist durch „Fließvorgänge" geprägt – wenngleich deren Beobachtung beim frischen Beton deutlich weniger Geduld erfordert als beim erhärteten Material. Für Ihre äußerst wohlwollende Unterstützung in der Zeit als Doktorand sowie als heutiger Oberingenieur bin ich Ihnen, lieber Herr Müller, sehr dankbar.

Alles fließt – was bleibt? Die Antwort des Bauingenieurs auf diese Frage sind Bauwerke, die des Baustofftechnologen Stoffgesetze. Durch Ihre wissenschaftliche Arbeit und Ihr Mitwirken insbesondere bei der Erstellung des *fib* Model Codes haben Sie maßgeblich zur Antwort der Baustofftechnologen und damit auch zu vielen Bauwerken beigetragen. Ihre weltweit geschätzten Modelle sind Beleg hierfür.

Es verbleibt die Bitte, dass Sie den Stoffgesetzen, der Fachwelt und nicht zuletzt uns als Ihren Mitarbeitern noch viele Jahre treu bleiben.

Herzlichen Glückwunsch zum 60. Geburtstag!

1 Einführung

Die Eigenschaften frischer Betone werden maßgeblich durch die rheologischen Eigenschaften der darin enthaltenen Zementleime beeinflusst. Dies gilt in besonderem Maße für moderne Hochleistungsbetone, wie selbstverdichtende oder ultrahochfeste Betone. Ein zentrales Problem bei deren Herstellung stellt die gezielte Einstellung einer selbstverdichtenden Konsistenz bei gleichzeitig hohem Widerstand gegen Entmischen dar [1]. Dabei muss sowohl der Strömungswiderstand, den eine aufsteigende Luftblase erfährt, minimiert, als auch die grobe Gesteinskörnung durch denselben Mechanismus an einem Absinken gehindert werden (siehe Bild 1, links, Mitte). Schließlich muss sichergestellt sein, dass die grobe Gesteinskörnung auch durch enge Bewehrungszwischenräume hindurch transportiert wird (siehe Bild 1, rechts).

Die Kombination dieser drei unterschiedlichen Anforderungen erfordert einen Zementleim, der im Ruhezustand bzw. bei geringen Scherbelastungen elastische Eigenschaften aufweist und somit Sedimentationserscheinungen verhindert. Bei mittleren Scherbelastungen muss die Trägerflüssigkeit Zementleim wiederum eine ausreichende Viskosität aufweisen, damit sie die grobe Gesteinskörnung auch durch enge Bewehrungszwischenräume hindurch transportieren kann. Für hohe Scherbelastungen sollte die Viskosität des Leims hingegen möglichst gering sein, um eine vollständige Entlüftung des Betons zu gewährleisten [2].

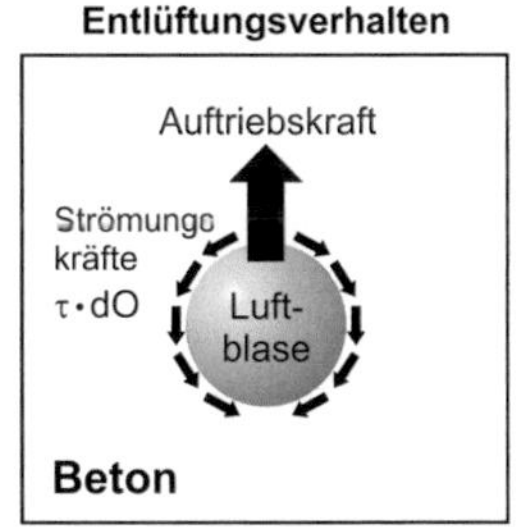

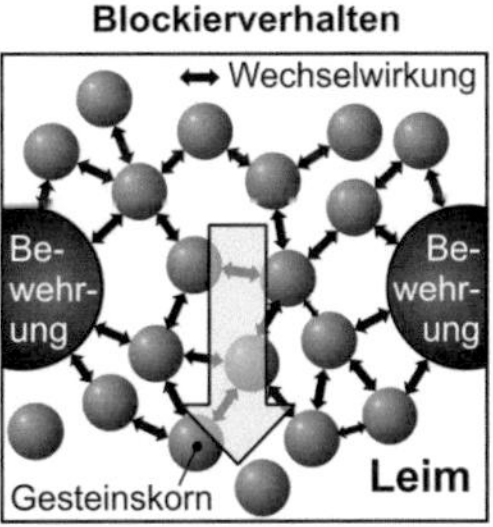

Bild 1   Schematische Darstellung der Mechanismen bei der Entlüftung (links) und Entmischung (Mitte) von Beton sowie beim Blockieren der Gesteinskörnung in engen Bewehrungszwischenräumen (rechts)

Um dieses äußerst differenzierte Leistungsspektrum zielsicher zu beherrschen, sind eingehende Kenntnisse des Materialverhaltens frischer Zementleime erforderlich. Umfangreichen praktischen Erfahrungen steht dabei das Defizit fehlender Stoffgesetze zur Beschreibung des Strömungsverhaltens dieser Materialien gegenüber. Dies gilt insbesondere für langsam ablaufende Strömungsvorgänge, wie z. B. den Entlüftungs- oder auch den Entmischungsprozess. Für das Verständnis dieser für die Betoneigenschaften so entscheidenden Vorgänge ist es jedoch nicht mehr ausreichend, Zementsuspensionen als homogene Flüssigkeiten zu idealisieren. Vielmehr müssen die Wechselwirkungen zwischen einzelnen Zementpartikeln sowie zwischen den Partikeln und der Trägerflüssigkeit verstanden werden, um darauf aufbauend auf die rheologischen Eigenschaften der Suspension schließen zu können [2, 3].

Hierzu wurden im Rahmen der vorgestellten Arbeit verschiedene neue Messmethoden entwickelt, die es gestatten, die elektrophysikalischen Eigenschaften der Zementpartikel, deren Wechselwirkung und die daraus resultierenden rheologischen Eigenschaften bei geringen bis hin zu sehr hohen Scherspannungen bzw. Schergeschwindigkeiten zu untersuchen. Mit diesen Methoden wurden anschließend Untersuchungen an insgesamt 75 verschiedenen Zement- bzw. Zement-Zusatzstoff-Suspensionen durchgeführt. Unter Kenntnis sowohl der Wechselwirkungsmechanismen auf Partikelebene und der makroskopisch messbaren rheologischen Eigenschaften wurde ein physikalisches Modell entwickelt, das es gestattet, sowohl die elektrophysikalischen Eigenschaften der Zementpartikel in Wasser, die daraus resultierenden Wechselwirkungen und das entsprechende rheologische Verhalten der entstandenen Suspension vorherzusagen (siehe auch [1]).

2 Untersuchte Ausgangsstoffe und Zusammensetzungen

Im Rahmen des Versuchsprogramms wurden insgesamt 10 verschiedene Zemente, ein Mikrozement und 4 Zusatzstoffe (Kalksteinmehl, Hüttensand, Steinkohlenflugasche und Mikrosilika-Pulver) untersucht. Bei der Auswahl der restlichen Zemente wurde auf möglichst große Unterschiede in der mineralogischen Zusammensetzung Wert gelegt (HS-Zement, NA-Zement, Zemente mit hoher Frühfestigkeit). Die Ausnahme bildeten zwei Zemente bei denen eine nahezu identische mineralogische Zusammensetzung bei jedoch unterschiedlicher Mahlfeinheit festgelegt wurde. Weiterhin wurde ein reines Klinkermehl in die Untersuchungen mit einbezogen, bei dem Sulfat in Form eines Gemischs aus Gips und Anhydrit (Mischungsverhältnis 1:1 Masseanteile) schrittweise zugesetzt wurde. Hierdurch konnte der Einfluss der Sulfataussteuerung des Zements erfasst werden.

Alle Zementleime bzw. Zement-Zusatzstoff-Gemische wurden in einem Mischer nach DIN EN 196-1 durch Mischung mit demineralisiertem Wasser hergestellt. Die Leimtemperatur betrug bei allen Versuchen 20 °C. Der Wassergehalt der Leime – indirekt ausgedrückt als Phasengehalt $\phi = V_{Feststoff}/(V_{Feststoff} + V_{Wasser})$ – wurde über einen Bereich von $\phi = 0{,}36$ bis $0{,}46$ variiert. Für reine Zementsuspensionen gilt: $\phi = 1/(1 + {}^w\!/_z \cdot \rho_z)$ mit der Rohdichte des Zements ρ_z.

Das Untersuchungsprogramm war in fünf Abschnitte gegliedert. Aufbauend auf umfangreichen Vor- und Wiederholungsversuchen wurden zunächst die Einflüsse der Zementart und des Phasengehalts auf die rheologischen Eigenschaften der Suspension und die elektrophysikalischen Eigenschaften und Wechselwirkungen der Partikel untersucht. Durch die gezielte Variation der Partikelgrößenverteilung ausgewählter Zemente bei gleicher mineralogischer Zusammensetzung konnte im folgenden Schritt der Einfluss granulometrischer Kenngrößen erfasst werden. In einem dritten Untersuchungsabschnitt wurde schrittweise Zement durch Zusatzstoffe ausgetauscht und abschließend der Einfluss des Sulfatgehalts (vierter Untersuchungsabschnitt) und der Art und Dosierung verflüssigender Betonzusatzmittel (fünfter Untersuchungsabschnitt) untersucht.

Eine ausführliche Darstellung des Untersuchungsprogramms, der untersuchten Zusammensetzungen und der Eigenschaften der Ausgangsstoffe ist in [1] enthalten.

3 Rheologisches Verhalten frischer Zementsuspensionen

3.1 Grundlagen

Das Verformungsverhalten eines Werkstoffs kann im einfachsten Fall entweder als ideal-elastisch oder aber als ideal-viskos beschrieben werden [4, 5]. Für Flüssigkeiten und Suspensionen, bei denen die einzelnen Bestandteile nahezu inkompressibel sind, ist das Verformungsverhalten durch reine Schubverformungen und entsprechende Schubspannungszustände gekennzeichnet.

Während das ideal-elastische Materialverhalten durch einen linearen Zusammenhang zwischen der Scherung γ – diese bezeichnet den auf die Scherspalthöhe h bezogenen Weg x und stellt somit einen Winkel dar – und der Spannung τ geprägt ist (*Hooke*'sches Gesetz; siehe Gleichung 1), sind im ideal-viskosen Fall Schergeschwindigkeit $\dot{\gamma}$ und Spannung τ in der Probe proportional (*Newton*'sches Gesetz; siehe Gleichung 2).

$$\tau = G \cdot \gamma \tag{1}$$

$$\tau = \eta \cdot \dot{\gamma} \tag{2}$$

Hierin bezeichnen G den Schubmodul und η die dynamische Viskosität.

Frische Zementsuspensionen weisen sowohl elastische als auch viskose Verformungsanteile auf. Hinzu kommen zeit- und belastungsabhängige Strukturveränderungen, so dass ihr Verformungsverhalten als nicht-linear viskoelastisch zu bezeichnen ist. Die Beschreibung zugehöriger Verformungsvorgänge kann dementsprechend nur noch mittels nicht-linearer, gekoppelter Differenzialgleichungen erfolgen und gestaltet sich als äußerst schwierig [4, 5].

In der Praxis werden daher die elastischen Eigenschaften der Zementsuspensionen häufig vernachlässigt. Die entsprechenden Modelle, wie z. B. das *Bingham*- oder das *Herschel-Bulkley*-Modell liefern folglich für geringe Schergeschwindigkeiten bzw. entsprechende Scherspannungen eine nur ungenügende Abbildungsgenauigkeit des realen Materialverhaltens (siehe Bild 2).

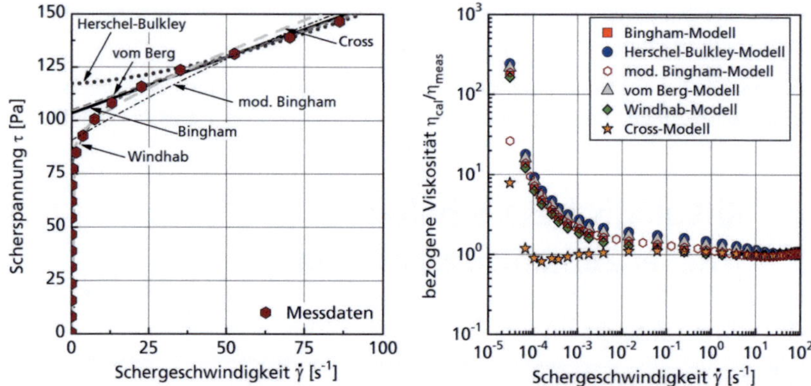

Bild 2   Fließkurve und entsprechende Regressionsfunktionen (links) sowie Vergleich der durch diese Funktionen vorhergesagten dynamischen Viskosität η_{cal} mit der gemessenen Viskosität η_{meas} des Leims (rechts), jeweils in Abhängigkeit von der Schergeschwindigkeit $\dot{\gamma}$

Bild 2 (links) zeigt die Fließkurve eines realen Zementleims (CEM I 42,5 R, w/z = 0,56) und dessen Abbildung durch gängige rheologische Modelle. Der Vergleich der durch die Modelle vorhergesagten dynamischen Viskosität η_{cal} und der gemessenen Viskosität η_{meas} in Abhängigkeit von der Schergeschwindigkeit $\dot{\gamma}$ zeigt (siehe Bild 2, rechts), dass sich mit abnehmender Schergeschwindigkeit die Abbildungsgenauigkeit nahezu aller gängigen Modelle stark verschlechtert und diese zur Vorhersage von Verdichtungs- und Entmischungsvorgängen entsprechend ungeeignet sind.

3.2   Untersuchungsmethoden

Die Schwierigkeiten bei der Modellierung des Verformungsverhaltens von Zementsuspensionen bei geringen Schergeschwindigkeiten bzw. Scherbelastungen sind u. a. auf eine unzureichende Kenntnis der dem Verformungsverhalten zugrundeliegenden Mechanismen sowie in vielen Fällen auf eine unzureichende Messgenauigkeit bei der Ermittlung von Messdaten zurückzuführen. Viele gängige Messgeräte sind nicht in der Lage Schergeschwindigkeiten $\dot{\gamma} < 10\ \mathrm{s}^{-1}$ zielsicher einzustellen. Für das Materialverhalten außerhalb des Messbereichs müssen von den jeweiligen Autoren somit Annahmen getroffen werden, die häufig nicht begründet sind [6-8].

Um dies zu vermeiden, wurde in der vorgestellten Arbeit ein Messsystem bestehend aus einem Hochleistungsrheometer *Haake* MARS und einer speziell für Zementleime entwickelten Messzelle – der sog. Baustoffzelle – verwendet (siehe Bild 3). Die Baustoffzelle besteht aus einem zylindrischen Gefäß mit einer variabel profilierbaren Wandung, das mit Zementleim gefüllt wird [6]. Durch die in die Behälterwandung integrierten Lamellen wird ein Abgleiten des Zementleims in der Kontaktfläche zur Wandung verhindert. Die mit Zementleim gefüllte Baustoffzelle wird in das Rheometer eingebaut. Über einen paddelartigen Drehkörper, der mit dem Rheometer verbunden und in den Zementleim eingetaucht wird, können definierte Scherbelastungen in den Zementleim eingetragen werden. Der Boden der Baustoffzelle ist zusätzlich mit einer elektroakustischen Messeinheit ausgestattet (siehe Bild 3), durch die die elektrische Ladung der Partikel (Zeta-Potential), die Größe der sich durch die Scherung bildenden bzw. zerstörten Agglomerate sowie die Temperatur und Leitfähigkeit der Suspension in Echtzeit ermittelt werden können (siehe Abschnitt 4.2).

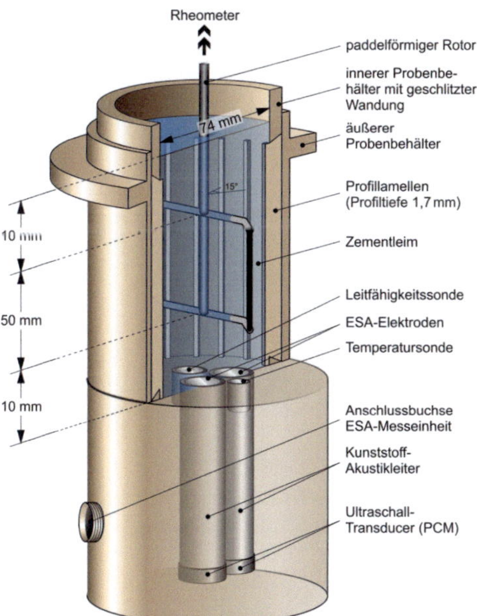

Bild 3   Schematische Darstellung des Messsystems (Baustoffzelle) einschließlich der elektroakustischen Messeinheit

Um das rheologische Verhalten der Suspension bei sehr geringen Scherbelastungen messen zu können, wird die Schubbelastung τ in ausgewählten Versuchen in Form einer oszillatorischen Schwingung mit der Spannungsamplitude τ_A und der Frequenz f – d. h. die Belastung wirkt nur für eine sehr kurze Zeit (t < 0,5 s) – auf die Suspension aufgebracht und die resultierende Verformung γ gemessen. Im Falle eines ideal-elastischen Werkstoffs reagiert das Material auf die Belastung τ mit einer instantanen Verformung γ, so dass beide Schwingungen in Phase sind. Der Quotient aus der Schubspannungsamplitude τ_A und der Schubverformungsamplitude γ_A ist gleich dem Schubmodul G des Werkstoffs (siehe Gleichung 1).

Bei viskoelastischen Zementsuspensionen sind beide Kenngrößen Schubspannung τ und Schubverformung γ jedoch zeitlich versetzt. Der aus dem Quotient beider Amplituden errechnete Schubmodul ist folglich eine komplexe Zahl und wird mit G* gekennzeichnet.

Steigert man schrittweise die Schubspannungsamplitude τ_A ausgehend von einem sehr geringen Wert und misst für jeden Wert den resultierenden Schubmodul (hier als Betrag der komplexen Zahl |G*|), so ergibt sich der in Bild 4 gezeigte Zusammenhang.

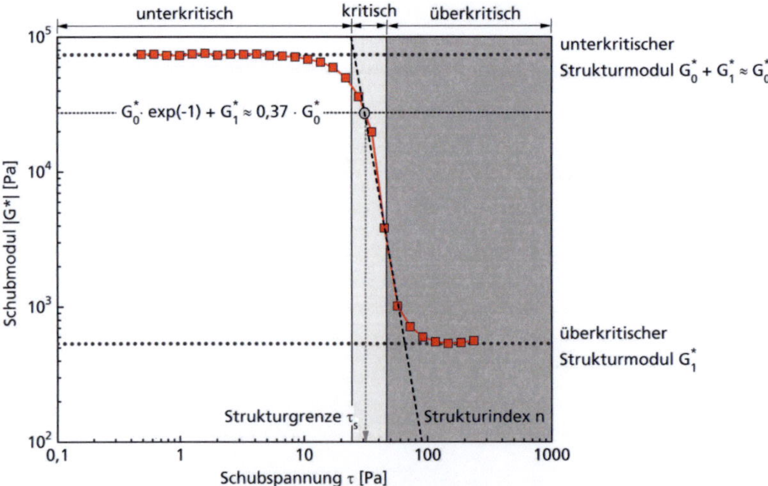

Bild 4   Betrag des Schubmoduls |G*| in Abhängigkeit von der anliegenden Schubspannung τ (d. h. der Schubspannungsamplitude τ_A)

Bild 4 zeigt, dass Zementleim (hier CEM I 42,5 R, w/z = 0,45) für geringe und nur kurzzeitig wirkende Schubspannungen einen annähernd konstanten, sehr hohen Schubmodul (im Folgenden als unterkritischer Strukturmodul G_0 bezeichnet) aufweist und somit annähernd ideal-elastisch reagiert. Ab einer als kritisch bezeichneten Belastung τ_s ist jedoch ein starker Abfall des komplexen Schubmoduls festzustellen. Gleichzeitig nimmt der Phasenverschiebungswinkel δ – dieser errechnet sich aus der Phasenverschiebungszeit Δt und der Messfrequenz f zu $\delta = \Delta t \cdot f \cdot 360$ [°] – zwischen der Belastung τ und der Verformung γ stark zu (hier nicht dargestellt). Das Materialverhalten geht daher vom elastischen in ein viskoses Verhalten über, und der Zementleim beginnt zu fließen.

Aufgrund des hoch-dynamischen Charakters der oszillatorischen Messungen kann der Einfluss der Belastungsdauer in diesen Messungen vernachlässigt werden. Entsprechend ist diese Methode in idealer Weise dazu geeignet, die ideal-elastischen Verformungsanteile einer Zementsuspension zu ermitteln. Führt man am selben Zementleim hingegen Kriechversuche mit derselben, nun jedoch konstanten Schubbelastung $\tau = \tau_c < \tau_s$ durch, so zeigt sich, dass Zementleime bei jeder noch so kleinen Belastung ein ausgeprägtes, charakteristisches Kriechvermögen aufweisen (siehe Bild 5).

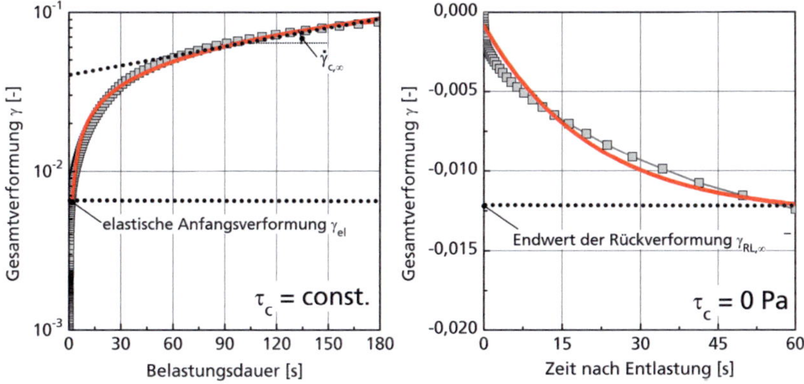

Bild 5   Gesamtverformung γ bei Belastung mit einer konstanten kriecherzeugenden Schubspannung τ_c (links) und nach Entlastung (rechts)

Im Gegensatz zum bekannten Verhalten bei erhärtetem Beton strebt jedoch nicht die Kriechverformung γ, sondern die Kriechgeschwindigkeit $\dot{\gamma}$ gegen einen Endwert. Für konstante, lang andauernde Belastungen verhält sich Zementleim somit wie eine ideale Flüssigkeit, jedoch mit dem Unterschied, dass bei einer Entlastung der Probe eine geringe Rückverformung entsprechend der eingeprägten elastischen Verformung beobachtet wird (siehe Bild 5, rechts).

Aus dem Endwert der Kriechgeschwindigkeit $\dot{\gamma}_{c,\infty}$ (siehe Bild 5) kann mit der kriecherzeugenden Schubspannung τ_c die Kriechviskosität η_c zu $\eta_c = \tau_c / \dot{\gamma}_{c,\infty}$ berechnet werden. Diese ist für geringe Schubspannungen $\tau < \tau_s$ konstant und von der Zusammensetzung des Zementleims abhängig. Wird jedoch die kritische Schubspannung τ_s überschritten, kommt es zu einem kontinuierlichen Abfall der dynamischen Viskosität des Leims bis hin zu einem Endwert, der sog. plastischen Viskosität μ.

Die plastische Viskosität μ kann beispielsweise als Endwert bei sehr hohen Schergeschwindigkeiten im Fließversuch ermittelt werden (siehe Bild 6).

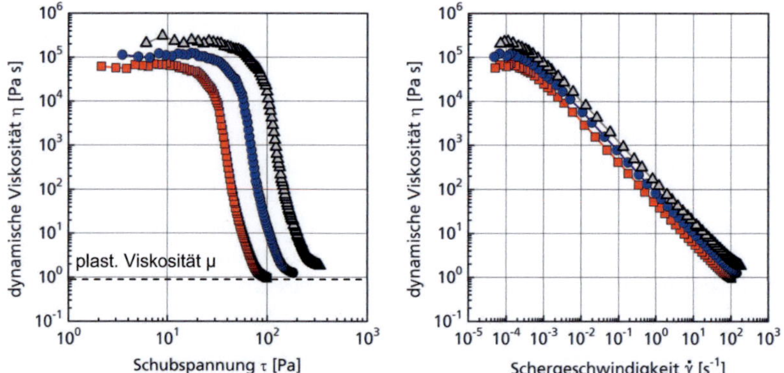

Bild 6   Fließkurve im Fließversuch, dargestellt als Funktion der Schubspannung τ (links) und der Schergeschwindigkeit $\dot{\gamma}$ (rechts)

4 Physikalische Wechselwirkungen suspendierter Zementpartikel

4.1 Grundlagen

Zement besteht im Wesentlichen aus den Mineralien Di- und Tricalciumsilikat C_2S bzw. C_3S, Tricalciumaluminat C_3A und Tetracalciumaluminatferrit C_4AF sowie geringen Mengen eines Sulfatträgers (z. B. Gips oder Anhydrit bzw. Mischungen aus beiden Stoffen) [9]. In Wasser weisen Zementpartikel aufgrund ihrer chemischen Zusammensetzung und Atombindungsart ein deutlich höheres Energieniveau auf als die umgebende Trägerflüssigkeit. Dies hat die Ausbildung eines elektrischen Potentials zur Folge. Zementpartikel sind somit elektrisch negativ geladen.

Das System aus Wasser und Zementpartikel ist generell bestrebt, sein Energieniveau zu minimieren. Angezogen durch die negative elektrische Ladung des Partikels werden positiv geladene Calcium-, Kalium- und Magnesium-Ionen an der Partikeloberfläche angelagert. Mit zunehmendem Abstand von der Partikeloberfläche und jeder weiteren angelagerten Schicht aus Ionen fällt das Potential des Partikels vom Ausgangswert an der Partikeloberfläche ψ_0 auf null ab. Im Abstand δ_0 von der Oberfläche wird dabei ein Potential der Größe ζ gemessen. Die zugehörige Zeta-Scherebene (bzw. im räumlichen Fall eine Kugelschale) gibt gerade den Grenzabstand zur Partikeloberfläche an, ab dem die Ionen nicht mehr unverschieblich an die Oberfläche gebunden, sondern frei beweglich im elektrostatischen Kraftfeld sind.

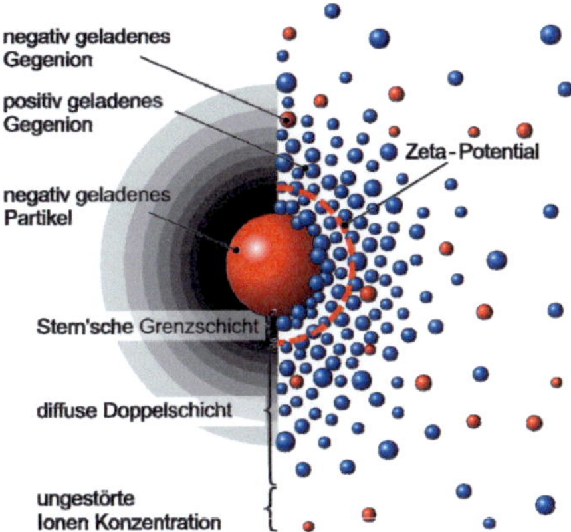

Bild 7   Elektrisch geladenes Zementpartikel mit umgebender Ionenhülle

Eine Wechselwirkung zwischen zwei Zementpartikeln tritt dann ein, wenn die Partikel sich so stark annähern, dass es zu einer gegenseitigen Überlappung ihrer Ionenhüllen kommt. Bild 8 zeigt die Wechselwirkungsenergie V_{tot}, die mithilfe der sog. DLVO-Theorie (nach Derjaguin, Landau, Verwey und Overbeek) in Abhängigkeit vom lichten Partikelabstand z berechnet wurde [10]. Die zwischen den Partikeln wirkende Kraft F kann durch negative Differentiation $F(z) = -dV_{tot}/dz$ der Wechselwirkungsenergiekurve nach dem Partikelabstand ermittelt werden.

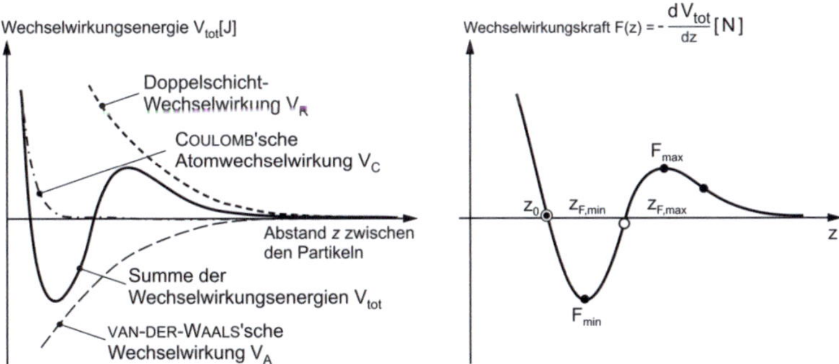

Bild 8   Wechselwirkungsenergie V_{tot} aus Überlagerung anziehender *van-der-Waals-* sowie abstoßender Doppelschichtwechselwirkung und *Coulomb*'scher Atomwechselwirkung (links) und daraus abgeleitete Wechselwirkungskraft F(z) (rechts)

Hieraus wird deutlich, dass es im Falle einer Annäherung zweier Partikel zunächst zu einer gegenseitigen Abstoßung kommt. Der für die Annäherung ursächlichen Kraft steht ein Widerstand entgegen. Wird der maximal zulässige Widerstand F_{max}

überschritten, kommt es zu einer schlagartigen, starken Annäherung der Partikel. Dies ist auf die Tatsache zurückzuführen, dass es neben einer Interaktion der Ionenhüllen der Partikel auch zu einer *van-der-Waals*'schen Wechselwirkung der Partikel selbst kommt. Die resultierenden Dipolkräfte überschreiten ab einem bestimmten Mindestabstand die abstoßende Wechselwirkung der Ionenhüllen, und es kommt zu einer gegenseitigen Anziehung. Die so miteinander verbundenen Partikel werden als Agglomerat bezeichnet. Um die Agglomeratstruktur erneut aufzubrechen, müssen die Partikel mit einer Zugkraft, die größer als die *van-der-Waals*-Anziehung F_{min} ist, beaufschlagt werden.

4.2 Messmethodik

Die Messung der elektrophysikalischen Eigenschaften und Wechselwirkungen zwischen einzelnen Zementpartikeln war bislang nicht oder nur sehr eingeschränkt möglich. Die zur Verfügung stehenden Methoden waren i. d. R. auf stark verdünnte Zementsuspensionen (w/z $\gg 2$) beschränkt. Da das Zeta-Potential und damit die Wechselwirkung der Partikel jedoch signifikant vom Ionengehalt der Trägerflüssigkeit und diese wiederum vom Zementgehalt in der Suspension abhängig ist [10, 1], waren entsprechende Messergebnisse häufig stark fehlerbehaftet. Darüber hinaus sind diese Methoden nicht geeignet, Wechselwirkungen zwischen Zementpartikeln – d. h. die Bildung und Zerstörung von Agglomeraten – zu erfassen.

Zur Lösung des Problems wurde in Zusammenarbeit mit der Fa. Partikel-Analytik, Frechen, ein alternatives Messsystem, basierend auf elektroakustischen Methoden, entwickelt. Die in Bild 3 dargestellte Messeinheit ist im Boden der rheologischen Messzelle (Baustoffzelle) integriert und gestattet es, das Zeta-Potential der Partikel, die mittlere Größe der Agglomerate und die elektrische Leitfähigkeit und Temperatur der Suspension in Echtzeit zu messen.

Das Prinzip der Messung beruht auf der Tatsache, dass die elektrisch geladenen Zementpartikel in einem elektrischen Wechselfeld zum Schwingen angeregt werden [10]. In Abhängigkeit von der Größe, Masseträgheit und Ladung der Partikel (bzw. der Agglomerate) wird in der Trägerflüssigkeit ein Druckimpuls erzeugt, welcher in Form eines Ultraschallsignals gemessen werden kann. Aus der Amplitude dieses Signals kann dabei auf das Zeta-Potential der Partikel bzw. der Agglomerate geschlossen werden. Da mit zunehmender Größe der Agglomerate bei bekannter Dichte der Partikel die Trägheit der Agglomerate zunimmt, äußert sich dies in einer zunehmenden Phasenverschiebung zwischen dem elektrischen Erregersignal und der Antwort, dem Ultraschallsignal. Diese Phasenverschiebung wird durch Messung bei verschiedenen Frequenzen und durch Kalibrierung an einer bekannten Referenzsuspension hinsichtlich der Größe der Agglomerate ausgewertet. Das System ist dabei in der Lage, eine durch eine Scherung der Suspension bedingte Zerstörung von Agglomeratstrukturen in Echtzeit zu erfassen. Das Messsystem und die zugrundeliegenden physikalischen Prinzipien werden ausführlich in [1] beschrieben.

4.3   Ergebnisse

Die Untersuchungsergebnisse belegen, dass das Zeta-Potential von Zement in Wasser bei realistischen Phasengehalten ϕ zwischen 0,36 und 0,46 sowohl von der mineralogischen Zusammensetzung des Zements als auch von dessen Granulometrie abhängig ist (siehe Bild 9, links).

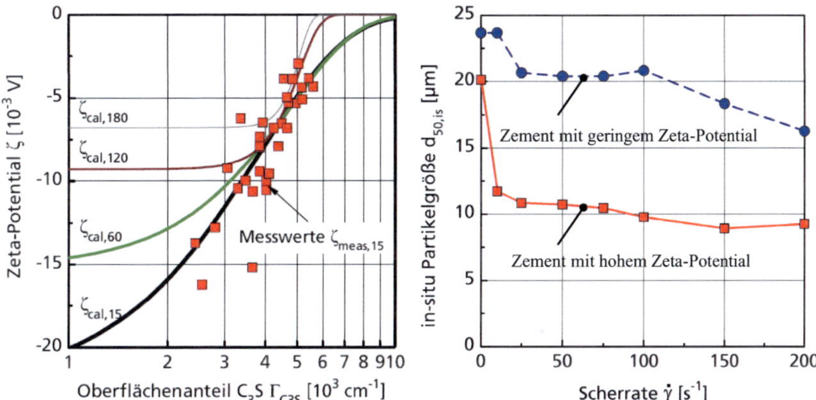

Bild 9   Zeta-Potential ζ in Abhängigkeit von der mineralogischen Zusammensetzung und der Granulometrie des Zements (ausgedrückt durch den Parameter Γ_{C3S} entsprechend Gleichung 3, links) und in-situ Partikel- bzw. Aggomeratgröße d$_{50,is}$ in Abhängigkeit von der Scherrate $\dot{\gamma}$, mit der die Suspension beansprucht wird (rechts)

Mit steigendem Anteil der Mineralphase C$_3$S am Klinker und mit zunehmender Mahlfeinheit (*Blaine*-Wert) nimmt der Betrag des Zeta-Potentials ab. Das Zeta-Potential im Alter von 15 min nach Wasserzugabe kann dabei nach Gleichung 3 berechnet werden ($R^2 = 0{,}77$):

$$\zeta_{cal,15} = -22,44 \cdot \exp\left\{ -\left[\frac{\Gamma_{C3S}}{3,86 \cdot 10^3 \cdot \Gamma_0} \right]^{1,63} \right\} \tag{3}$$

Hierin bezeichnet Γ_{C3S} [cm^{-1}] den Oberflächenanteil der Mineralphase C$_3$S, der entsprechend Gleichung 4 aus dem Masseanteil der Phase C$_3$S im Zement c_{C3S} [-], der Dichte ρ [g/cm^3] und dem Phasenanteil des Zements in der Suspension ϕ [-] und dem Blaine-Wert O$_{Blaine}$ [cm^2/g] berechnet wird. Γ_0 bezeichnet einen Platzhalter für die Dimension cm^{-1}.

$$\Gamma_{C3S} = \phi \cdot \rho \cdot c_{C3S} \cdot O_{Blaine} \; [\text{cm}^{-1}] \tag{4}$$

Weiterhin ist in Bild 9 (rechts) der Einfluss der Scherrate $\dot{\gamma}$ auf die mittlere Agglomeratsgröße in der Suspension für zwei unterschiedliche Zemente dargestellt. Zemente mit geringem Zeta-Potential (hier $\zeta \approx$ -4 mV) liegen i. A. stark agglomeriert vor. Zur Zerstörung der Agglomerate müssen hohe Scherraten angelegt werden. Anders verhält sich dies beim Zement mit hohem Zeta-Potential (hier $\zeta \approx$ -14 mV). Hier ist bereits bei geringen Scherraten eine schnelle Zerstörung der Agglomerate festzustellen.

5 Rheologisch-physikalisches Modell

Das Verformungsverhalten frischer Zementleime wird durch mehrere Mechanismen beeinflusst und ist exemplarisch in Bild 10 dargestellt. Die Gesamtverformung γ eines frischen Zementleims unter einer gegebenen Scherbelastung τ setzt sich aus den nachfolgend aufgeführten Verformungsanteilen zusammen. Zusammenhänge zur Quantifizierung der jeweiligen Verformungsanteile werden in [1] gegeben.

- **Verformung der Trägerflüssigkeit:** Große Teile der suspendierten Zementpartikel liegen nicht vereinzelt, sondern in Form von Agglomeraten vor. Dabei kommt es nicht zu einer vollständigen Vernetzung bzw. Agglomerierung aller Partikel über den Scherspalt. Stattdessen sind die resultierenden Strukturen mit flüssigkeitsgefüllten Gleitschichten durchzogen, die auch bei sehr geringen Scherbelastungen eine viskose Verformung ermöglichen (siehe Bild 10).

- **Verformung durch Bildung neuer Agglomerate:** Durch die Kollision einzelner Partikel bzw. Agglomerate kommt es zur Bildung neuer bzw. größerer Agglomeratstrukturen. Voraussetzung hierfür ist, dass die dabei wirkenden Impulskräfte die abstoßenden Kräfte zwischen den Teilchen – diese können aus der Wechselwirkungskennlinie der Partikel abgeschätzt werden (siehe Bild 10, Grenzzustand 1) – überschreiten. Dies ist insbesondere bei hohen Scherbelastungen der Fall. Hierbei werden ständig Agglomeratstrukturen neu gebildet und bei anhaltender Scherung sofort wieder zerstört. Die resultierende Struktur wird als Primärstruktur bezeichnet. Darüber hinaus kommt es auch im Ruhezustand zu einer Strukturbildung – der sog. Sekundärstruktur. Insbesondere für kleine Partikel ($d_{50} < 1$ μm) reicht bereits der durch die *Brown*'sche Bewegung verursachte Impulsaustausch aus, um eine Koagulation zu bewirken. Gleiches gilt für Sedimentationsvorgänge.

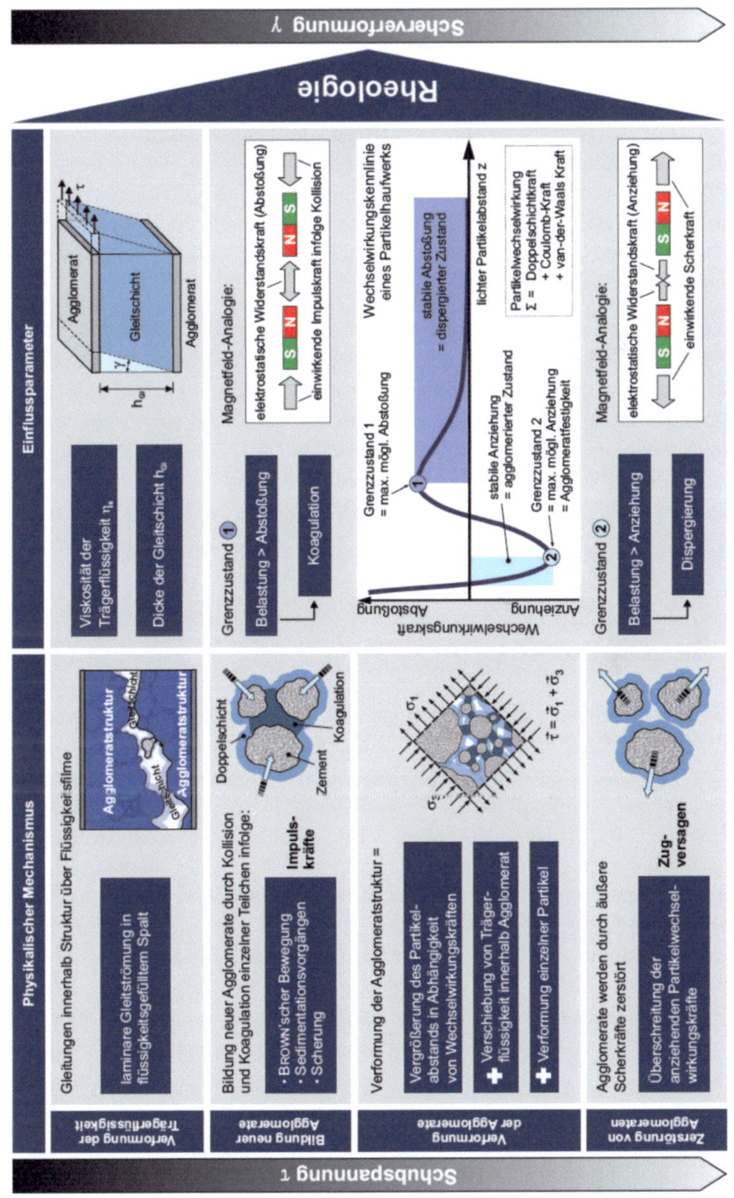

Bild 10   Schematische Darstellung des Kraft-Verformungsverhaltens frischer Zementsuspensionen sowie Erklärung der zugrunde liegenden Mechanismen

- **Verformung der Agglomerate:** Unter einer gegebenen Schubbelastung τ leisten auch die Agglomeratstrukturen einen Beitrag zur Scherverformung γ. Dies äußert sich in einer Vergrößerung des Partikelabstands und einem gleichzeitigen Einströmen von Trägerflüssigkeit in die sich vergrößernden Partikelzwischenräume. Bis zum Erreichen der Festigkeit der Struktur (hier als Strukturgrenze τ_s bezeichnet) ist diese Verformung elastischer Natur. Die Steifigkeit der Agglomerate kann wiederum aus der Wechselwirkungskennlinie der Partikel abgeschätzt werden (siehe Bild 10, agglomerierter Zustand). Einen vernachlässigbaren Anteil an der Gesamtverformung leisten die einzelnen Partikel selbst.

- **Verformung durch Zerstörung von Agglomeraten:** Wird die Schubspannung τ weiter gesteigert, so kommt es neben der Neubildung auch zunehmend zu einer Zerstörung von Agglomeratstrukturen. Hierbei handelt es sich um ein Zugversagen, bei dem die zwischen den Partikeln wirkende maximale Anziehung überschritten wird (siehe Bild 10, Grenzzustand 2). Die zwischen den Partikeln befindliche Trägerflüssigkeit dient nun als neue Gleitschicht und führt zu einer signifikanten Zunahme der Scherverformungen γ.

Eine ausführliche Darstellung des Modells finden sich in [1] und [11].

6 Zusammenfassung

Die Herstellung moderner Sonderbetone wie beispielsweise selbstverdichtender oder ultrahochfester Betone erfordert eine genaue Kenntnis des rheologischen Verhaltens frischer Zementsuspensionen. Hierzu liegen in der internationalen Literatur bereits umfangreiche Untersuchungen vor, die sich jedoch fast ausschließlich auf das Verhalten bei hohen Scherbelastungen bzw. Schergeschwindigkeiten beschränken [3, 7, 8]. Zur Beschreibung des Materialverhaltens wird dabei häufig das *Bingham*-Modell angewendet. Für geringe Schubspannungen idealisiert dieses Modell Zementleim bzw. Beton als unverformbar. Erst ab einer bestimmten Grenzschubspannung – der sog. Fließgrenze τ_0 – tritt viskoses Fließen ein. In der Praxis beobachtete Sedimentationsvorgänge und Bluterscheinungen belegen jedoch, dass Zementleime auch bei sehr geringen Scherbelastungen eine ausgeprägte Verformbarkeit aufweisen.

Vor diesem Hintergrund wurde in einem umfangreichen Forschungsprogramm das Verformungsverhalten frischer Zementsuspensionen insbesondere bei sehr geringen Scherbelastungen τ bzw. Schergeschwindigkeiten $\dot{\gamma}$ untersucht. Darauf aufbauend wurde ein rheologisches Modellgesetz entwickelt, das die physikalischen Wechselwirkungen der einzelnen Zementpartikel berücksichtigt (siehe [1]). Hierzu wurde ein hochempfindliches Messsystem aufgebaut, das es gestattet, zeitgleich die rheologischen Eigenschaften des Zementleims und die elektrochemischen Eigenschaften sowie die Granulometrie der darin befindlichen Zementpartikel zu untersuchen.

Die Untersuchungsergebnisse belegen, dass das rheologische Verhalten von Zementsuspensionen stark durch agglomerierende und dispergierende Prozesse geprägt wird. Dabei kommt es nicht zu einer vollständigen Vernetzung bzw. Agglomerierung aller Partikel. Statt dessen sind die resultierenden Agglomeratstrukturen von flüssigkeitsgefüllten Gleitschichten durchzogen, die auch bei sehr geringen Scherbelastungen eine viskose Verformung – d. h. Kriechverformungen – ermöglichen. Weiterhin konnte gezeigt werden, dass die Agglomeratstrukturen ebenfalls einen Beitrag zur Gesamtverformung leisten. Maßgebend für das Verformungsverhalten der Suspension ist deren Festigkeit und Steifigkeit.

Das in [1] ausführlich vorgestellte physikalische Modell bildet die Agglomeratstrukturen und die zugrunde liegenden Prozesse mithilfe der rheologischen Modellelemente Feder, Dämpfer und ST.-VENANT Reibelement ab. Die Kennwerte dieser Elemente – d. h. Dämpferviskositäten, Federsteifigkeiten und Reibspannungen – konnten wiederum auf die elektrophysikalischen Eigenschaften der suspendierten Partikel sowie die Zusammensetzung der Suspension zurückgeführt werden. Grundsätzlich gilt dabei, dass mit abnehmendem Betrag des Zeta-Potentials der Partikel und zunehmendem Phasengehalt der Anteil der viskosen Verformungen an der Gesamtverformung zurückgeht. Dies ist auf eine verstärkte Bildung vernetzter Agglomerate und eine Zunahme von deren Festigkeit zurückzuführen.

Das vorgestellte Modell ermöglicht darüber hinaus, das Zeta-Potential der suspendierten Partikel in Abhängigkeit von der Zementart und der Zusammensetzung der Suspension vorherzusagen. Der Betrag des Zeta-Potentials nimmt mit zunehmendem Phasengehalt der Suspension (d. h. abnehmendem w/z-Wert), zunehmender Mahlfeinheit der Partikel (Blaine-Wert) und zunehmendem Gehalt der Mineralphase C_3S im Zement exponentiell ab (vgl. Gleichungen 3 und 4). Durch Kombination des rheologischen Modells mit diesen Zusammenhängen für das Zeta-Potential lassen sich somit die rheologischen Eigenschaften eines Zementleims vollständig vorhersagen [11].

Für den planenden Betontechnologen wird es im Regelfall ausreichend sein, sich auf die Vorhersage wesentlicher, für das Frischbetonverhalten entscheidender Kennwerte wie der Fließgrenze und plastischen Viskosität – diese Kennwerte bestimmen maßgeblich das Fließverhalten des Betons in der Schalung – sowie der der Kriechviskosität – diese bestimmt die Sedimentationsneigung des Betons – zu beschränken.

Mit dem vorgestellten Modell ist nun erstmals eine allgemeingültige, präzise Vorhersage der rheologischen Kenngrößen von Zementsuspensionen möglich. Es bildet somit den Grundstein für eine analytische, physikalisch begründete Mischungsentwicklung von Beton. Eine ausführliche Darstellung des Modells findet sich in [11].

Literatur

[1]   Haist, M.: Zur Rheologie und den physikalischen Wechselwirkungen bei Zementsuspensionen. Dissertation, Universität Karlsruhe (TH), 2009

[2]   Haist, M.; Müller, H. S.: Selbstverdichtender Beton. In: 3. Symposium Baustoffe und Bauwerkserhaltung, Müller, H. S., Haist, M., Nolting, U. (Hrsg.), Universitätsverlag Karlsruhe, 2006, S. 9-22

[3]   Wallevik, J. E.: Rheology of Particle Suspensions: Fresh Concrete, Mortar and Cement Paste with Various Types of Lignosulfonates. Dissertation, Norwegian University of Science and Technology, Trondheim, Norwegen, 2003

[4]   Reiner, M.: Rheologie in elementarer Darstellung. Carl Hanser Verlag München, 1969

[5]   Barnes, H. A., Hutton, J. F., Walters, K.: An Introduction to Rheology. Elsevier Science Publishers, Amsterdam, Niederlande, 1989

[6]   Haist, M., Müller, H. S.: Rheometer Testing – A Scientific Study. In: World Cement 38 (2007) Nr. 2, S. 129-134

[7]   Tattersall, G. H., Banfill, P. F. G.: The Rheology of Fresh Concrete. Pitman Books Ltd., London, 1983

[8]   vom Berg, W.: Zum Fließverhalten von Zementsuspension. Dissertation, RWTH, Aachen, 1982

[9]   Taylor, H. F. W.: Cement Chemistry. Academic Press Ltd., London, Großbritanien, 1990

[10]   Verwey, E. J. W.; Overbeek, J. Th., G.: Therory of the Stability of Lyophobic Colloids. Elsevier Publishing Company, Amsterdam, Niederlande, 1948

[11]   Haist, M.; Müller, H. S.: Physical properties, particle interaction and rheology of cementitious suspensions. Eingereicht bei: Cement and Concrete Research, 2011

Prognosemodell für die Rissbildung infolge Bewehrungskorrosion

Edgar Bohner

**Dipl.-Ing., MSc
Edgar Bohner**

Leiter der Fachgruppe II

Institut für Massivbau und
Baustofftechnologie,
Karlsruher Institut für
Technologie (KIT)
Gotthardt-Franz-Str. 3
76131 Karlsruhe
E-Mail: edgar.bohner@kit.edu

Vorwort

Seit vielen Jahren zählt die wissenschaftliche Arbeit im Bereich der Schadensmodellierung zu einem der Schwerpunkte der Forschung am Institut für Massivbau und Baustofftechnologie. Die phänomenologische Beschreibung des Verhaltens von Baustoffen sowie die Formulierung neuer Stoffgesetze waren und sind das Ziel zahlreicher von Herrn Professor Müller geleiteter Forschungsarbeiten. Die weite Verbreitung Karlsruher Stoffgesetze in der Wissenschaft sowie ihre vielfältige Anwendung in der Baupraxis begründen seinen hervorragenden Ruf weit über nationale Grenzen hinaus.

Vor diesem Hintergrund wurden die laufenden Forschungsaktivitäten an Festbetonen in der Fachgruppe II „Werkstoffmechanik, Versagensmechanismen und Instandsetzung" gebündelt. Es freut mich besonders, dass mir die Leitung dieser Fachgruppe und somit die fachliche Begleitung der aktuellen Arbeiten in diesem Forschungsbereich von Herrn Professor Müller anvertraut wurde. Bereits seit 1996 – damals war ich studentischer Teilnehmer an der Betonkanuregatta in Dresden – hat er meine persönliche und berufliche Entwicklung unterstützt und gefördert. Durch ihn kam ich zunächst als projektverantwortlicher Ingenieur in seinem Ingenieurbüro und später als wissenschaftlicher Mitarbeiter und Lehrstuhlassistent am Lehrstuhl mit vielen Bereichen der Baupraxis, Forschung und Lehre in Berührung. Herr Professor Müller hat mir dabei nicht nur das notwendige Rüstzeug für meine Tätigkeit als Ingenieur und Wissenschaftler mitgegeben, sondern vor allem mein großes Interesse am Werkstoff Beton geweckt, wofür ich ihm herzlichst danke. Dieses Interesse war auch mein steter Antrieb bei der Bearbeitung eines von der Deutschen Forschungsgemeinschaft (DFG) geförderten Forschungsprojekts. Es bildet die Grundlage meiner Dissertation und wird auf den folgenden Seiten kurz vorgestellt.

1 Einführung

Die ingenieurmäßige Bemessung einer Stahlbetonkonstruktion auf ihre Dauerhaftigkeit wird voraussichtlich bereits mit der nächsten Normengeneration in die Bemessungspraxis Einzug halten. Dieses neue Nachweisformat bedient sich probabilistischer Verfahren, da sowohl die zeitlich veränderlichen Einwirkungen (Umweltbedingungen) und die diesen gegenüberstehenden Widerstände (Materialeigenschaften) streuende Größen sind [1]. Bestimmte materialtechnische und konstruktive Eigenschaften des zu bemessenden Bauteils müssen dabei so gewählt werden, dass am Ende der geplanten Nutzungsdauer ein zuvor definierter Grenzzustand (Ausmaß der Schädigung) gerade erreicht wird. Diese Art der Bemessung erfordert folglich Materialmodelle, die in der Lage sind, sowohl die Mechanismen der Schädigung als auch die zeitliche Entwicklung des gesamten Schädigungsprozesses zuverlässig zu beschreiben.

Für den Fall der Bewehrungskorrosion stützen sich die bis heute vorhandenen Bemessungsansätze auf die bislang am weitesten entwickelten Modelle, welche die einleitenden Prozesse der Karbonatisierung und der Chlorideindringung in ungerissenen Beton abbilden [2]. Hierbei wird allerdings die Depassivierung des Bewehrungsstahls – das Ende der sog. Einleitungsphase – als Grenzzustand herangezogen und nicht die eigentliche Schädigung, nämlich die Korrosion des Bewehrungsstahls und ihre Folgen in Form von Rissbildungen und Abplatzungen des Betons. Die Gründe für diese Festlegung des Grenzzustands waren bislang fehlende Möglichkeiten zur Quantifizierung bestimmter wichtiger Kennwerte für die Beschreibung des Schädigungsprozesses (Korrosionsrate [3], Anteil der in das Porensystem des Betons abwandernden Korrosionsprodukte etc.) sowie die Unkenntnis der Zeitspanne bis zur tatsächlichen Rissbildung (Dauer der sog. Schädigungsphase), die sich im Beton als Folge des erhöhten Volumenbedarfs der bei der Korrosion entstehenden Korrosionsprodukte einstellt.

Bei der Bewehrungskorrosion können vom Zeitpunkt der Depassivierung bis zur Rissbildung und Abplatzung Monate, aber auch Jahrzehnte vergehen. Im letzteren Fall wären Ertüchtigungsmaßnahmen, die z. B. am Ende der Einleitungsphase ergriffen werden, überflüssig gewesen, wenn der Schaden erst nach dem Erreichen der planmäßigen Lebensdauer eintreten würde. Die Kenntnis der Zeitspanne bis zum Auftreten einer Schädigung, d. h. einer Einschränkung der Gebrauchstauglichkeit, ist somit von großer wirtschaftlicher Bedeutung.

Vor diesem Hintergrund wurden im Rahmen der von der DFG eingerichteten Forschergruppe 537 „Modellierung der Bewehrungskorrosion" umfangreiche Untersuchungen durchgeführt. Die im vorliegenden Beitrag vorgestellten Forschungsaktivitäten konzentrierten sich auf die Prozesse der Rissbildung im Beton, die sich während der Schädigungsphase in Bauteilrandzonen abspielen [4].

Das Forschungsvorhaben, welches neben der systematischen Untersuchung des zeitlichen Verlaufs der Schädigung die Entwicklung eines analytischen Prognosemodells für die korrosionsinduzierte Rissbildung zum Ziel hatte, war in fünf zentrale Arbeitsschritte unterteilt, die in Bild 1 dargestellt sind.

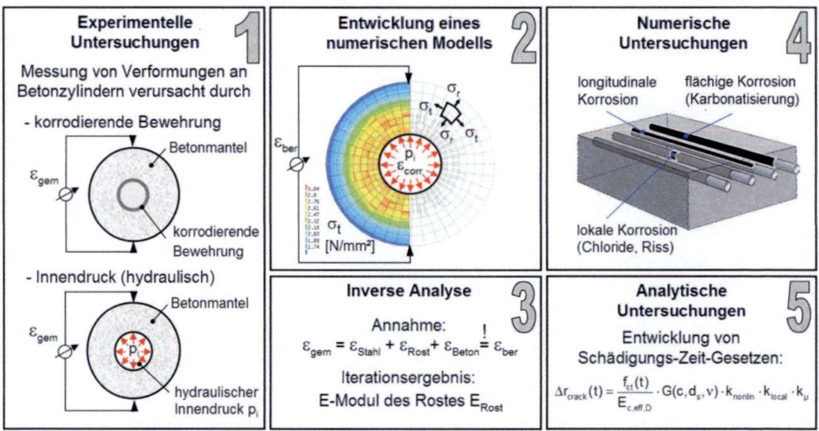

Bild 1   Überblick über die wesentlichen Arbeitsschritte des Forschungsvorhabens

Wesentliche Erkenntnisse basierten u. a. auf neuartigen Versuchen und einer speziellen Versuchskonzeption auf Grundlage von Parallelversuchen, bei denen Messungen korrosionsinduzierter Betonverformungen an sog. Korrosionsproben und Hohlproben zeitgleich durchgeführt wurden. Mit deren Hilfe gelang es erstmals, anhand einer inversen Analyse ein Materialgesetz für den sich unter Praxisbedingungen bildenden Rost abzuleiten. Zudem lieferten die umfangreichen experimentellen Untersuchungen wichtige Erkenntnisse hinsichtlich des Einflusses des Betonporensystems auf die Korrosionsmorphologie. So konnte erstmals quantifiziert werden, wie sich die Anteile der Korrosionsprodukte, die in Betonporen und in durch das Betonschwinden verursachte Risse abwandern, auf die zeitliche Entwicklung der Rissbildungen auswirken. Diese Erkenntnisse in Kombination mit dem abgeleiteten Materialgesetz für Rost ermöglichten im Weiteren die Entwicklung eines komplexen numerischen Modells mit dem für unterschiedliche Einwirkungen und betontechnische Randbedingungen die Zeitspanne zwischen der Depassivierung (Korrosionsbeginn) und dem Schadenseintritt (Risse, Abplatzungen) berechnet werden kann. Ein wichtiges Werkzeug stellte hierbei die Finite-Elemente-Methode dar, mit der die Schädigungsprozesse zunächst rechnerisch nachvollzogen und analysiert werden konnten, ehe darauf aufbauend ein vereinfachtes analytisches Prognosemodell als Schädigungs-Zeit-Gesetz abgeleitet werden konnte.

Im Folgenden werden wenige ausgewählte Ergebnisse der experimentellen Untersuchungen aufgezeigt. Anschließend wird das analytische Prognosemodell kurz vorgestellt, mit dem die Zeitspanne bis zur Erstrissbildung infolge Bewehrungskorrosion ingenieurmäßig abgeschätzt werden kann. Ausführliche Informationen zu den umfangreichen experimentellen Untersuchungen, zur Ermittlung des E-Moduls von Rost anhand einer inversen Analyse und zur Entwicklung des komplexen numerischen Modells, auf das im Rahmen dieses Beitrags nicht eingegangen werden kann, finden sich in [4], [5] und [6].

2 Experimentelle Untersuchungen

2.1 Überblick

Die experimentellen Untersuchungen umfassten im Wesentlichen

- Verformungsmessungen sowie die Erfassung der Rissbildung an den sog. Korrosions- und Hohlproben,
- lichtoptische, computertomographische und röntgenographische Untersuchungen und
- materialtechnologische Untersuchungen an Betonen (bruchmechanische Kenngrößen, Kriechen, Schwinden) und teilweise an Rost.

Mithilfe der Verformungsmessungen wurden die durch Bewehrungskorrosion in den Probekörpern verursachten zeitabhängigen Betondehnungen bis zum Auftreten ausgeprägter Risse messtechnisch überwacht und quantifiziert. Sie bildeten die Grundlage für das primäre Untersuchungsziel, nämlich die Analyse und Quantifizierung der Auswirkungen der Stahlkorrosion auf den Beton.

2.2 Probekörper, Material- und Untersuchungsparameter

Bei den Korrosionsproben handelt es sich um ca. 160 Betonprobekörper mit einem jeweils zentrisch eingebetteten Bewehrungsstab, einer Höhe von ca. 21 cm und einem Durchmesser D mit $D = 2c + d_s$ (siehe Bild 2). Die zylindrische Probenform gewährleistete messtechnisch und analytisch die günstigsten Voraussetzungen, um die komplexen mechanischen Beanspruchungen infolge der Korrosion mit Rissbildung im Beton erfassen zu können. Als Bewehrung wurde stets ein glatter, gereinigter Stabstahl der Qualität S235JRG2C+C verwendet.

Die Depassivierung des Stahles erfolgte durch eine beschleunigte Karbonatisierung des Betons bei Lagerung in mit Kohlendioxid angereicherter Luft oder durch die Zugabe von Chlorid zum Beton, das bei der Betonherstellung im Anmachwasser gelöst wurde (siehe Tabelle 1). Die hierdurch erzeugte weitestgehend gleichmäßig flächige Korrosion führte zu einer nahezu achsensymmetrischen Beanspruchung, was sowohl für die Auswertung der Versuchsergebnisse als auch für die sich anschließende numerische Analyse des Schädigungsverlaufs angestrebt wurde.

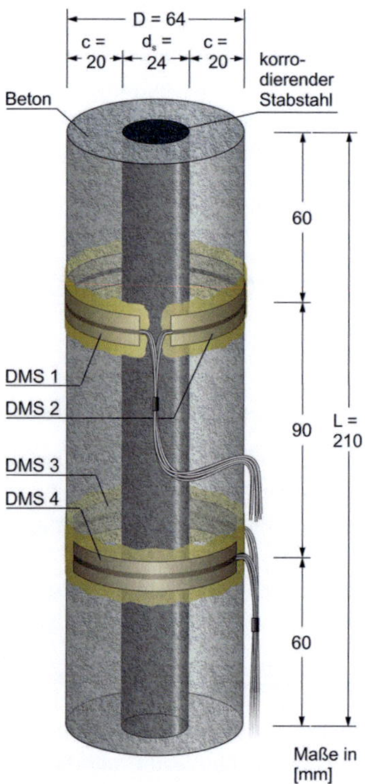

Bild 2   Schematische Darstellung eines sog. Korrosionszylinders mit Dehnmessstreifen (DMS 1 bis 4) zur Erfassung von tangentialen Verformungen der Betonoberfläche infolge Korrosion des zentrisch eingebetteten Stabstahls

Im Rahmen der hier untersuchten karbonatisierungs- und chloridinduzierten Korrosion wurde insbesondere auch der Einfluss der Zementart und des w/z-Werts sowie der geometrischen Bedingungen – die sich aus verschiedenen Kombinationen aus Betondeckung und Stabdurchmesser ergeben – auf die zeitliche Entwicklung von Spannungen, Dehnungen und Rissbildungen untersucht. Die Tabellen 1 und 2 zeigen die bei der Probekörperherstellung gewählten Betonrezepturen und relevanten Korrosionsparameter. Nach dem Betoniervorgang verblieben die stehend hergestellten Probekörper drei Tage in der Schalung, bevor sie bis zum Erreichen eines Betonalters von 7 Tagen in Wasser gelagert wurden. Die sich anschließende Lagerung fand unter Normklimabedingungen (20 °C/65 % r. F.) oder in einer Klimakammer zur beschleunigten Karbonatisierung statt. Nach Abtrennung des oberen Zylinderbereichs (Verkürzung von 30 cm auf 21 cm) wegen möglicher Entmischungserscheinungen und einer Versiegelung der Zylinderstirnflächen wurden die Proben einem Feucht-Trocken-Zyklus unterworfen. Dieser bestand aus einem kurzzeitigen Eintauchen in Wasser (zwischen 1 min und 16 min in Abhängigkeit von der Betondeckung) und einer anschließenden 7-tägigen Trocknung unter Normklimabedingungen.

Tab. 1 Korrosionsparameter

Depassivierungsursache	Konzentration	Feucht-Trocken-Zyklen (tauchen/trocknen)	Zement	w/z-Wert
Chloride	2,5 M.-% v. CEM	1-16 min/7 d	CEM I 32,5 R; CEM III/A 32,5 N-NW	0,4; 0,7
Karbonatisierung	1,0 Vol.-% CO_2	1-16 min/7d	CEM I 32,5 R; CEM III/A 32,5 N-NW	0,7

Tab. 2 Zusammensetzung der untersuchten Betone

Parameter	Bezeichnung/Wert
Zement	CEM I 32,5 R; CEM III/A 32,5 N-NW
Zementgehalt [kg/m^3]	360
w/z-Wert [-]	0,4; 0,7
Gesteinskörnung	Rheinsand, Rheinkies
Sieblinienbereich	AB 8; BC 8
Chloridgehalt [M.-% v. CEM]	2,5

Diese Abfolge wurde über eine Zeitdauer von mehr als 3,5 Jahren hinweg, jeweils bis zum Auftreten ausgeprägter Risse in den Probekörpern aufrecht erhalten. Von einer Beschleunigung der Korrosion, z. B. durch eine anodische Polarisation des Bewehrungsstabes, wurde abgesehen, da hierbei Eisenoxide und -hydroxide entstehen, wie sie für nicht beschleunigte, natürliche Korrosion untypisch sind.

2.3   Untersuchungen an Korrosionszylindern

Bild 2 zeigt schematisch einen Korrosionszylinder und die Anordnung der Dehnmessstreifen (DMS), mit deren Hilfe die Verformungen entlang des Umfanges gemessen wurden. Die Dehnmessstreifen waren zur Erfassung der Tangentialdehnungen in zwei Querschnitten mit einem quellarmen, dauerhaft alkali- und feuchteresistenten Klebstoff auf Polyesterharzbasis fest mit der Betonoberfläche verbunden und zusätzlich gegen Feuchteeintritt von außen versiegelt. Neben den mit DMS bestückten Proben zur Messung des Dehnungszuwachses infolge Korrosion wurde an zahlreichen weiteren Probekörpern nur der Eintritt und die Ausprägung der entstehenden Risse erfasst bzw. beobachtet.

Um sicherzustellen, dass die gemessenen Verformungen allein aus dem Aufwachsen von Korrosionsprodukten resultieren, mussten die bei der zyklischen Wechsellagerung ebenfalls erzeugten hygrischen und ggf. auch thermischen Verformungen eliminiert werden. Dies geschah durch Subtraktion der zeitabhängigen hygrisch und thermisch bedingten Dehnungen, die mithilfe von Vergleichsproben gemessen wurden, welche mit einem korrosionsbeständigen Stahl anstelle des Baustahls hergestellt worden waren.

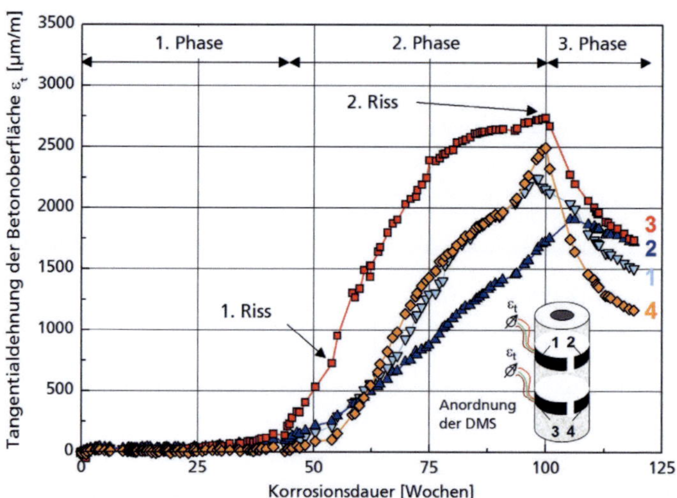

Bild 3   Zeitlicher Verlauf der an einem Betonzylinder infolge karbonatisierungsinduzierter Korrosion des zentrisch eingebetteten Stabstahls mit vier DMS gemessenen Tangentialdehnungen der Betonoberfläche (vgl. Bild 2); d_s = 24 mm, c = 20 mm, CEM III/A, w/z = 0,7

Bild 3 zeigt die von vier DMS registrierten Dehnungen als Folge einer karbonatisierungsinduzierten Korrosion des im Betonzylinder eingebetteten Stabstahls (Stabdurchmesser d_s = 24 mm, Betondeckung c = 20 mm, Zementart CEM III/A, w/z = 0,7). Der Zeitpunkt 0 auf der Abszisse markiert das Ende der Einleitungsphase (Depassivierung ist eingetreten).

Das Verhalten der exemplarisch ausgewählten Probe ist charakteristisch für den korrosionsinduzierten Schädigungsverlauf und lässt sich in drei Phasen unterteilen. Zu Beginn der ersten Phase nehmen die Betondehnungen nur unwesentlich zu.

Nach einer Korrosionsdauer von hier 45 Wochen steigen die Tangentialdehnungen, begleitet vom Auftreten eines augenscheinlich festgestellten ersten Risses in der Betondeckung, stark an (zweite Phase). Im Alter von ca. 100 Wochen tritt ein zweiter, signifikanter Riss über die gesamte Zylinderhöhe auf und bewirkt eine Ablösung der DMS vom Betonuntergrund. Der hiermit verbundene scheinbare Abfall der Dehnungen (dritte Phase) spiegelt damit nicht mehr das wahre Verhalten des Betons wider.

Der charakteristische Verlauf der Betondehnungen kann auf das Verhalten der in der Verbundzone zwischen Stahl und Beton entstehenden Korrosionsprodukte zurückgeführt werden. Diese dringen zu Beginn der Korrosion zunächst in das Porensystem des Betons sowie in ggf. vorhandene Schwindrisse ein (siehe Bild 4). Spannungen werden zwar erzeugt, nennenswerte Sprengdrücke treten jedoch in dieser ersten Phase nicht auf. Sobald eine gewisse Sättigung des in der Verbundzone zur Verfügung stehenden Porenraums mit Korrosionsprodukten eingetreten ist, bildet sich durch die fortschreitende Korrosion eine kompakte Rostschicht aus. Diese verdrängt nun den Beton und bewirkt hohe Sprengdrücke (zweite Phase). Mithilfe von u. a. Röntgendiffraktometeruntersuchungen konnten die in den Proben entstandenen Korrosionsprodukte als die Eisenoxide Magnetit (Hauptphase) und Goethit (Nebenphase) identifiziert werden.

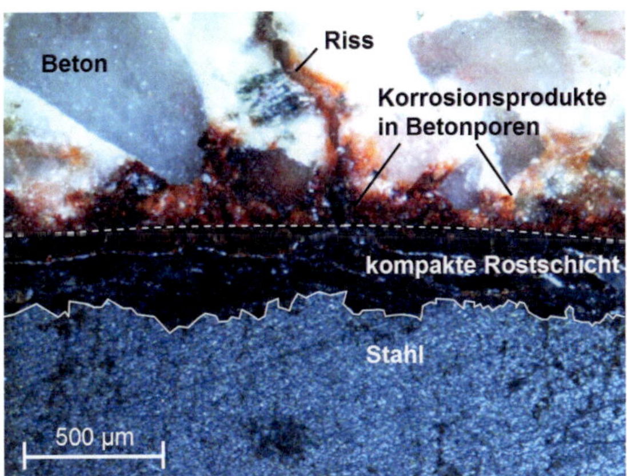

Bild 4   Mikroskopische Aufnahme der Verbundzone zwischen Stahl und Beton bei karbonatisierungsinduzierter Korrosion

Bild 5 zeigt das Ergebnis der Dehnungsmessungen (Mittelwerte aus mehreren Probekörpern) an Korrosionszylindern mit karbonatisierungsinduzierter Bewehrungskorrosion, die mit jeweils gleicher Geometrie ($d_s = 24$ mm, $c = 20$ mm) und einem identischen w/z-Wert von 0,7 hergestellt wurden, sich jedoch durch die verwendete Zementart unterscheiden. Bei den Probekörpern mit einem Portlandzement (CEM I) wird die zweite Phase des Auftretens hoher Betondehnungen ca. 12 Wochen eher eingeleitet, als dies an Probekörpern mit einem Hochofenzement (CEM III/A) der Fall ist. Die Ursache hierfür liegt in der unterschiedlichen Wirkung der Karbonatisierung auf das Porengefüge des Zementsteins, welches bei Portlandzementbetonen deutlich verringert und verfeinert wird, während bei Hochofenzementbetonen das Gegenteil der Fall ist. Folglich steht dem durch die Korrosion entstandenen Rost bei den Proben mit einem Zement CEM III/A ein größerer Expansionsraum zur Verfügung, der die erste Phase verlängert. Die weitere Entwicklung der Dehnungen in der sich anschließenden zweiten Phase verläuft für beide Probenarten nahezu identisch. Die ermittelten Korrosionsraten (die Korrosionsrate ist definiert als Quotient aus der an der Anode auftretenden Abtragstiefe x_{corr} und der zugehörigen Korrosionsdauer t), die den in Bild 5 aufgezeigten Kurvenverläufe unterliegen, betragen im Mittel für die Proben aus Portlandzement $\dot{x}_{corr} = 41,4$ µm/a und für die Proben aus Hochofenzement $\dot{x}_{corr} = 40,0$ µm/a. Eine Vergleichbarkeit der Messergebnisse ist somit gegeben.

Neben dem zur Verfügung stehenden Porenraum in der Verbundzone zwischen Stahl und Beton sind noch einige weitere Faktoren vorhanden, die einen entscheidenden Einfluss auf den Schädigungsverlauf nehmen. So wirken sich das zeitabhängige Verformungsverhalten (Schwinden und Kriechen) [7] sowie die Betonfestigkeit unmittelbar auf das Auftreten und Fortschreiten von Rissen aus.

In Bild 6 sind die Tangentialdehnungsverläufe von mehreren Proben aufgetragen, die sich allein durch ihre bei der Herstellung verwendeten w/z-Werte unterscheiden. Beide Dehnungsverläufe sind auf eine chloridinduzierte Korrosion des Stabstahls in den Betonzylindern mit einem Durchmesser von $d_s = 24$ mm zurückzuführen. Der Beton, der den Stabstahl mit einer Deckung von c = 20 mm überdeckt, wurde jeweils mit einem CEM I, jedoch mit unterschiedlichen w/z-Werten von 0,4 und 0,7 hergestellt. Die Korrosionsraten der Proben betragen im Mittel $\dot{x}_{corr} = 26,2$ µm/a (w/z = 0,4) und $\dot{x}_{corr} = 33,1$ µm/a (w/z = 0,7).

Wie aus Bild 6 ersichtlich wird, nehmen die Dehnungen der Proben mit einem w/z-Wert von 0,7 zwar von Beginn der Korrosion an sukzessive zu. Bei den Proben aus Beton mit einem w/z-Wert von 0,4 kommt es aber deutlich früher zu dem starken Anstieg der Dehnungen, der die zweite Phase des Dehnungsverlaufs einleitet (vgl. Bild 3). Das kann wiederum auf den Einfluss der Betonporosität zurückgeführt werden. Die Kapillarporosität des Betons mit einem w/z-Wert von 0,4 ist sehr niedrig. Ein Verfüllen des Porenraumes, während dessen sich nur Dehnungen bzw. Spannungen in geringem Umfang einstellen, nimmt einen vergleichsweise kurzen Zeitraum in Anspruch. Anschließend bauen sich schnell Spannungen auf, die zu hohen Tangentialdehnungen bzw. zur Rissbildung im Beton führen. Der höhere mechanische Widerstand gegen Rissbildung bei Betonen mit einer höheren Festigkeit führt folglich nicht zwangsläufig zu einer Verlängerung des Zeitraums bis zur Rissbildung. Die Dauer bis zum Schadenseintritt wird durch den Einfluss der geringeren Porosität der Verbundzone deutlich verkürzt.

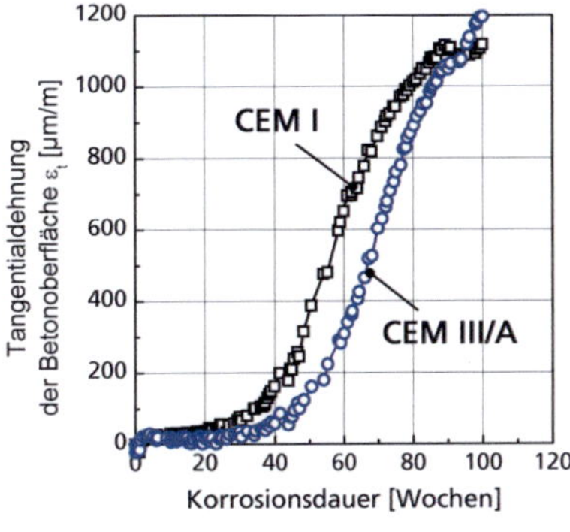

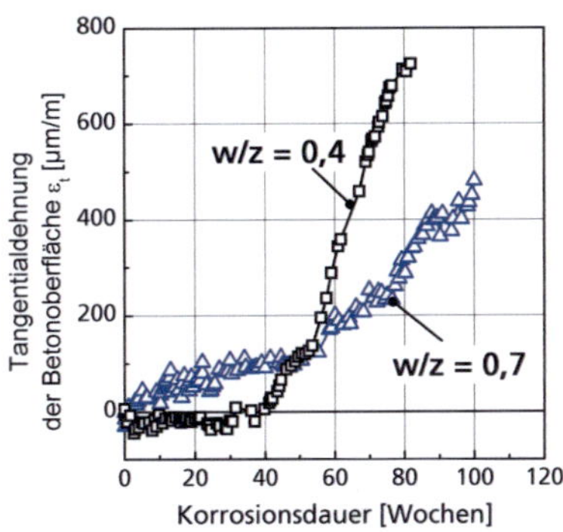

Bild 5   Vergleich der Tangentialdehnungen infolge karbonatisierungsinduzierter Korrosion an der Betonoberfläche von Korrosionszylindern mit Portlandzement (CEM I) bzw. Hochofenzement (CEM III/A); d_s = 24 mm, c = 20 mm, w/z = 0,7

Bild 6   Vergleich der Tangentialdehnungen infolge chloridinduzierter Korrosion an der Betonoberfläche von Korrosionszylindern aus Beton mit w/z = 0,4 bzw. w/z = 0,7; d_s = 24 mm, c = 20 mm, CEM I

Eine wesentliche Rolle spielen auch die geometrischen Randbedingungen, siehe u. a. [8] und [9]. So lässt sich feststellen, dass die Dauer bis zum Auftreten eines korrosionsinduzierten Risses sowohl von der Dicke der Betondeckung c als auch vom Stabdurchmesser d_s abhängig ist. Nähere Informationen, basierend auf Messergebnissen und numerischen Vergleichsrechnungen, finden sich in [4] und [6].

3   Analytische Untersuchungen

3.1   Vorbemerkung

Wie bereits erwähnt, konnte auf der Grundlage der experimentellen Untersuchungen ein numerisches Modell hergeleitet werden, das den Eintritt der Rissbildung bei Bewehrungskorrosion mit sehr guter Näherung vorhersagen kann. Das Modell wird in [4], [5] und [6] ausführlich vorgestellt und erläutert, was im Rahmen dieses Beitrags nicht möglich ist. Das Herzstück dieses Modells sind die abgeleiteten und implementierten Materialgesetze für Beton und Rost sowie die Rostbildungs- und Verteilungsprozesse in der Verbundzone Stahl/Beton bzw. Stahl/Rost/Beton und deren Modellierung. Mit dem entwickelten Modell ist es nun möglich, für beliebige geometrische Konfigurationen bei Kenntnis der umweltbedingten Einwirkungen – sie liefern die Korrosionsrate [3] – den Zeitpunkt einer Rissbildung rechnerisch abzuschätzen.

Neben der Entwicklung eines numerischen Modells war ein weiteres Ziel des Forschungsvorhabens ein analytisches Schädigungsmodell herzuleiten. Mit diesem soll der Praxis ein Werkzeug zur Verfügung stehen, um in vereinfachter Form eine probabilistische Lebensdauerbemessung unter Zugrundelegung des Grenzzustands der Rissbildung (Schädigungsphase) durchzuführen. Das Prinzip der auf dem nachfolgend vorgestellten Schädigungsmodell beruhenden Lebensdauerbemessung ist in Bild 7 schematisch dargestellt. Hierbei kann die Wahrscheinlichkeit für den Eintritt der Rissbildung aus der Gegenüberstellung der Einwirkung S, hier als die Zunahme des Stabradius infolge Bewehrungskorrosion Δr_{corr} definiert, und des Widerstands R, in Form der kritischen Stabradiuszunahme bei Risseintritt Δr_{crack}, berechnet werden.

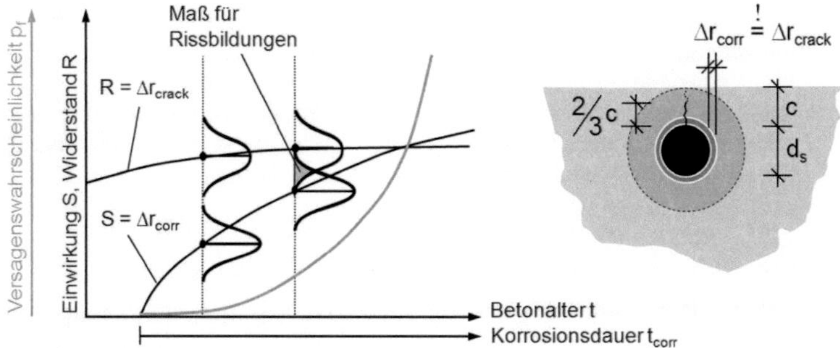

Bild 7   Schematische Darstellung der zeitlichen Entwicklung der Zunahme des Stabradius infolge Bewehrungskorrosion Δr_{corr} (Einwirkung S) und der kritischen Stabradiuszunahme bei Risseintritt Δr_{crack} (Widerstand R) sowie der sich ergebenden Versagenswahrscheinlichkeit p_f (links) und schematische Darstellung der Rissbildung in der Betondeckung über einem Bewehrungsstab (rechts)

3.2   Modellentwicklung

Zur Beschreibung der Einwirkungsseite, welche den sukzessiven Korrosionsfortschritt darstellt, kann die Zunahme des effektiven Stabradius Δr_{corr} in Abhängigkeit der Korrosionsdauer t_{corr} als Folge einer korrosionsbedingten Reduktion des Stabquerschnitts in Verbindung mit einer Volumenzunahme der hierbei entstehenden Korrosionsprodukte mit Gleichung (1) ermittelt werden. Die Volumenrate beschreibt hierbei das Verhältnis des Rostvolumens zum Volumen des unkorrodierten Stahls. Die Querschnittsreduktion wird anhand der Korrosionsrate $\dot{x}_{corr}$ berücksichtigt. Diese geht für den Fall von Laborversuchen entweder als experimentell bestimmter Messwert in Gleichung (1) ein oder kann zweckmäßigerweise mithilfe des im Rahmen der DFG-Forschergruppe 537 erarbeiteten Ingenieurmodells für Bewehrungskorrosion (siehe [3]) berechnet werden.

$$\Delta r_{corr}(t_{corr}) = t_{corr} \cdot \dot{x}_{corr}(t_{corr}) \cdot (\lambda - 1) - d_{por}(t_{corr}) \tag{1}$$

mit:

Δr_{corr} effektive Zunahme des Bewehrungsstabradius infolge
Korrosion [mm]

t_{corr} Korrosionsdauer [a]

$\dot{x}_{corr}$ Korrosionsrate [mm/a]

λ Volumenrate [-]

d_{por} Funktion zur Berücksichtigung des Ausweichens
von Rost in Betonporen [mm]

Wie in den experimentellen Untersuchungen festgestellt werden konnte, wird die anfängliche Radiuszunahme des korrodierenden Bewehrungsstabs durch das Abwandern von Korrosionsprodukten in das Porensystem des Betons erheblich abgeschwächt. So kommt es zu einer zeitlichen Verzögerung beim Aufbau der Spannungen. Die für eine Betonschädigung relevanten Spannungshöhen werden erst erreicht, wenn eine Art Sättigung des im unmittelbaren Bereich um den Bewehrungsstab (Verbundzone) zugänglichen Porensystems eingetreten ist. Auf der Grundlage physikalisch-mathematischer Überlegungen konnte die in Gleichung (2) angegebene stetige Funktion zur Berücksichtigung des Ausweichens von Rost in Betonporen abgeleitet werden (siehe [10]):

$$d_{por} = p \cdot d_{tz} \cdot \tanh\left(\frac{\dot{x}_{corr}(t_{corr}) \cdot (\lambda - 1)}{p \cdot d_{tz}} \cdot t_{corr} \right) \tag{2}$$

mit:

p Porosität der für Korrosionsprodukte zugänglichen
Verbundzone [-], es gilt $0 \leq p < 1{,}0$

d_{tz} Dicke der für Korrosionsprodukte zugänglichen
Verbundzone [mm]

Den der Einwirkung gegenüberstehenden Widerstand bildet der den Bewehrungsstab umgebenden Beton. Die Größe des Widerstands Δr_{crack} kann als kritische Zunahme des Bewehrungsstabradius infolge Korrosion zum Zeitpunkt des Risseintritts verstanden werden. Dieser Grenzwert hängt neben der Zeit t insbesondere von den Betoneigenschaften, den Geometriemaßen der Bewehrung und der Betondeckung sowie weiteren technologischen Parametern ab.

Da die Prozesse bis zum Auftreten signifikanter Risse infolge Bewehrungskorrosion mit guter Näherung unter der Annahme eines linear-viskoelastischen Verhaltens des Betons beschrieben werden können, kann für den Grenzzustand der Rissbildung ein vereinfachter Ansatz auf Grundlage der Elastizitätstheorie hergeleitet werden (siehe hierzu [4], [10]). Er stützt sich auf die grundlegende Annahme, dass der korrosionsinduzierte Riss – ausgehend vom Bewehrungsstab – an der Stelle des dünnsten Betonquerschnitts auftritt, siehe Bild 7, rechts. Für den Fall, dass die Abmessungen des den Bewehrungsstab umgebenden Betons deutlich größer sind als die Betondeckung, darf mit guter Näherung zur Berechnung des mechanischen Verhaltens vereinfachend ein dickwandiger Zylinder angenommen werden [9]. Geht man weiter davon aus, dass die Kompressionssteifigkeit des Betonstabstahls viel größer als die Steifigkeit des Betons ist, kann die weitere Vereinfachung getroffen werden, dass sich infolge der Korrosion ausschließlich der Beton und nicht der Bewehrungsstab verformt. Dies erlaubt die Formulierung von Gleichgewichtsbedingungen, die für einen dickwandigen Hohlzylinder unter Innendruck Gültigkeit besitzen (siehe hierzu [4], [10]).

Ferner konnte anhand der numerischen Untersuchungen festgestellt werden, dass es innerhalb kürzester Zeit zum vollständigen Durchreißen der Betondeckung kommt, sobald ein Riss eine Länge von etwa zwei Drittel der Betondeckung erreicht (vgl. Bild 7, rechts). Auf Grundlage der o. g. Annahmen und Vereinfachungen lässt sich nun in sehr guter Näherung ein Grenzzustand formulieren (siehe Gleichung (3)), der durch das Auftreten eines durchgängigen Risses in der Betondeckung gekennzeichnet ist und durch eine Zunahme des Bewehrungsstabradius infolge Korrosion hervorgerufen wurde:

$$\Delta r_{crack}(t) = \frac{f_{ct}(t)}{E_{c,eff,D}} \cdot \frac{d_s + 2c\left(1 + c/d_s\right)\left(1 + v\right)}{1 + \left(\dfrac{3d_s + 6c}{3d_s + 4c}\right)^2} \cdot k_{nonlin} \cdot k_{local} \cdot k_{\mu} \tag{3}$$

mit:

Δr_{crack} kritische Zunahme des Bewehrungsstabradius infolge Korrosion zum Zeitpunkt des Risseintritts [mm]

t   Betonalter [a]

f_{ct} Zugfestigkeit des Betons [N/mm^2]

$E_{c,eff,D}$ wirksamer E-Modul des Betons (Einfluss Kriechen, Relaxation und Schädigung) [N/mm^2]

v Querdehnzahl des Betons [-]

d_s Durchmesser des Bewehrungsstabes [mm]

c   Betondeckung [mm]

k_{nonlin} Faktor zur Berücksichtigung der Plastizität und der Rissbildung des Betons [-]

k_{local} Faktor zur Berücksichtigung einer Lokalisierung der Korrosion (Einfluss Lochfraß) [-]

k_μ Faktor zur Berücksichtigung des Bewehrungsgehalts [-]

Der wirksame E-Modul des Betons $E_{c,eff}$ dient zur Berücksichtigung des Kriechens bzw. der Relaxation des Betons infolge der durch die Korrosion eingeprägten Spannung in der Betondeckung [11]. Darüber hinaus kann er, wie in Gleichung (4) dargestellt, mit einem Term erweitert werden, der eine eventuell vorhandene innere Schädigung des Betons durch Rissbildung zusätzlich berücksichtigt:

$$E_{c,eff,D} = \frac{E_c}{1 + \rho \cdot \varphi}(1 - D) \tag{4}$$

mit:

E_c statischer E-Modul des Betons [N/mm^2]

ρ Relaxationskennwert [-], i. d. R gilt $0{,}5 \leq \rho < 1{,}0$

φ Kriechzahl von Beton [-]

D Beiwert zur Beschreibung der Schädigung durch Rissbildung [-], es gilt $D < 1{,}0$

Eine detaillierte Auseinandersetzung mit den Gleichungen (1) bis (3) sowie nähere Informationen zu den dimensionslosen Korrekturfaktoren k_{nonlin}, k_{local} und k_μ sind in [10] enthalten.

3.3 Verifizierung des Modells

Die Verifizierung des vorgestellten Schädigungsmodells, das als Schädigungs-Zeit-Gesetz formuliert ist, wurde unter Verwendung der im Forschungsvorhaben durchgeführten experimentellen Versuchsergebnisse durchgeführt.

In Bild 8 ist die Zeit bis zum Auftreten eines signifikanten Einzelrisses in Abhängigkeit der Korrosionsrate für einzelne unterschiedliche geometrische Parameterkombinationen dargestellt, die anhand der Experimente an den Korrosionszylindern ermittelt bzw. anhand des analytischen Schädigungsmodells berechnet wurden. Den Berechnungen liegen Eingabedaten zugrunde, die auf Grundlage von Begleitversuchen (Festigkeitsuntersuchungen etc.) und Untersuchungen zur Korrosionsmorphologie (Ermittlung der Korrosionsraten durch computertomographische, mikroskopische und topometrische Untersuchungen) gewonnen wurden.

Wie aus Bild 8 ersichtlich wird, ist das Schädigungsmodell in der Lage, die Zeit bis zur Rissbildung i. d. R. in guter Näherung abzuschätzen. Angesichts der Komplexität der abzubildenden Prozesse darf die Übereinstimmung sogar als sehr gut eingestuft werden. Die größten Abweichungen zwischen Experiment und Theorie bestanden für ein Einzelergebnis mit einer geringen Korrosionsrate sowie für Proben mit chloridinduzierter Korrosion, da hier das lokale Auftreten von Lochfraß eine meist singuläre Erscheinung ist, die i. d. R. mit großen Streuungen verbunden ist.

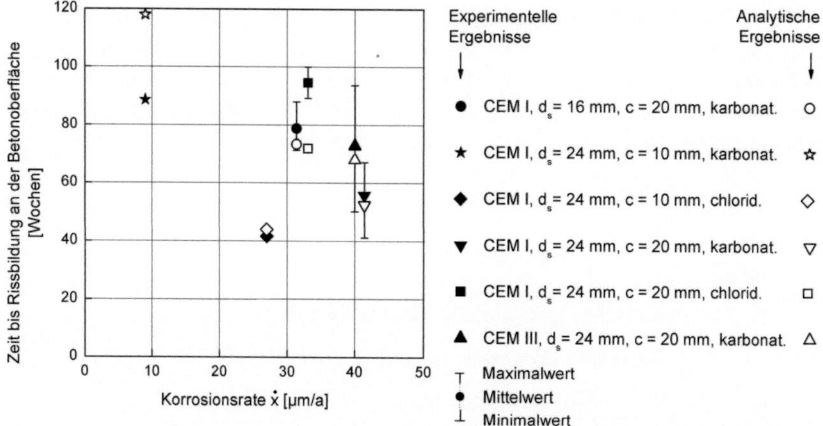

Bild 8   Vergleich der experimentell gemessenen und anhand des analytischen Prognosemodells berechneten Zeit bis zum Auftreten eines signifikanten Einzelrisses an der Betonoberfläche der Korrosionszylinder; w/z-Wert = 0,7, λ = 2,1

Weitere Verifizierungen des Schädigungsmodells sind anhand von prismatischen Probekörpern vorgesehen, die im Rahmen der Arbeiten der DFG-Forschergruppe hergestellt wurden. Die Ergebnisse dieser Verifizierungen werden in Kürze in [10] vorgestellt.

4   Schlussbemerkung und Ausblick

Auf der Grundlage der im vorgestellten Forschungsvorhaben durchgeführten neuartigen experimentellen Untersuchungen an speziell entwickelten Korrosions- und Hohlzylindern und begleitenden numerischen Analysen konnten die bei der Korrosion von Bewehrungsstäben in Beton entstehenden Sprengdrücke und Risse sowie deren zeitliche Entwicklung wirklichkeitsnah ermittelt werden. In Kombination mit weiteren, teils zerstörungsfrei durchgeführten Analyseverfahren gaben die experimentellen Untersuchungen zusätzlich über den Einfluss des Betonporensystems auf die zeitliche Schadensentwicklung Aufschluss.

Die im Rahmen der Versuche über mehrere Jahre erzielte Rostbildung entstand allein durch regelmäßiges Tauchen der Probekörper in Wasser. Hierdurch ist gewährleistet, dass eine Übertragbarkeit der Versuchszeit in Echtzeit sowie eine Vergleichbarkeit mit realen, baupraktischen Korrosionsbedingungen möglich ist, was bei der sonst üblichen Beschleunigung der Korrosion durch anodische Polarisation der Probekörper nachzuweisen bleibt.

Anhand einer mit den Versuchs- und Simulationsergebnissen durchgeführten inversen Analyse konnte somit ein einfaches Stoffgesetz für Rost ermittelt werden. Dieses in Kombination mit den entwickelten numerischen Modellen bildete die Grundlage zur Herleitung eines analytischen Schädigungsmodells für den Grenzzustand der Rissbildung.

Mit den entwickelten Modellen stehen nun Werkzeuge zur Verfügung, die bereits während der Planungsphase eine genaue Analyse bzw. Prognose der künftigen Bauteilsituation im Hinblick auf Bewehrungskorrosion erlauben. Hieraus lassen sich gezielt Maßnahmen ableiten (z. B. die geeignete Kombination konstruktiver und betontechnologischer Bauteil- und Werkstoffparameter), die einen Schadenseintritt erst sehr spät zulassen oder während der projektierten Lebensdauer der Konstruktion generell verhindern. Auf Grundlage der gewonnenen Erkenntnisse in Verbindung mit den neuen Modellen kann nun der Weg für die probabilistische Bemessung einer Betonkonstruktion auf Dauerhaftigkeit, ausgehend vom Grenzzustand der tatsächlichen Betonschädigung, eröffnet werden.

5 Danksagung

Besonderer Dank gilt der Deutschen Forschungsgemeinschaft (DFG), die das Teilprojekt B1 „Rissbildung und Abplatzungen infolge Bewehrungskorrosion" im Rahmen der Forschergruppe 537 „Modellierung von Bewehrungskorrosion" finanziell unterstützt hat.

Literatur

[1]   Müller, H. S., Vogel, M.: Lebensdauerbemessung im Betonbau – Vom Schädigungsprozess auf Bauteilebene zur Sicherheitsanalyse der Gesamtkonstruktion. In: Beton- und Stahlbetonbau 106 (2011), Heft 6, S. 394-402

[2]   Fédération International du Béton (*fib*): Model Code for Service Life Design. Bulletin 34, Lausanne, Schweiz, Feb. 2006

[3]   Osterminski, K., Schießl, P.: Voll-probabilistische Modellierung von Bewehrungskorrosion: Ein Beitrag zur Dauerhaftigkeitsbemessung. Schlussbericht zum Teilprojekt D der DFG-Forschergruppe 537 „Modellierung von Bewehrungskorrosion", Centrum Baustoffe und Materialprüfung, Technische Universität München, 2011

[4]   Müller, H. S., Bohner, E.: Modellierung des Schadenfortschritts bei Korrosion von Stahl im Beton und Bemessung von Stahlbetonbauteilen auf Dauerhaftigkeit, Teilprojekt B1: Rissbildung und Abplatzungen infolge Bewehrungskorrosion. Schluss-

bericht zum Teilprojekt B1 (MU 1368/7) der DFG-FOR 537, Institut für Massivbau und Baustofftechnologie, Karlsruher Institut für Technologie (KIT), Juni 2011

[5]   Bohner, E., Müller, H. S., Bröhl, S.: Investigations on the mechanism of concrete cover cracking due to reinforcement corrosion. In: 7th International Conference on Fracture Mechanics of Concrete and Concrete Structures (FraMCoS-7), Oh, B. H. et al. (ed.), Jeju, Korea, 2010, CD-ROM, pp. 936-943

[6]   Müller, H. S., Bohner, E.: Rissbildung infolge Bewehrungskorrosion. In: Beton- und Stahlbetonbau 107 (2012), Heft 2

[7]   Toongoenthong, K., Maekawa, K.: Simulation of coupled corrosive product formation, migration into crack and propagation in reinforced concrete sections. In: Journal of Advanced Concrete Technology 3 (2005), No. 2, pp. 253-265

[8]   Torres-Acosta, A., Sagüés, A.: Concrete cracking by localised steel corrosion – geometric effects. In: ACI Materials Journal, Nov.-Dec. 2004, pp. 501-507

[9]   Bažant, Z. P.: Physical Model for Steel Corrosion in Concrete Sea Structures – Application. In: Journal of the Structural Division 105 (1979), No. ST6, pp. 1155-1166

[10] Bohner, E.: Rissbildungen in Beton infolge Bewehrungskorrosion. Dissertation, Karlsruher Institut für Technologie (KIT), Institut für Massivbau und Baustofftechnologie, 2012 (in Vorbereitung)

[11] Müller, H. S., Kvitsel, V.: Kriechen und Schwinden von Beton. Grundlagen der neuen DIN 1045 und Ansätze für die Praxis. In: Beton- und Stahlbetonbau 97 (2002), Heft 1, S. 9-19

Ein Prognosemodell für die Verwitterung von Sandstein

Engin Kotan

**Dr.-Ing.
Engin Kotan**

Leiter der Fachgruppe III

Institut für Massivbau und
Baustofftechnologie,
Karlsruher Institut für
Technologie (KIT)
Gotthardt-Franz-Str. 3
76149 Karlsruhe
E-Mail: kotan@kit.edu

Vorwort

Seit nun fast zehn Jahren bin ich als wissenschaftlicher Mitarbeiter bei Herrn Prof. Harald S. Müller tätig. Unter seiner Leitung bearbeitete ich u. a. das Forschungsvorhaben "Prognosemodell für die Verwitterung von Sandstein bei kombinierter thermisch-hygrischer Beanspruchung" im Rahmen des Schwerpunktprogramms der Deutschen Forschungsgemeinschaft (DFG) "SPP 1122 – Vorhersage des zeitlichen Verlaufs von physikalisch-technischen Schädigungsprozessen an mineralischen Werkstoffen". Seinen Anregungen, wertvollen Ratschlägen und kritischen Anmerkungen ist die erfolgreiche Bearbeitung des besagten Forschungsvorhabens zu verdanken.

Die wohlwollende Förderung sowie auch die hervorragende Ausbildung, die ich unter der Leitung von Herrn Prof. Harald S. Müller an seinem Institut erfahren habe, ermöglichten mir zudem die Promotion auf dem o. g. Themengebiet.

1 Einleitung

Fragen zur Dauerhaftigkeit von Baumaterialien und Tragwerken rücken in jüngster Zeit immer weiter in den Mittelpunkt des fachlichen Interesses. Nicht nur für eine effiziente Umsetzung des Nachhaltigkeitsprinzips in der Baubranche, sondern auch zur Minimierung der baulichen Gesamtinvestitionen, bestehend aus Erstellungs- und Unterhaltungskosten über den geplanten Nutzungszeitraum, sind eingehende Untersuchungen zur Dauerhaftigkeit von Baumaterialien unumgänglich. Hierzu sind u. a. Aussagen zu den entsprechenden Schädigungs-Zeit-Gesetzen erforderlich. Die Zuverlässigkeit derartiger Aussagen hängt im Wesentlichen von der genauen Kenntnis der vorherrschenden Schädigungsmechanismen und deren zeitlichen Abläufen ab. Eingehende Untersuchungen hierzu stehen daher im Vordergrund der vorliegenden Arbeit.

Entscheidend für eine zielsichere Beurteilung der Dauerhaftigkeit von Baustoffen mit Hilfe von Prognosemodellen sind möglichst genaue Kenntnisse über Umwelteinwirkungen und Materialwiderstände. Anhand der Gegenüberstellung von Einwirkung und Widerstand ist es möglich, entsprechende Aussagen über die zeitabhängige Funktionsfähigkeit von nutzungs- und umweltbeanspruchten Bauteilen zu formulieren.

Das Ziel dieser Arbeit ist die Beschreibung des zeitlichen Verlaufs von praxisrelevanten Schädigungsprozessen an einem exemplarisch gewählten, repräsentativen Sandstein unter Anwendung eines geeigneten Prognosemodells. Das zu entwickelnde Modell soll das allmähliche Versagen infolge stetig wirkender thermischer und hygrischer Beanspruchungen unter Berücksichtigung realitätsnaher Materialeigenschaften beschreiben. Einen wesentlichen Arbeitsschwerpunkt stellt hierbei die quantitative Erfassung der schädigenden Bauteilbeanspruchungen mit Hilfe umfangreicher numerischer Untersuchungen dar. Des Weiteren umfasst ein zweiter Schwerpunkt die Ermittlung maßgebender Materialwiderstände aus sowohl statischen Zugversuchen als auch dynamischen Untersuchungen zum Zugermüdungsverhalten des Sandsteins.

2 Vorgehensweise

Dem im Rahmen der vorliegenden Arbeit entwickelten Modell liegt die Beobachtung zugrunde, dass die maßgebende physikalisch bedingte Verwitterung von Sandstein ein mechanischer Entfestigungsprozess ist, der im Wesentlichen aus stetig wechselnden Temperatur- und Feuchteeinwirkungen in Verbindung mit Frost und Eisbildung resultiert. Die allmähliche Entfestigung und damit die „Verwitterung", die bei Spannungen weit unter der Kurzzeitfestigkeit stattfindet, vollzieht sich als mechanischer Ermüdungsprozess.

Um den allmählichen Verwitterungsprozess zu modellieren, wurde im Rahmen dieser Arbeit das in Bild 1 dargestellte Konzept zur Entwicklung eines Prognosemodells verfolgt. Hiernach müssen zunächst die sich mit den klimatischen Beanspruchungen verändernden Deformationen in Gefügespannungen umgerechnet werden. Dies geschieht unter Berücksichtigung von geeigneten Materialgesetzen, die mit Hilfe von experimentellen Untersuchungen identifiziert wurden. Um die entsprechenden Gefügespannungen zu ermitteln, wird bei Temperatur- und Feuchtebeanspruchung ein numerisches Kontinuummodell und bei Sprengdrücken infolge Eisbildung ein numerisches Strukturmodell herangezogen.

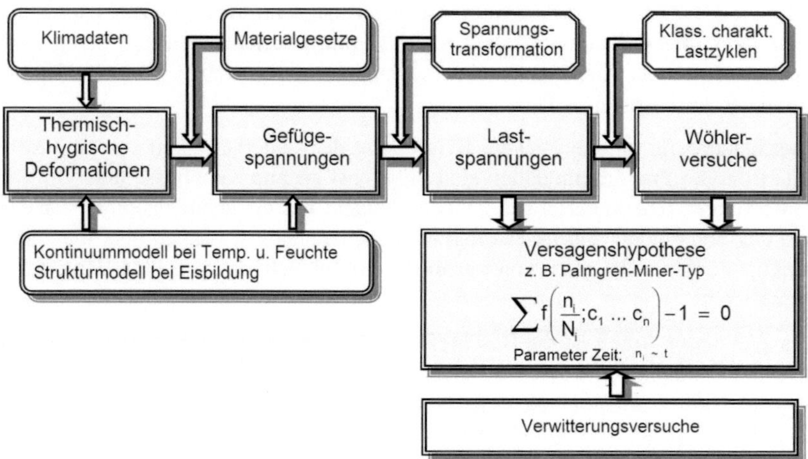

$$\sum f\left(\frac{n_i}{N_i}; c_1 \ldots c_n\right) - 1 = 0$$

Bild 1   Konzept zur Entwicklung eines Prognosemodells.

Von besonderer Bedeutung für das hier vorgestellte Konzept ist, dass die Betrachtungen der Vorgänge an dem Kontinuummodell auf makroskopischer Ebene erfolgen und an dem Strukturmodell auf mesoskopischer Ebene. Um nun diese Ergebnisse aus unterschiedlichen Betrachtungsebenen vergleichen bzw. zusammenführen zu können, müssen die jeweiligen Gefügespannungen in lastinduzierte Spannungen transformiert werden. Die Gesamtheit der ermittelten Lastspannungen wird schließlich in Form von Spannungskollektiven zusammengestellt.

Die mit Hilfe von in Ermüdungsversuchen ermittelten Wöhlerlinien liefern einen Zusammenhang zwischen der Beanspruchungshöhe, die deutlich kleiner als die Gesteinsfestigkeit sein kann, und der Zeitspanne bis zum Versagen bzw. der ertragbaren Lastwechselzahlen bis zum Eintritt des Versagens. In Verbindung mit einer Schadensakkumulationshypothese z. B. nach Palmgren-Miner gelingt schließlich die Formulierung eines Prognosemodells, welches die allmähliche Entfestigung bei beliebigen klimatischen Beanspruchungen vorhersagen kann.

3   Experimentelle Untersuchungen

Zur wirklichkeitsnahen Simulation von Schädigungsprozessen ist die Implementierung von realitätsnahen Materialkennwerten und -gesetzen für die numerischen Analysen unabdingbar. Neben Strukturdaten und Festigkeitswerten werden vor allem stoffgesetzliche Beziehungen benötigt, die z. B. eine Rissentwicklung im Sandstein beschreiben. Hierfür wurden unter praxisnahen Randbedingungen zentrische statische Zugversuche durchgeführt. Des Weiteren wurde das dynamische Zugfestigkeitsverhalten von Sandstein anhand zentrischer Ermüdungsversuche (Wöhlerversuche) untersucht.

3.1   Probenmaterial

Als Ausgangsmaterial zur Herstellung der Probekörper wurde der Postaer Sandstein der Gesteinsvarietät Mühlleite herangezogen. Dieser Sandstein wurde bereits im Rahmen früherer Forschungsvorhaben [1] eingehend untersucht und es liegen daher viele Kennwerte zu den Materialeigenschaften, insbesondere zu dem Feuchte- und Temperaturverhalten vor. Ein weiterer Aspekt für die Verwendung des o. g. Sandsteins für die Untersuchungen dieser Arbeit ist deren besondere Bedeutung in der Baupraxis. Denn der an der sächsischen Elbe abgebaute Postaer Sandstein wird seit Jahrhunderten für die Errichtung von Natursteinmauerwerksbauten (vgl. z. B. Bild 2, links) verwendet aber auch für Steinmetz- und Bildhauerarbeiten sowie in jüngster Zeit ebenso für die Herstellung von Natursteinfassadenverkleidungen (z. B. Sparkasse am Altmarkt in Dresden) eingesetzt. Es liegen demnach auch umfangreiche Erfahrungen zum Praxisverhalten des gewählten Sandsteins vor.

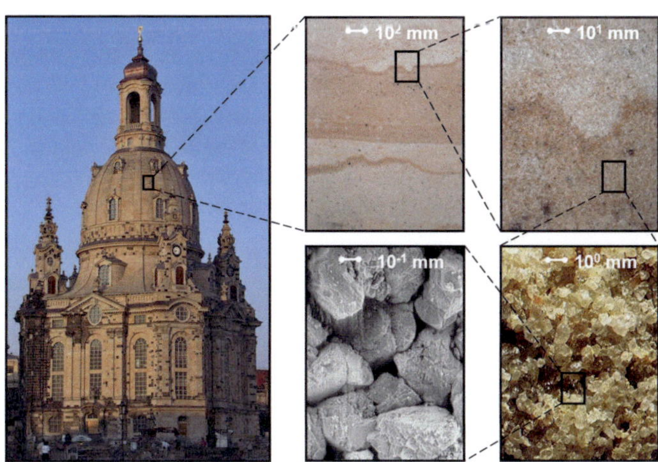

Bild 2   Frauenkirche Dresden und das strukturelle Erscheinungsbild des Postaer Sandsteins in unterschiedlichen Vergrößerungen.

Bei dem für die folgenden Untersuchungen herangezogenen Sandstein handelt es sich um einen mittelkörnigen, kieselig gebundenen Elbsandstein von beiger bis hellbrauner Farbe, der durch ungleichmäßig verteilt auftretende Eisenbänderungen sowie zum Teil gehäuft auftretende dunkelbraune Eisenoxidflecken gekennzeichnet ist (vgl. Bild 2, rechts oben).

Hinsichtlich der experimentellen Untersuchungen zur Charakterisierung der strukturellen Besonderheiten (Porosität, Porengrößenverteilung, Korngrößenverteilung, …) des besagten Sandsteinmaterials wird auf [2] verwiesen. Auf die Untersuchungen zur Beurteilung der mechanischen Widerstandsfähigkeit, insbesondere der statischen Zugtragfähigkeit und des Ermüdungsverhaltens, wird in den folgenden Kapiteln eingegangen.

3.2 Bruchmechanische Untersuchungen

Um das vollständige Spannungs-Verformungsverhalten des untersuchten Sandsteins auch nach dem Erreichen der Bruchlast versuchstechnisch aufnehmen zu können, wurde – in Anlehnung an Empfehlungen aus der Literatur [3] – auf gekerbte Probekörper (Bild 3) zurückgegriffen. Die Lasteinleitung erfolgte über steife, verdrehungsbehinderte Stahlplatten, zwischen welchen die gekerbten Sandsteinprismen mittels eines schnell erhärtenden Zweikomponentenklebers auf Methacrylatbasis eingeklebt wurden. Durch die gewählte Behinderung der Probenverdrehung konnte eine stabile und über den Querschnitt der Probe gleichmäßige Rissentwicklung erzielt werden (siehe Bild 3 rechts), so dass anhand der verformungsgesteuerten Zugversuche (v = 0,05 mm/min) die gesuchten bzw. benötigten bruchmechanischen Materialkennwerte, wie z. B. die Bruchenergie G_F und die Spannungs-Rissöffnungsbeziehung σ-δ gewonnen werden konnten.

In Bild 3 rechts ist exemplarisch eine aus den zuvor genannten Zugversuchen ermittelte Spannungs-Verformungsbeziehung wiedergegeben. Die Auswertung des dargestellten Verlaufs liefert für einen parallel zur Steinschichtung gezogenen Prüfkörper eine Bruchenergie G_F in Höhe von 100 N/m. Entsprechende Zugversuche an gekerbten Sandsteinprismen, die senkrecht zur Steinschichtung geprüft wurden, wiesen durchschnittlich ca. 10 % geringere Bruchenergien auf.

Weiterhin wurden zentrische Zugversuche an gekerbten Proben bei unterschiedlichen Temperatur- (2, 20 und 50 °C) und Feuchtebedingungen (33, 65 und 94 % r. F.) durchgeführt, um auch eine mögliche Veränderung der für die numerischen Untersuchungen relevanten Materialkennwerte, wie z. B. Zugfestigkeit, E-Modul und Bruchenergie, infolge der variierenden Umgebungsbedingungen berücksichtigen zu können. Hierfür wurden die Versuche in einer klimatisierbaren Box durchgeführt (siehe auch Bild 3). Die wesentlichen Ergebnisse zu den bruchmechanischen Untersuchungen sind in Tabelle 1 zusammengefasst wiedergegeben.

Tab. 1   Ergebnisse der bruchmechanischen Untersuchungen unter verschiedenen Feuchte- und Temperaturbedingungen.

Kennwert	Probenanzahl	Mittelwert	Standardabweichung
Nettozugfestigkeit f_{tn} [N/mm²]			
|| zur Schichtung			
20 °C / 33 % r. F.	10	2,16	0,07
20 °C / 65 % r. F.	10	2,30	0,13
20 °C / 94 % r. F.	10	2,25	0,09
2 °C / 65 % r. F.	10	1,86	0,16
50 °C / 65 % r. F.	10	1,84	0,27
⊥ zur Schichtung			
20 °C / 33 % r. F.	10	1,85	0,13
20 °C / 65 % r. F.	10	1,73	0,17
20 °C / 94 % r. F.	10	1,64	0,16
2 °C / 65 % r. F.	10	1,62	0,29
50 °C / 65 % r. F.	10	1,93	0,17
Bruchenergie G_F [N/m]			
|| zur Schichtung			
20 °C / 33 % r. F.	10	98	3,1
20 °C / 65 % r. F.	10	106	7,1
20 °C / 94 % r. F.	10	100	8,5
2 °C / 65 % r. F.	10	100	5,7
50 °C / 65 % r. F.	10	94	11,4
⊥ zur Schichtung			
20 °C / 33 % r. F.	10	86	10,2
20 °C / 65 % r. F.	10	91	8,5
20 °C / 94 % r. F.	10	86	9,3
2 °C / 65 % r. F.	10	88	9,5
50 °C / 65 % r. F.	10	92	6,5

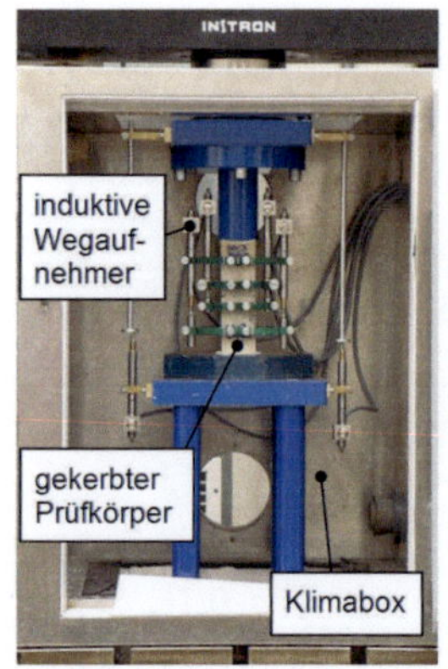
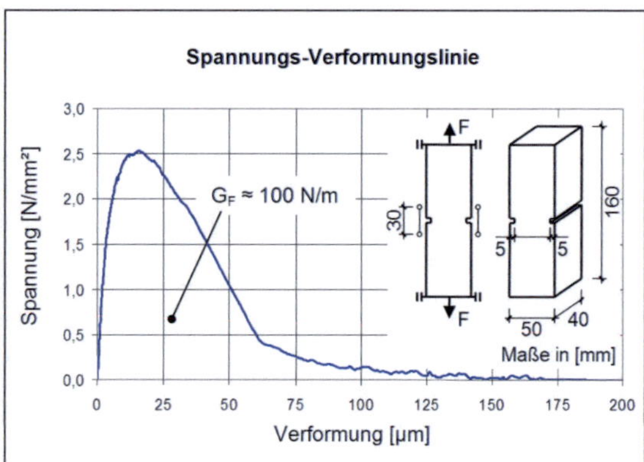

Bild 3   Versuchsaufbau für die Durchführung der bruchmechanischen Untersuchungen (links), typischer Verlauf der Messkurven und die Geometrien der gekerbten Zugprismen (rechts).

3.3   Ermüdungsversuche

Hauptbestandteil der experimentellen Untersuchungen war die Bestimmung des dynamischen Zugfestigkeitsverhaltens von Sandstein anhand von zentrischen Wöhlerversuchen. Dabei wurden möglichst gleichwertige Proben zweckmäßig gestaffelten Schwingungsbeanspruchungen unterworfen und die zugehörigen Bruch-Schwingungsspielzahlen N_i ermittelt (siehe Bild 4). Bei der Versuchsdurchführung wurde die Unterspannung σ_u für alle Proben einer Wöhlerreihe konstant gehalten, während die Oberspannung σ_o von Probenserie zu Probenserie so gestaffelt wurde, dass im Verlauf der Versuche nicht nur die abfallende Gerade (Kurve) der Wöhlerlinie beschreibbar wurde, sondern auch die Dauerfestigkeit in Abhängigkeit der Grenz-Lastspielzahl N_{max} abgeschätzt werden konnte. Die Unterspannung σ_u wurde so gewählt, dass reine Zugschwellbeanspruchungen vorlagen. Der Grund für diese Vorgehensweise lag darin, dass die Druckfestigkeit mit ca. 60 N/mm² betragsmäßig sehr viel größer ist als die Beanspruchungshöhen entsprechender Ermüdungsversuche, die sich ja an den errechneten Eigenspannungen von ca. 1 bis 2 N/mm² orientieren. Daher kann davon ausgegangen werden, dass ein Schädigungsbeitrag infolge entsprechender Druckbeanspruchungen vernachlässigbar klein ist.

Als Probekörper kamen in Anlehnung an die statischen Zugversuche gekerbte Sandsteinprismen mit 50x40x160 mm³ Prüfkörperabmessungen zum Einsatz. Als Umgebungsbedingung wurde das Referenzprüfklima 20°C / 65% r. F. eingestellt. Um materialabhängige Schwankungen ausgleichen zu können, waren fünf Versuche je Probenserie und Schichtungsrichtung vorgesehen. Um die Versuchsdauer im vertretbaren Rahmen zu halten, wurde eine obere Grenze von maximal 2 Mio. Lastwechsel festgelegt.

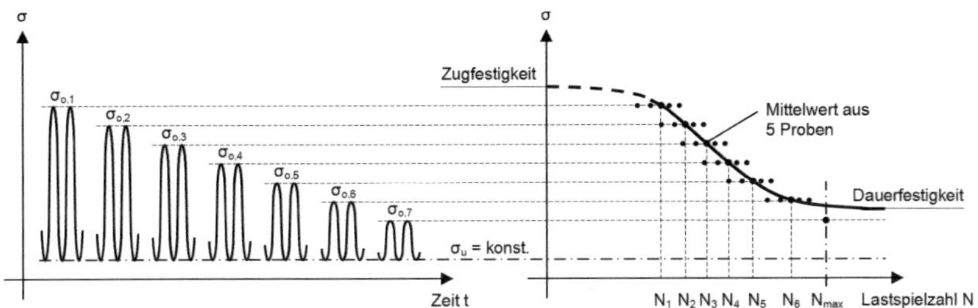

Bild 4   Ermittlung der Wöhlerlinie bei konstanter Unterspannung σ_u.

Von zahlreichen Materialien ist bekannt, dass ihr Ermüdungsverhalten nur wenig von der Frequenz der Beanspruchung abhängt. Eine entsprechende Hypothese für das Verhalten der Sandsteine bedurfte jedoch der Überprüfung, zumal gerade die Zeitraffung in Versuchen für die Entwicklung des Prognosemodells, bzw. die damit mögliche Langzeitprognose, von erheblicher Bedeutung ist. Zur Herleitung der o. g. Wöhlerlinien wurde zunächst eine konstante Prüffrequenz von 5 Hz gewählt. Für einzelne repräsentative Oberspannung/Bruchlastspiel-Kombinationen wurde dann die Frequenz zwischen 1 und 10 Hz variiert. Es zeigte sich, dass die Prüffrequenz – innerhalb des untersuchten Bereichs – eine vernachlässigbare Auswirkung auf die erreichte Lastspielzahl bis zum Bruch hatte, so dass schließlich alle weiteren Ermüdungsversuche mit 5 Hz durchgeführt wurden.

Als Ergebnis der dynamischen Zugversuche konnten die in Bild 5 dargestellten Wöhlerlinien ermittelt werden. Das obere Diagramm gibt das Materialverhalten bei einer dynamischen Belastung parallel zur Schichtungsrichtung des Sandsteinmaterials wieder. Bei einem Belastungsgrad von 80 % der statischen Zugfestigkeit des Sandsteins $f_{tn,\|}$ = 2,30 N/mm² (vgl. Tabelle 1) hatten die Prüfkörper im Mittel 8.745 Lastzyklen durchfahren bis sie zu Bruch gingen. Bei einem Belastungsgrad von 70 % ergab sich eine mittlere Lastzyklenanzahl von fast 200.000 Lastzyklen und bei einem Belastungsgrad von 60 % wurden 2 Mio. Lastwechsel vollzogen ohne dass es zu einem Versagen der Probe kam.

Je Belastungsgrad wurden fünf Einzelversuche durchgeführt und in Abhängigkeit der jeweilig erreichten Lastzyklenanzahl als Rauten dargestellt in das Diagramm eingetragen. Den Mittelwert je Belastungsgrad stellen die dargestellten Kreise dar. Unter Berücksichtigung der statischen Zugfestigkeit und einer linearen Beziehung zwischen dem Belastungsgrad und der logarithmisch aufgetragenen Lastzyklenanzahl wurde schließlich die dargestellte Ausgleichsgerade ermittelt.

Im unteren Diagramm von Bild 5 sind die entsprechenden Versuchsergebnisse für eine Beanspruchung senkrecht zur Schichtungsrichtung dargestellt. Bemerkenswert ist hierbei, dass die ermittelte Wöhlerlinie, als Ergebnis der dynamischen Zugversuche nun stärker geneigt ist, was auf eine höhere Ermüdungsempfindlichkeit schließen lässt. Dies verdeutlichen auch die angegebenen Zahlen – während im Fall einer lastparallelen Schichtung bei einem Belastungsgrad von 60 % 2 Mio. Lastwechsel ohne Bruch durchlaufen werden konnten, beträgt hier bei gleichem Belastungsgrad (bezogen auf eine statische Zugfestigkeit von $f_{tn,\perp} = 1{,}73$ N/mm² (vgl. Tabelle 1)) die mittlere ertragbare Lastzyklenanzahl lediglich 114.000. So genannte „Durchläufer", d. h. Proben die die maximale Anzahl der vorgesehenen Lastwechsel ohne Bruch ertragen können, wurden erst bei einem Belastungsgrad von ca. 50 % beobachtet.

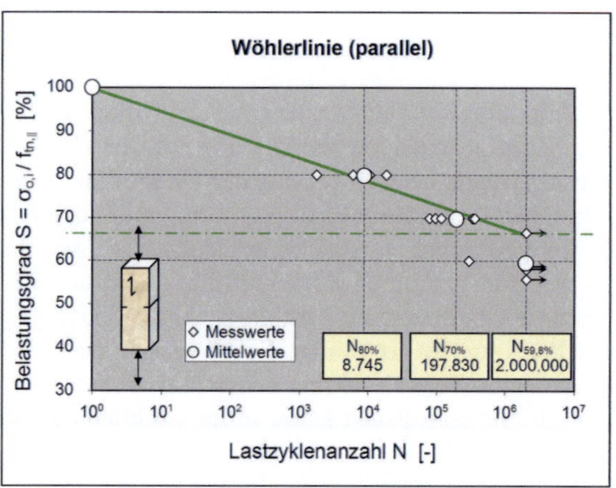

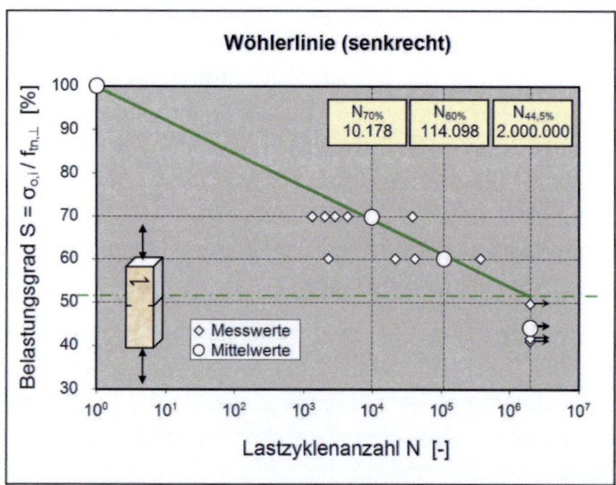

Bild 5   Versuchsergebnisse der dynamischen Zugversuche für eine Belastung parallel zur Schichtungsrichtung (oben) und senkrecht zur Schichtungsrichtung (unten).

Die in Bild 5 wiedergegebenen Wöhlerlinien stellen notwendige Informationen über den Materialwiderstand zur Verfügung. Auf der Grundlage der Arbeitshypothese, dass die Verwitterung – unter Ausschluss einer völligen Wassersättigung –

einen kumulativen mechanischen Entfestigungsprozess darstellt, können nun die Versagenskriterien bei Ermüdung (Wöhler, Palmgren-Miner u. a.) herangezogen werden. Sie liefern einen Zusammenhang zwischen der Beanspruchungshöhe, die deutlich kleiner als die Festigkeit sein kann, und der Zeitspanne bis zum Versagen. Damit gelingt die Formulierung des Prognosemodells, welches die allmähliche Entfestigung bei beliebigen klimatischen Beanspruchungen, deren Auswirkungen auf das Sandsteinmaterial mit Hilfe numerischer Analysen noch quantifiziert werden muss, vorhersagen kann.

4 Numerische Untersuchungen

Zur Quantifizierung der aus klimatischen Einwirkungen resultierenden Beanspruchungen werden geeignete numerische Modelle herangezogen. Die quantitative Erfassung der aus jahreszeitlichen Temperatur- und Feuchtewechsel resultierenden Spannungen erfolgt mit Hilfe eines Kontinuummodells auf Makroebene, womit u. a. die Temperatur- und Feuchteverteilungen, Gefügespannungen und mögliche Rissbildungen analysiert werden. Die Simulation von Porendrücken infolge einer Frostbeanspruchung und die damit einhergehenden Gefügebeanspruchungen auf das Korngerüst des Sandsteins werden an einem Strukturmodell untersucht. Im Gegensatz zum Kontinuummodell wird hier die Mesostruktur (Körner, Kornbrücken, Gefügeporen) des Sandsteins abgebildet. Für die numerischen Untersuchungen wurde das Finite Elemente Programm DIANA [4] verwendet.

4.1 Kontinuummodell

Zunächst wurde das Hauptaugenmerk der numerischen Untersuchungen auf die Erfassung der Einflüsse infolge Temperatur- und Feuchteeinwirkungen gerichtet. Hierzu wurde mit Hilfe des FE-Programmes DIANA das FE-Netz eines Kontinuummodells (Makroebene) generiert und erprobt. Vorrangiges Ziel der numerischen Berechnungen war es, Ausgangswerte zu Temperatur- und Feuchtegradienten, insbesondere zu den daraus resultierenden Spannungen und Verformungen bei unterschiedlichen klimatischen Beanspruchungen zu ermitteln.

Betrachtet wurde ein sich frei deformierender Sandsteinkörper mit den Abmessungen 300 x 400 x 600 mm³. Für die zweidimensionalen numerischen Untersuchungen wurde unter Ausnutzung der Symmetrie die in Bild 6 dargestellte Ebene diskretisiert. Zur Modellierung des Sandsteinmaterials wurden 8-Knoten-Kontinuumselemente verwendet. Numerische Voruntersuchungen dienten zunächst zur Optimierung des FE-Modells hinsichtlich Netzverfeinerung, numerischer Stabilität und vor allem der Rechenzeit.

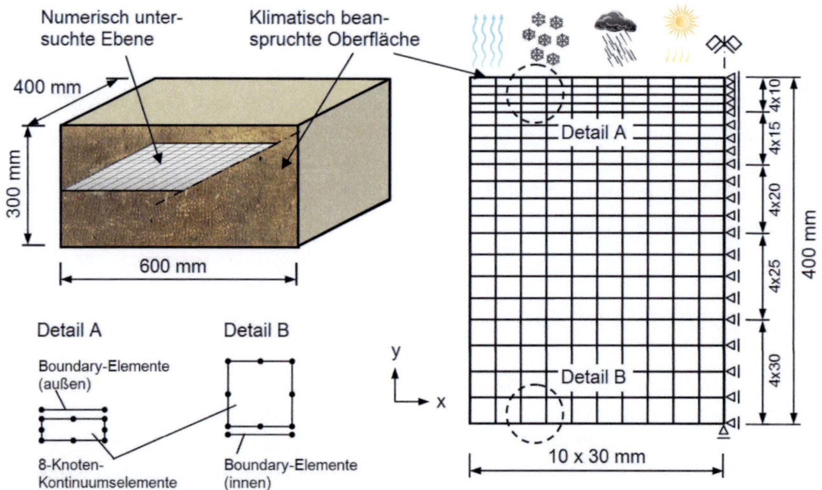

Bild 6   Numerisch untersuchte Ebene eines Sandsteinkontinuums und diskretisiertes System.

Die entsprechenden FE-Analysen zu den thermischen und hygrischen Beanspruchungen wurden in erster Näherung entkoppelt durchgeführt. In diese Berechnungen gingen feuchteabhängige Ausdehnungs- und Leitfähigkeitskennwerte für den Feuchtetransport ein, die die Diffusions- und Kapillartransporteigenschaften des Sandsteins wirklichkeitsgetreu erfassen. Im Weiteren wurden geeignete Konvektionselemente (Boundary-Elemente) herangezogen, durch die der Wärme- und Feuchtemassenübergang zwischen der Umgebungsluft und der Sandsteinoberfläche simuliert wurde. Dadurch wurde zunächst die Erfassung der Temperatur-, Schwind- und Quellverformungen des Sandsteins, die durch Änderungen der Temperatur bzw. des Feuchtegehalts ausgelöst werden, ermöglicht.

Die rechnerisch angesetzten klimatischen Beanspruchungen erfassen sowohl übliche Klimata als auch extreme Einwirkungen, z. B. Temperaturschock (Gewitterregen), Schlagregenbeanspruchung. Da die natürlichen Klimabedingungen nicht nur in längeren Zeiträumen variieren, wurden sowohl einzelne Langzeitrechnungen (Betrachtungszeitraum: ein bis mehrere Jahre) als auch Kurzzeitrechenläufe (Betrachtungszeitraum: eine bis mehrere Stunden sowie eine bis mehrere Wochen) betrachtet. Die Simulationsberechnungen am Kontinuum liefern als Ergebnis neben der Größe der rechnerischen Gefügespannungen auch Art und Anzahl der Spannungswechsel in Abhängigkeit von den gewählten Kennwerten, geometrischen Randbedingungen sowie den simulierten Witterungseinflüssen.

Bei jahreszeitlich ständig wechselnden klimatischen Bedingungen stellt sich über dem oberflächennahen Querschnitt ein stetiger Wechsel sowohl von Befeuchtungs- und Austrocknungsprozessen als auch von Erwärmungs- und Abkühlungsvorgängen ein. Die dadurch resultierenden Feuchtigkeits- und Temperaturgradienten bewirken lokal unterschiedlich stark ausgeprägte Formänderungen des Sandsteins. Dieses Formänderungsbestreben verursacht Gefügespannungen, die die Korn-zu-Korn-Bindungen des Sandsteingefüges „lockern" und zu Schädigungen führen können [5].

Die Berücksichtigung des experimentell untersuchten Entfestigungsverhaltens von Sandstein erfolgte durch die Implementierung des Crack Band Models von Bažant und Oh [6]. Hierfür wurde der experimentell ermittelte Verlauf der Sandsteinentfestigung durch eine bilineare Beziehung approximiert und auf die Elementlänge des numerischen Modells bezogen (vgl. Bild 7, links).

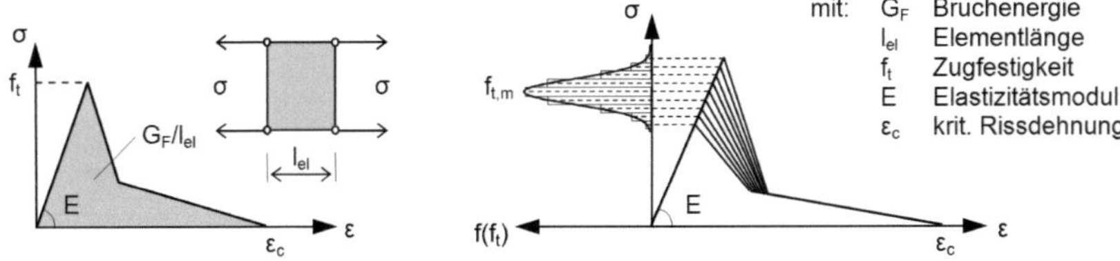

Bild 7   Implementierung des Crack Band Models (links) und Berücksichtigung der Heterogenität des Sandsteins (rechts).

Die Heterogenität des Sandsteinmaterials wurde durch die Streuung der Materialeigenschaften über eine statistische Verteilung der den finiten Elementen zugewiesenen Materialkennwerte, insbesondere durch eine Variation der Zugfestigkeit und der Bruchenergie, berücksichtigt. Hierfür wurden neun Materialklassen definiert, die den Elementen entsprechend einer Gauß-Verteilung mit einem Zufallsgenerator zugewiesen wurden (Bild 7, rechts).

Das folgende Bild 8 zeigt exemplarisch aus zahlreichen Analysen die Eigenspannungszustände infolge einer gewählten 24-stündigen hygrischen Beanspruchung bei konstanten Temperaturbedingungen. Im linken Diagramm sind die sich während der 3-stündigen Beregnung eines zunächst trockenen Sandsteinkörpers einstellenden Eigenspannungen entlang der Symmetrieachse (vgl. Bild 6) wiedergegeben. Das rechte Diagramm verdeutlicht die Spannungsverhältnisse während der anschließenden 21-stündigen Trocknung.

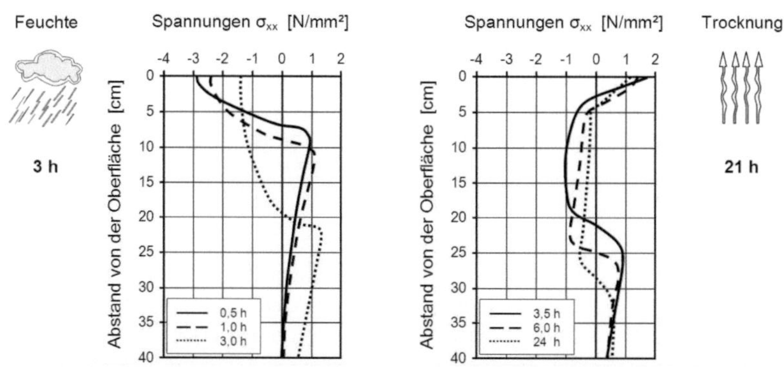

Bild 8   Eigenspannungen infolge hygrischer Beanspruchung; linkes Bild: während 3-stündiger Beregnung; rechtes Bild: während anschließender 21-stündiger Trocknung.

Erwartungsgemäß stellen sich als Folge der Feuchteaufnahme im befeuchteten Stein Druckspannungen ein, wobei an der Feuchtefront ein Vorzeichenwechsel im Spannungsverlauf zu verzeichnen ist. Dieser Umstand ist auf die behinderte Formänderung durch die tieferen trockeneren Gesteinsschichten zurückzuführen. Die ab der Feuchtefront herrschenden Zugbeanspruchungen nehmen mit dem weiteren Eintreten der Feuchte in den Sandsteinkörper zu. Die Größenordnung der zu einer Schädigung des Gesteinmaterials bzw. zur Zerstörung des Kornverbundes führenden maximalen Zugbeanspruchung kann in Abhängigkeit der vorliegenden Randbedingungen nahe der Materialfestigkeit liegen.

Eine anschließende 21-stündige Trocknung bringt die auf der rechten Darstellung abgebildeten Spannungsverläufe mit sich. Bedingt durch die Feuchtigkeitsabgabe sind oberflächennahe Gesteinsbereiche bestrebt Schwindverformungen aufzuweisen. Dieses Verformungsbestreben wird jedoch von den feuchteren tiefergelegenen Gesteinszonen behindert. Somit stellen sich in den oberflächennahen Bereichen Zugspannungen ein, die hauptsächlich zu Beginn der Trocknung infolge des großen Feuchtegradienten Größenordnungen nahe der Materialfestigkeit von $f_{t,m} = 2,1$ N/mm² erreichen können (hier: 1,81 N/mm²).

Zur Untersuchung des Ermüdungsverhaltens infolge klimatischer Einwirkungen ist die quantitative Erfassung der Spannungswechsel, die die einzelnen Gesteinsschichten erfahren, von entscheidender Bedeutung. Daher wurden jahreszeitliche Klimabeanspruchungen (Temperatur- und Feuchtebeanspruchungen) untersucht und entsprechende jahreszeitliche Spannungsverläufe in verschiedenen Gesteinstiefen ermittelt. Diese Spannungsverläufe wurden anschließend mittels eines statistischen Zählverfahrens (Rainflow-Zählmethode) ausgewertet, Häufigkeitsverteilungen aufgestellt und letztlich in Form von Spannungskollektiven zusammengestellt. Bild 9 gibt einen Überblick über diese Vorgehensweise.

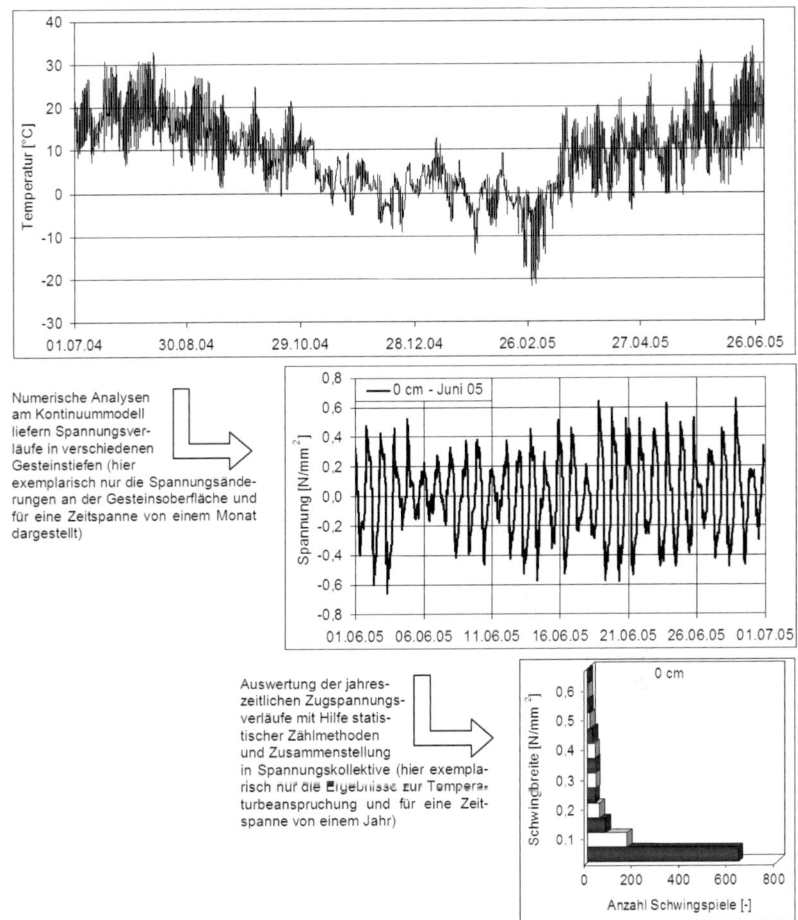

Bild 9   Darstellung exemplarischer Untersuchungsergebnisse am Kontinuummodell.

Die in Bild 9 dargestellten exemplarischen Spannungen resultieren aus Temperaturwechselbeanspruchungen über einen Zeitraum von einem Jahr. Diese Spannungen sind im Weiteren mit den Spannungsanteilen infolge jahreszeitlicher Feuchtebeanspruchung zu superponieren. Ferner sind die infolge eines Frostangriffs induzierten Gefügespannungen in Form von Lastkollektiven zu berücksichtigen. Hierfür erfolgen die Untersuchungen am Strukturmodell, das im folgenden Kapitel näher erläutert wird.

4.2 Strukturmodell

Von wesentlicher Bedeutung für die Gesteinsverwitterung bei Frostangriff ist der Sättigungsgrad des mit Wasser füllbaren Porenraumes des Sandsteins. Während die Eisbildung bei niedrigen Sättigungsgraden zu reversiblen Deformationen des Gefüges führt, treten bei gesättigtem Zustand irreversible Dehnungen durch die Sprengwirkung des gefrorenen Wassers auf. Eine quantitative Untersuchung der dabei auftretenden Beanspruchungen im Sandsteingefüge ist bislang nur ansatzweise erfolgt. Insbesondere die Höhe der auftretenden Spannungen und die Spannungszyklen bedürfen einer eingehenden Analyse, um das Schädigungspotential der Frostbeanspruchung beurteilen und in einem Modell abbilden zu können.

Mit der Entwicklung eines geeigneten Strukturmodells sollte der Schädigungsprozess beim Frostangriff numerisch modelliert werden. Hierfür wurde unter Berücksichtigung strukturbeschreibender Kenngrößen ein zweidimensionales numerisches Modell des untersuchten Sandsteins generiert und eine Beanspruchungsfunktion, welche aus einer Eisbildung in dem Porenraum resultiert, implementiert.

Vorrangiges Ziel der numerischen Untersuchungen am Strukturmodell war es, eine quantitative Abschätzung äußerer Beanspruchungen (Lastspannungen) vorzunehmen, deren Wirkung gleich der Wirkung der inneren Sprengdrücke infolge einer Eisbildung im Porenraum ist (siehe Bild 10).

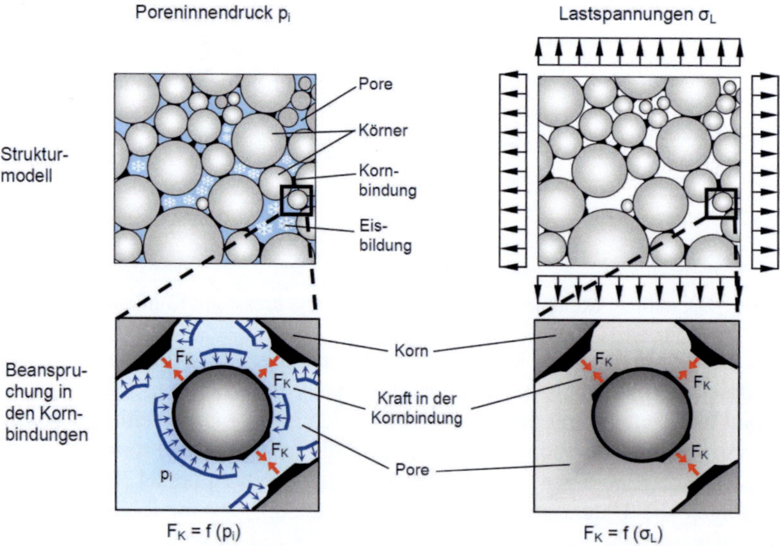

Bild 10   Schematische Darstellung des Strukturmodells unter der Wirkung von Poreninnendrücken aus Eisbildung (links) und Lastspannungen (rechts).

Zur Simulation von inneren Drücken durch Eisbildung werden die Poren im numerischen Modell mit einem Material ausgefüllt, das die Eigenschaften von Eis besitzt und unter Zugrundelegung einer geeigneten Temperatur-Dehnungskurve die Volumenzunahme bei der Eisbildung erfasst. Dabei wird auch der Porenfüllgrad als wesentlicher Einflussparameter betrachtet.

In Bild 11 ist beispielhaft eines der verwendeten Elementnetze dargestellt, die zufallsgeneriert in Abhängigkeit von Gesamtporosität und Korngrößenverteilung erzeugt werden. Die Streuung der Materialeigenschaften wird über eine statistische Verteilung der den finiten Elementen zugewiesenen Materialkennwerte (Zugfestigkeit, Bruchenergie) berücksichtigt.

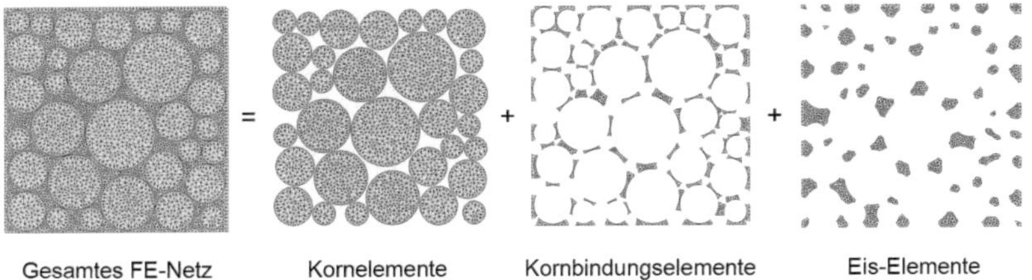

Bild 11   Aufbau des numerischen Modells bestehend aus Körnern, Kornbindungen sowie Porenraum bzw. Eis.

Um eine sich einstellende Rissbildung wirklichkeitsnah abbilden zu können, wird für das Materialverhalten der Kornmatrix das Modell des Kohäsionsrisses herangezogen bzw. in das numerische Modell implementiert. Zur Simulation von inneren Drücken durch Eisbildung werden die Poren im numerischen Modell mit einem Material ausgefüllt, das die Eigenschaften von Eis besitzt und unter Zugrundelegung einer geeigneten Temperatur-Dehnungskurve die Volumenzunahme bei der Eisbildung erfasst. Dabei wird auch der Porenfüllungsgrad als wesentlicher Einflussparameter betrachtet.

In einem weiteren Untersuchungsschritt wurden äußere Lastspannungen ermittelt, die die gleiche Wirkung wie die inneren Sprengdrücke infolge einer Eisbildung im Porenraum haben. Damit sollten die mesoskopischen Beanspruchungsverhältnisse auf makroskopische Einwirkungen transformiert und deren zyklische Schädigungswirkung beurteilt werden. Detaillierte Erläuterungen zu diesem Untersuchungsschritt können [2] entnommen werden.

5   Formulierung des Prognosemodells

Für die Formulierung des Prognosemodells wird die Elementare Form der Miner-Regel [7] herangezogen. Einen Beitrag für die Gesamtschädigung liefern die mit Hilfe des Kontinuummodells zusammengestellten jahreszeitlichen Gefügespannungen infolge thermischer und hygrischer Wechselbeanspruchungen unter Berücksichtigung von numerisch bedingter Korrekturansätze [2]. Des Weiteren soll die Erfassung von Sprengdrücken bei der Eisbildung und deren Umrechnung in äußere Lastspannungen die Häufigkeit der einzelnen Beanspruchungshöhen vervollständigen.

Die rechnerische Schädigungssumme D_{grenz} muss zum derzeitigen Stand der Erkenntnisse zum Ermüdungsverhalten von Sandsteinen noch offen bleiben. Erst mit weiteren eingehenden Untersuchungen wird es möglich sein, die verbliebenen Kenntnislücken zu schließen und das anvisierte Schädigungs-Zeit-Gesetz für Sandstein zu präzisieren. Die bisher erarbeiteten Erkenntnisse lassen die folgende Beschreibung zu.

$$D = a \cdot \sum_i \left(\underbrace{\frac{n_{\Delta\sigma_i,th} \cdot K_{th,n}}{N_{\Delta\sigma_i \cdot K_{th,\sigma}}}}_{①} + \underbrace{\frac{n_{\Delta\sigma_i,hy} \cdot K_{hy,n}}{N_{\Delta\sigma_i \cdot K_{hy,\sigma}}}}_{②} + \underbrace{\frac{n_{\Delta\sigma_i,S}}{N_{\Delta\sigma_i}}}_{③} \right) \leq D_{grenz}$$

①   Schädigungsbeitrag infolge thermisch bedingter Wechselbeanspruchungen pro Jahr

②   Schädigungsbeitrag infolge hygrisch bedingter Wechselbeanspruchungen pro Jahr

③   Schädigungsbeitrag infolge innerer Sprengdrücke pro Jahr (Frost und/oder Kristallisationsprozesse gelöster Salze)

mit:

D	Schädigungssumme [-]	
a	Anzahl der Jahre [-]	
i	Schwingbreitenklasse [-]	
$n_{\Delta\sigma_i,j}$	Anzahl der pro Jahr auftretenden Schwingbreite $\Delta\sigma_i$ infolge der Einwirkung j (**thermisch, hygrisch, innere Sprengdrücke**) [-]	
$N_{\Delta\sigma_i}$	Gesamtanzahl der ertragbaren Lastwechsel je Schwingbreite $\Delta\sigma_i$ [-] aus Bild 5:	

$$N_{\Delta\sigma_i}^{\parallel} = e^{(100-S)/2,37} \qquad \text{parallel zur Schichtungsrichtung}$$

$$N_{\Delta\sigma_i}^{\perp} = e^{(100-S)/3,36} \qquad \text{senkrecht zur Schichtungsrichtung}$$

$K_{th,n}, K_{th,\sigma}$ Korrekturfaktoren für die thermisch induzierten Spannungen [-]

$K_{hy,n}, K_{hy,\sigma}$ Korrekturfaktoren für die hygrisch induzierten Spannungen [-]

Die Schädigungsbeiträge ① und ② werden mit Hilfe der numerischen Berechnungsergebnisse am Kontinuummodell und den experimentellen Ergebnissen zum Ermüdungsverhalten des Sandsteins erfasst. Der Schädigungsbeitrag ③, der ansatzweise für die Eisbildung im Porenraum untersucht wurde, kann im Zuge weiterer Forschungsarbeiten auch um die Beanspruchungsanteile infolge Kristallisationsprozesse gelöster Salze erweitert werden. Die Informationen zur Berücksichtigung des Materialwiderstands von Term ③ sind in $N_{\Delta\sigma i}$ enthalten und stehen bereits mit den oben angegebenen Gleichungen zur Verfügung.

6 Zusammenfassung und Ausblick

Bei der Verwitterung von Sandsteinen sind die physikalisch bedingten Schädigungsprozesse von maßgeblicher Bedeutung. Vielfach bestimmen ausschließlich sie den zeitlichen Verlauf der Schädigung und die Charakteristik der Schadensbilder. Auf der Grundlage kontinuummechanischer Betrachtungen wurden daher unter Verwendung numerischer Methoden die in Sandstein aus der Einwirkung klimatischer Umgebungsbedingungen resultierenden Beanspruchungen eingehend untersucht. Im Mittelpunkt stand dabei die Erfassung jahreszeitlich auftretender Gefügebeanspruchungen, wobei neben den rechnerischen Spannungshöhen auch die Bestimmung der Auftretenshäufigkeiten von zentraler Bedeutung war.

Hauptbestandteil der experimentellen Untersuchungen war die Bestimmung des dynamischen Zugfestigkeitsverhaltens von Sandstein anhand von zentrischen Wöhlerversuchen. Ziel war die Herleitung von Wöhlerlinien, die in Kombination mit geeigneten Schadensakkumulationshypothesen die Aufstellung des beabsichtigten Prognosemodells ermöglichten.

Die zeitliche Vorhersage von Schädigungen bzw. der möglichen Restnutzungsdauer eines Bauteils ist für die Planung von Instandsetzungsmaßnahmen von großer wirtschaftlicher Bedeutung. Durch eine rechtzeitige Durchführung von entsprechenden Schutzmaßnahmen lassen sich die Kosten für Instandsetzungsmaßnahmen minimieren. Mit der Entwicklung des wirklichkeitsnahen Prognosemodells für den zeitlichen Verlauf physikalischer Schädigungsprozesse in Sandstein wurde eine Abschätzung der "Lebenserwartung" der in Mitteleuropa am häufigsten verwendeten Natursteine ermöglicht. Damit können auch die nicht vernachlässigbaren Folgekosten für den Erhalt eines bestehenden Bauwerks besser abgeschätzt und bei Investitionsentscheidungen die Kosten für die gesamte Lebensdauer eines Bauwerks berücksichtigt werden.

Literatur

[1]   Müller, H. S.; Hörenbaum, W.: Modellhafte Untersuchungen zu Fugenverbindungen von Alt- und Neusteinen am Beispiel der Frauenkirche Dresden unter dem Gesichtspunkt der Ressourcenschonung und der Verhinderung von Umweltschäden. Abschlussbericht zum Forschungsvorhaben, Institut für Massivbau und Baustofftechnologie, Universität Karlsruhe (TH), 2002

[2]   Kotan, E.: Ein Prognosemodell für die Verwitterung von Sandstein. Dissertation, Institut für Massivbau und Baustofftechnologie, Universität Karlsruhe (TH), 2011

[3]   Mechtcherine, V.: Bruchmechanische und fraktologische Untersuchungen zur Rissausbreitung in Beton. Dissertation, Institut für Massivbau und Baustofftechnologie, Universität Karlsruhe (TH), 2000

[4]   DIANA, Finite Element Analysis: User's Manuals release 7.2, TNO Building and Construction Research. Delft, 2001

[5]   Müller, H. S.; Garrecht, H.: Die Frauenkirche zu Dresden – Untersuchungen zur Dauerhaftigkeit der steinsichtigen Kuppel. Sonderforschungsbericht 315, Arbeitsheft 16, Universität Karlsruhe (TH), 1999

[6]   Bažant, Z. P.; Oh, B. H.: Crack band theory for fracture of concrete. In: Materials and Structures 16, 1983

[7]   Naubereit, H.; Weihert, J.: Einführung in die Ermüdungsfestigkeit. Hanser-Verlag, Wien – München, 1999

Michael Vogel

Dauerhaftigkeitsbemessung und Lebensdauerprognose als zentrale Bausteine eines effektiven Lebenszyklusmanagements im Betonbau

**Dr.-Ing.
Michael Vogel**
Leiter der Fachgruppe III
(bis 11/2011)

Institut für Massivbau und
Baustofftechnologie,
Karlsruher Institut für
Technologie (KIT)
Gotthardt-Franz-Str. 3
76131 Karlsruhe
E-Mail: michael.vogel@kit.edu

Vorwort

Gemäß der DIN 1045 wird die Dauerhaftigkeit eines Betontragwerks als sichergestellt angesehen, wenn „dieses während der vorgesehenen Nutzungsdauer seine Funktion hinsichtlich der Tragfähigkeit und der Gebrauchstauglichkeit ohne wesentlichen Verlust der Nutzungseigenschaften bei einem angemessenen Instandhaltungsaufwand erfüllt." Die Sicherstellung der Bauwerksdauerhaftigkeit erfolgt derzeit auf der Grundlage von Erfahrungswissen. Im Gegensatz zur Tragwerksbemessung, bei der im Wesentlichen Spannungsnachweise geführt werden, wird bei der normativen „Dauerhaftigkeitsbemessung" die Gegenüberstellung von Einwirkung und Widerstand anhand von deskriptiven Regeln bewerkstelligt. Dieses Vorgehen ist insoweit gerechtfertigt, so lange das Wissen bezüglich des Werkstoffverhaltens bei dauerhaftigkeitsrelevanten Fragestellungen ungenügend ist. Der Erkenntnisgewinn im Bereich der Werkstoffwissenschaften ist jedoch in den letzten Jahrzehnten derart gestiegen, so dass das gesammelte Wissen hinsichtlich des Materialverhaltens sowie der Modellbildung und des Einsatzes von Simulationsprogrammen es erlaubt, mit einem überschaubaren Aufwand die Dauerhaftigkeit von Beton ingenieurmäßig zu quantifizieren.

Die angesprochene Thematik aufgreifend enthält der nachfolgende Beitrag die Quintessenz aus meiner 10-jährigen Tätigkeit am Institut für Massivbau und Baustofftechnologie auf dem Gebiet der Dauerhaftigkeitsbemessung und Lebensdauerprognose. Für die wohlwollende Unterstützung von Herrn Prof. Dr.-Ing. Harald S. Müller während dieser Zeit möchte ich mich recht herzlich bedanken.

1 Einführung

Bedeutende Betonkonstruktionen wie beispielsweise Projekte der Verkehrsinfrastruktur erfordern ein effizientes Lebenszyklusmanagement, damit Bau- und Unterhaltskosten in Grenzen gehalten und eine größtmögliche Nachhaltigkeit sichergestellt werden können. Eine zentrale Voraussetzung zur Erreichung dieser Ziele ist die Bemessung einer Konstruktion auf ihre Lebensdauer. Darunter versteht man eine quantitative ingenieurmäßige Beschreibung, Analyse und Bewertung dauerhaftigkeitsrelevanter Prozesse unter Einbezug von definierten Grenzzuständen und Sicherheitsniveaus bei Anwendung geeigneter probabilistischer Methoden.

In der jüngeren Vergangenheit sind große Fortschritte in Bezug auf Lebensdauerbemessung erzielt worden, siehe z. B. [1, 2, 3]. Dies gilt vor allem für einzelne Schädigungsprozesse und Dauerhaftigkeitsbetrachtungen auf Bauteilebene. Ein zu bemessendes bzw. analysierendes Bauwerk stellt jedoch ein mehr oder weniger komplexes System aus einzelnen Bauteilen dar. Daher sind für die Beschreibung und Bewertung des Gesamtverhaltens eines Bauwerks oder einer Konstruktion auch die Wechselbeziehungen zwischen den Bauteilen zu betrachten. Zudem gilt für die Schädigungsprozesse auf Bauteilebene, dass sie häufig nicht einzeln auftreten, sondern in Kombination, wobei sich die Einzelprozesse gegenseitig signifikant beeinflussen können. Weiterhin müssen bei einer integralen Dauerhaftigkeits- bzw. Lebensdauerbetrachtung auch singuläre Risiken (z. B. Spannstahlkorrosion) mit einbezogen werden. Vor diesem Hintergrund liegt der Schwerpunkt dieses Beitrags bei der Vorgehensweise zur Systemanalyse bei Bauwerken und der Modellierung von Interaktionen sowie dem Einbezug von singulären Risiken im Zuge einer Lebensdauerbemessung.

2 Konzepte zur Sicherstellung der Dauerhaftigkeit

Bei jeder Bemessung, so auch bei der Dauerhaftigkeitsbemessung, werden Einwirkungen und Widerstände zueinander in Beziehung gesetzt. In der DIN 1045-1/-2 [4, 5] sind die Einwirkungen in sogenannte Expositions-klassen eingeteilt, die Umgebungsbedingungen beschreiben. Ihnen sind tabellarisch betontechnologische (z. B. Wasserzementwert) und konstruktive Mindestanforderungen (z. B. Betondeckung) zugeordnet, welche den notwendigen Widerstand darstellen. Bei Einhaltung der vorgegebenen Grenzwerte gilt die Dauerhaftigkeit eines Betonbauteils als sichergestellt. Diesem sogenannten „deskriptiven" Bemessungskonzept liegt eine erwartete mittlere Nutzungsdauer von 50 Jahren zugrunde (siehe Bild 1, links). Dabei beruhen die betontechnologischen Angaben der Norm auf Erfahrungswerten.

Eine ingenieurmäßige Bemessung auf Dauerhaftigkeit, d. h. der rechnerische Nachweis für eine bestimmte Lebensdauer, ist nicht vorgesehen bzw. möglich.

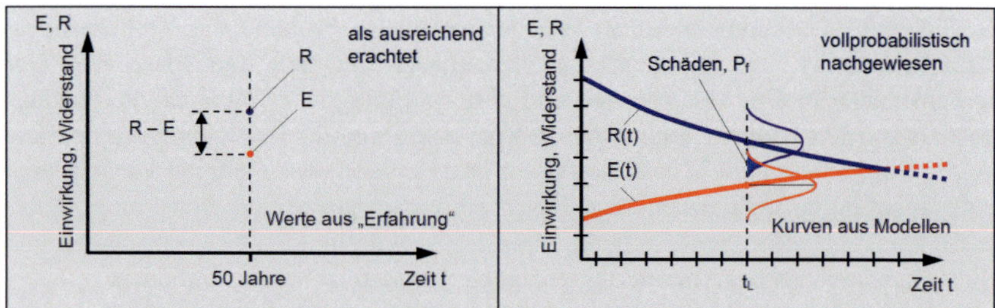

Bild 1. Gegenüberstellung des deskriptiven Konzepts (links) und des probabilistischen Performancekonzepts (rechts) zur Bemessung auf Dauerhaftigkeit

Dieses Konzept, d. h. die Anwendung der Norm, führt zu unwirtschaftlichen und/oder mangelhaften bautechnischen Lösungen, wenn die Nutzungsdauer eines Bauwerks z. B. nur 20 Jahre oder aber 100 Jahre betragen soll. Weiterhin ist dem planenden Ingenieur nicht ersichtlich, mit welcher Häufigkeit bzw. Wahrscheinlichkeit ein Bemessungswert über- oder unterschritten wird. Überdies bleibt ihm verborgen, welcher Sicherheitsabstand (Differenz R – E) zwischen Einwirkung und Widerstand vorliegt.

Die vorstehend genannten Defizite des deskriptiven Konzepts werden vom vollprobabilistischen Performancekonzept zur Dauerhaftigkeitsbemessung überwunden (siehe Bild 1, rechts). Der zeitlich veränderliche Zustand eines Bauteils wird hierbei anhand einer für den jeweiligen Schädigungsprozess gültigen Einwirkungsfunktion E(t) und Widerstandsfunktion R(t) beschrieben. Da sowohl die Einwirkungen als auch die Widerstände Streuungen unterliegen, müssen die jeweiligen physikalischen Modelle probabilistisch formuliert sein [1]. Die Größe des mit der Zeit zunehmenden Überschneidungsbereichs der beiden Verteilungskurven in Bild 1 (rechts) bildet ein Maß für die Schädigungswahrscheinlichkeit P_f. Im Zuge einer Lebensdauerbemessung wird die Lage der Funktion für den Widerstand R(t) durch die Wahl betontechnologischer und/oder konstruktiver Parameter so verschoben, dass zum Zeitpunkt t_L, der die Bemessungslebensdauer darstellt, das zulässige Maß an Schäden P_f mit einer vorgegebenen Wahrscheinlichkeit gerade erreicht wird.

Die in Bild 1 dargestellten Bemessungskonzepte für die Dauerhaftigkeit repräsentieren methodisch gesehen Extremfälle, zwischen denen verschiedene andere Konzepte angesiedelt werden können. Es ist davon auszugehen, dass in den kommenden Jahren das deskriptive Konzept in nationalen und internationalen Richtlinien (Bild 1, links) durch ein erweitertes Konzept, basierend auf Teilsicherheitsbeiwerten, ggf. ergänzt durch Performance-Tests, abgelöst wird. Das vollprobabilistische Bemessungskonzept (Bild 1, rechts) ist normativ zwar zugelassen, wird aber wegen seiner Komplexität sicherlich nur bei Sonderbauwerken von großer betriebs- oder volkswirtschaftlicher Relevanz in vollem Umfang Anwendung finden. Gut vorstellbar ist jedoch, dass dem entwerfenden Ingenieur Bemessungsdiagramme zur Verfügung stehen werden, die auf einfache Weise eine ingenieurmäßige Bemessung auf Dauerhaftigkeit ermöglichen. Bild 2 zeigt exemplarisch ein solches Bemessungsdiagramm. Seine Anwendung erlaubt unter Berücksichtigung eines zulässigen Schädigungsmaßes (Zuverlässigkeitsindex β, siehe Kap. 3) am Ende der Nutzungsdauer – hier 50 oder 100 Jahre – die Betongüte und die Betondeckung so aufeinander abgestimmt zu wählen, dass z. B. die wirtschaftlich günstigste Ausführungsvariante realisiert werden kann.

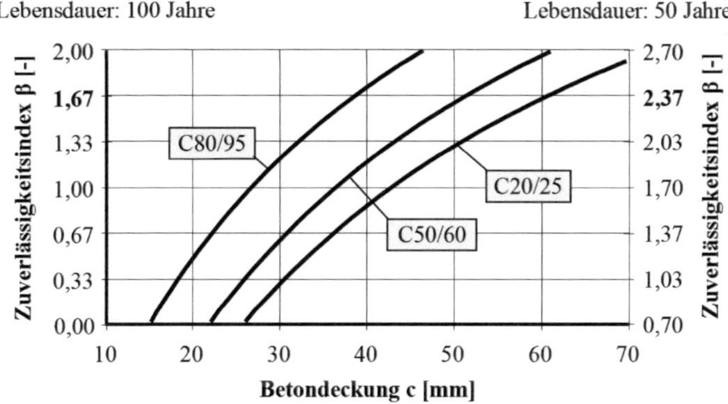

Bild 2. Exemplarisches Interaktionsdiagramm zur Bemessung auf Lebensdauer bei karbonatisierungsinduzierter Bewehrungskorrosion

Diagramme analog zu Bild 2 können nur auf der Grundlage des vollprobabilistischen Bemessungsansatzes für die Dauerhaftigkeit hergeleitet werden. Dies ist zum heutigen Zeitpunkt lediglich für wenige Einwirkungen, z. B. die karbonatisierungs- oder die chloridinduzierte Bewehrungskorrosion, möglich, weil nur für diese Fälle die zugrunde liegenden chemisch-physikalischen Gesetzmäßigkeiten (Materialgesetze) vollständig verstanden und mathematisch-statistisch beschreibbar sind. Aber auch für diese Einwirkungen kann die Bemessung bisher nur für den Grenzzustand „Ende der Einleitungsphase" (z. B. „an der Bewehrung wird der kritische Chloridgehalt erreicht") durchgeführt werden.

3 Vorgehensweise bei der Dauerhaftigkeitsbemessung

Die Möglichkeit zur Anwendung einer probabilistischen Dauerhaftigkeitsbemessung bzw. Lebensdauerprognose ist durch das leistungsbezogene Entwurfsverfahren gemäß Anhang J der DIN EN 206-1 [6] gegeben, siehe auch [7]. Die einzelnen

Arbeitsschritte zur Durchführung einer probabilistischen Dauerhaftigkeitsbemessung können z. B. in [2, 8] nachgelesen werden. Dabei wird mittels mathematischer Operationen die mit der Zeit sich ändernde Versagenswahrscheinlichkeit P_f, der ein definierter Grenzzustand zugrunde liegt, beschrieben (siehe Bild 1, rechts) und in den sogenannten Zuverlässigkeitsindex β umgewandelt. Beispielsweise entspricht eine Ver-sagenswahrscheinlichkeit von 5 % ($P_f = 0{,}05$, bekannt als 5 %-Fraktile) einem Zuverlässigkeitsindex von $\beta = 1{,}64$. Für die Berechnungen werden kommerziell erhältliche Programme eingesetzt [9]. Das Ergebnis einer Dauerhaftigkeitsbemessung bei Betrachtung einer bestimmten Einwirkung ist im Prinzip in Bild 3 dargestellt. Es zeigt, dass der Verlauf des Zuverlässigkeitsindexes $\beta(t)$ so gewählt wird bzw. mit der Zeit abnimmt, dass der Zielwert der Zuverlässigkeit β_{Ziel} bei erreichen der Bemessungslebensdauer gerade erreicht wird.

Die Dauerhaftigkeitsbemessung bzw. die Prognose der Lebensdauer kann sich auf einzelne Bauteile beschränken, aber auch auf ganze Bauwerke beziehen, die aus verschiedenen Bauteilen zusammengesetzt sind und unterschiedlichen dauerhaftigkeitsrelevanten Beanspruchungen ausgesetzt sein können. Die Herangehensweise zur Durchführung einer Lebensdauer-bemessung bzw. Lebensdauerprognose für Bauteile sowie ausgewählte exemplarische Bemessungsbeispiele sind in der Literatur aufgeführt (z. B. [3]).

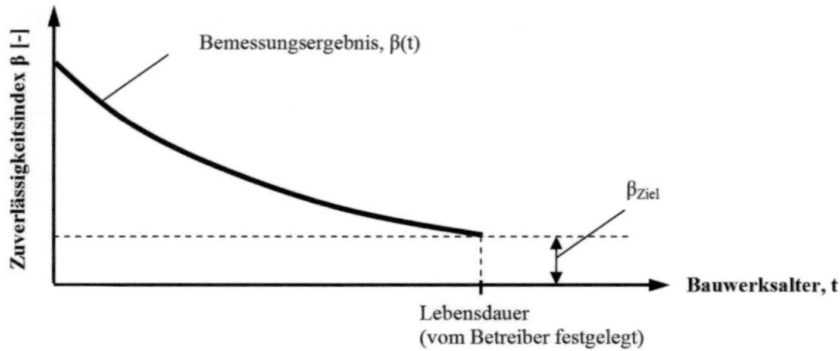

Bild 3.   Ergebnis einer probabilistischen Dauerhaftigkeitsbemessung

4   Lebensdauerprognose für Bauwerke

Die bisherigen Betrachtungen bezogen sich auf einzelne Schädigungs-prozesse an Bauteilen bzw. die ihnen zugeordneten Versagenswahrscheinlichkeiten P_f, bezogen auf einen zuvor definierten Grenzzustand. Bei komplexen Betonkonstruktionen ist üblicherweise mit unterschiedlichen Grenzzuständen zu rechnen, die den einzelnen Bauteilen des Systems zugeordnet sind. Innerhalb eines Bauteils können mehrere Grenzzustände in Betracht gezogen werden müssen. Zur Abschätzung der Lebens- bzw. Restlebensdauer eines Bauwerks müssen auch die Wechselwirkungen zwischen den einzelnen Bauteilen und/oder zwischen den Grenzzuständen sowie die Bedeutung der Bauteile für das Gesamtsystem erfasst werden. Ein wesentlicher Gesichtspunkt bei der Untersuchung der Bauwerkszuverlässigkeit ist die Beurteilung des möglichen Versagens der einzelnen Bauteile in Verbindung mit den dazugehörigen Schadensfolgen. Die Lösung dieser Problemstellung ist Gegenstand einer Risikoanalyse, siehe Tabelle 1 [10].

Tabelle 1. Elemente einer Risikoanalyse

I	Durchführung einer Systemanalyse: • Systembeschreibung • Ausfalleffektanalyse • Fehlerbaumanalyse
II	Ermittlung der Versagenswahrscheinlichkeiten der Systemelemente und Analyse des Systemversagens
III	Quantifizierung des Risikos

Die Beurteilung der Zuverlässigkeit eines gesamten Bauwerks bzw. Systems, die im Rahmen einer Risikoanalyse durchzuführen ist, wird im Folgenden exemplarisch am Fallbeispiel des Überbaus einer Stahlbetonbrücke aufgezeigt.

4.1 Systemanalyse

Die Systemanalyse untersucht das Zusammenwirken der Systemkomponenten untereinander. Zur Systemanalyse gehören die Systembeschreibung, die Ausfalleffektanalyse und die Fehlerbaumanalyse, die nachfolgend kurz erläutert werden.

4.1.1 Systembeschreibung

Die Systembeschreibung besteht in der tabellarischen Auflistung und grafischen Darstellung („Zerlegung") der wesentlichen Systemelemente eines Bauwerks. Die Darstellung in Bild 4 zeigt eine sinnvolle Untergliederung des Systems „Brückenüberbau" in seine wichtigsten Systemelemente (Bauteile).

Den Systemelementen C_1 bis C_4 nach Bild 4 sind die jeweiligen dauerhaftigkeitsrelevanten Betonschädigungen (Ereignisse E_i), die z. B. bei der Bemessung prognostiziert oder im Zuge einer Bauwerksinspektion identifiziert wurden, zuzuordnen, siehe Tabelle 2.

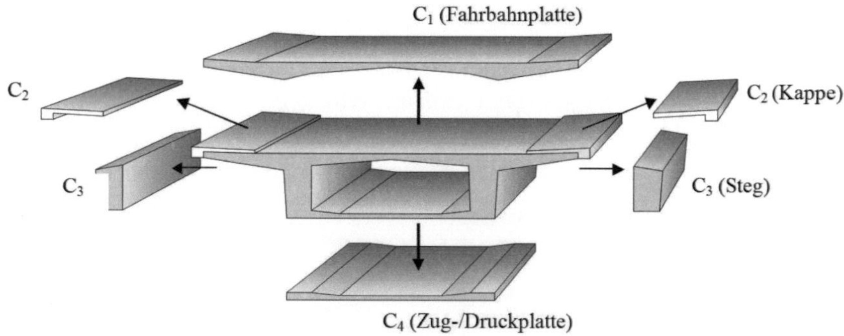

Bild 4. Prinzip der Untergliederung eines Brückenüberbaus in seine wesentlichen Bauteile

Tabelle 2. Zuordnung der prognostizierten Schäden bzw. der am Bauwerk identifizierten Schäden zum jeweiligen Bauteil

Bauteil	Bezeichnung	maßgebende Schädigungsart(en)
C_1	Fahrbahnplatte	– chloridinduzierte Bewehrungskorrosion, E_1
C_2	Kappen	– chloridinduzierte Bewehrungskorrosion, E_1 – Frostschäden, E_2
C_3	Stege des Hohlkastens	– karbonatisierungsinduzierte Bewehrungskorrosion, E_3 – Frostschäden, E_2
C_4	Untere Zug-/Druckplatte	– karbonatisierungsinduzierte Bewehrungskorrosion, E_3

Der erforderliche Detaillierungsgrad der Systembeschreibung hängt u. a. von der Schädigung einzelner Systemelemente ab und kann auch bei großen Bauwerken oftmals vergleichsweise einfach gewählt werden.

4.1.2 Ausfalleffektanalyse

Das Ziel der Ausfalleffektanalyse ist die Untersuchung des Systemverhaltens (Bauwerksverhaltens) beim Versagen einzelner Systemelemente (Bauteile), d. h. die Untersuchung der Auswirkungen möglicher Versagensmechanismen. Abhängig von der Art und Weise der funktionalen Verbindung der Systemelemente kann ein einzelnes oder kombiniertes Versagen der Elemente zum Systemversagen oder zum Versagen bestimmter Systembereiche führen. Um sich über diesen Sachverhalt Klarheit zu verschaffen, muss eine Ausfalleffektanalyse durchgeführt werden, siehe Bild 5.

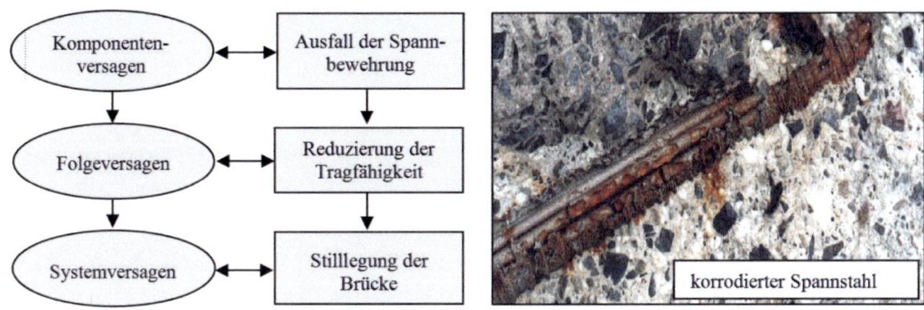

Bild 5.   Ausfalleffektanalyse am Beispiel einer korrodierten Spannbewehrung

4.1.3 Fehlerbaumanalyse

Ziel der Fehlerbaumanalyse ist die systematische, deduktive Identifikation und Verknüpfung aller möglichen Ursachen, die zu dem unerwünschten Zustand (Systemversagen) führen [11], siehe Bild 6. Hierbei fließen die Ergebnisse der Ausfalleffektanalyse ein. Die Fehlerbaumanalyse ist der wesentliche Schritt zur Ermittlung des Systemversagens.

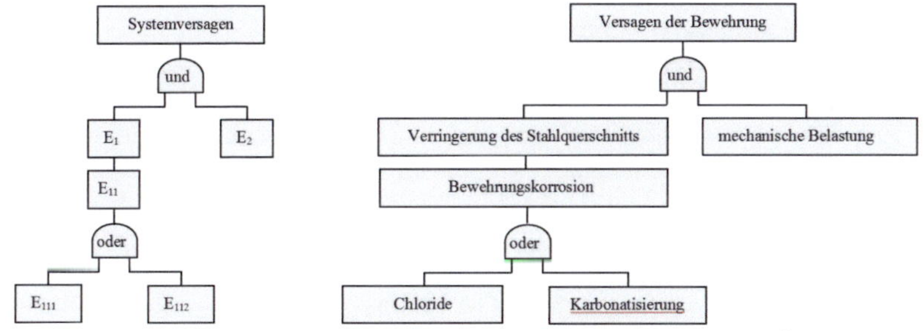

Bild 6.   Schema einer Fehlerbaumanalyse, E_i = Ereignis i (links), und Übertragung auf karbonatisierungs- und chloridinduzierte Bewehrungskorrosion (rechts)

Mit Hilfe mathematischer Verknüpfungen auf der Grundlage der Berechnung von Serien- und Parallelsystemen kann die Wahrscheinlichkeit für das Systemversagen ermittelt werden. Die Versagenswahrscheinlichkeit eines Seriensystems (n hintereinander geschaltete Elemente) liegt in den nachfolgend aufgeführten Grenzen, siehe Rechenvorschrift (1):

$$\max\,[P_{fi}] \leq P_{f,Serie} \leq 1 - \prod_{i=1}^{n}(1 - P_{fi}) \tag{1}$$

Mit der Rechenvorschrift (2) können die Grenzen der Versagenswahrscheinlichkeit für Parallelsysteme (n nebeneinander geschaltete Elemente) ermittelt werden:

$$\prod_{i=1}^{n} P_{fi} \leq P_{f,Parallel} \leq \min [P_{fi}] \tag{2}$$

Darin sind $P_{f,Serie}$ und $P_{f,Parallel}$ die Versagenswahrscheinlichkeiten des Serien- bzw. Parallelsystems und P_{fi} die Versagenswahrscheinlichkeiten der entsprechenden Systemelemente, denen Grenzzustände zugeordnet sind. Die obere bzw. die untere Grenze ergibt sich jeweils aus dem Grad der Korrelation (Abhängigkeit) der einzelnen Bauteile bzw. Grenzzustände untereinander [12]. Liegt z. B. beim Seriensystem keine Korrelation vor, so gilt für das Versagen des Systems die obere Grenze. Bei voller Korrelation ist die untere Grenze maßgebend. Da die bei einem realen Betonbauwerk vorliegenden Korrelationen zwischen den einzelnen Grenzzuständen naturgemäß nicht bekannt sind, sind im Zuge einer Zuverlässigkeitsanalyse die aufgeführten Grenzen gemäß Beziehung (1) und (2) zu untersuchen.

4.2 Element- und Systemversagen

Die Ermittlung der Versagenswahrscheinlichkeit der betrachteten Brückenelemente infolge ihrer jeweils maßgebenden dauerhaftigkeitsrelevanten Beanspruchung sowie die darauf aufbauende Analyse des Systemversagens soll nachfolgend beispielhaft näher aufgezeigt werden.

4.2.1 Versagenswahrscheinlichkeiten der Systemelemente

Die Zuverlässigkeitsanalysen in Bezug auf die Bauteile Fahrbahnplatte, Kastenstege sowie untere Zug-/Druckplatte wurden im hier betrachteten Beispiel für die karbonatisierungs- und chloridinduzierte Bewehrungskorrosion mit dem Schädigungsmodell nach [1, 13] und für die Schädigungsart der Frostbeanspruchung mit dem Modell nach Fagerlund [1, 14] durchgeführt. Hierbei wurden vereinfacht die Versagenswahrscheinlichkeiten für die in Tabelle 3 aufgeführten bzw. definierten Grenzzustände berechnet (vgl. auch Bild 4).

Die geplante Nutzungsdauer des Brückenbauwerks wurde mit $t = 80$ Jahre angenommen. Beim Zuverlässigkeitsindex wurde von einem Zielwert $\beta_{Ziel} = 1{,}7$ ausgegangen. Die für die beispielhaft durchgeführten Berechnungen notwendigen Angaben zu den Parametern der Einwirkungs- und Widerstandsfunktionen $E(t)$ und $R(t)$ basieren auf fiktiven, aber realistischen Kenngrößen und wurden u. a. der Fachliteratur [15] entnommen. Die Tabelle 3 zeigt die Ergebnisse der entsprechenden Zuverlässigkeitsanalysen.

Tabelle 3. Ergebnisse von Zuverlässigkeitsanalysen an unterschiedlich beanspruchten Bauteilen des Brückenüberbaus in Abhängigkeit definierter Grenzzustände

Bauteil	Beanspruchung	Grenzzustand	Grenzzustand erreicht nach
C_1: Fahrbahnplatte	E_1: Chloride	kritischer korrosionsauslösender Chloridgehalt an der Bewehrung ist erreicht	ca. 27 Jahren
C_3: Kastenstege	E_2: Frost	2/3 der Betonüberdeckung ist abgewittert	ca. 35 Jahren
C_4: untere Zug-/ Druckplatte	E_3: Karbonatisierung	Karbonatisierungsfront erreicht die Bewehrung	ca. 29 Jahren

Wie aus der Tabelle 3 hervorgeht, werden bereits nach ca. 27 Jahren Nutzungsdauer entsprechende Maßnahmen zur Instandsetzung der geschädigten Bauteile des Überbaus notwendig, wenn das vorgegebene Sicherheitsniveau von $\beta_{Ziel} = 1{,}7$ gehalten werden soll. Die Kappe (C2) und die Stegschädigung durch Bewehrungskorrosion (E3) wurden als nicht maßgebend identifiziert und hier nicht mehr aufgeführt.

4.2.2 Analyse des Systemversagens

Neben der Zustandsbeurteilung des Brückenüberbaus hinsichtlich der einzelnen dauerhaftigkeitsrelevanten Beanspruchungen ist, wie oben erläutert, auch das Zusammenwirken der identifizierten Bauteile bzw. Beanspruchungen zu analysieren. Im Nachfolgenden wird beispielhaft die Ermittlung der Systemzuverlässigkeit für die Kombination der dauerhaftigkeitsrelevanten Beanspruchungen chloridinduzierte Bewehrungskorrosion E_1 (Fahrbahnplatte, C_1), Frostbeanspruchung E_2 (Kastenstege, C_3) und karbonatisierungs-induzierte Bewehrungskorrosion E_3 (untere Zug-/Druckplatte, C_4) aufgezeigt, vgl. Tabelle 2.

Hierbei sei angenommen, dass die Systemelemente ein Seriensystem bilden, bei dem die genauen Abhängigkeiten zwischen den Elementen nicht bekannt sind, so dass die Versagenswahrscheinlichkeit $P_{f,Serie}$ für das System „Überbau" innerhalb der elementaren Grenzen gemäß Rechenvorschrift (1) ermittelt werden muss. Für diesen Fall tritt ein Systemversagen dann ein, wenn Element 1 oder Element 2 oder Element 3 versagt (Grenzzustand wird erreicht). Das nachfolgend dargestellte Systembild, in Verbindung mit dem dazugehörigen Fehlerbaum, verdeutlicht diesen Sachverhalt, siehe Bild 7.

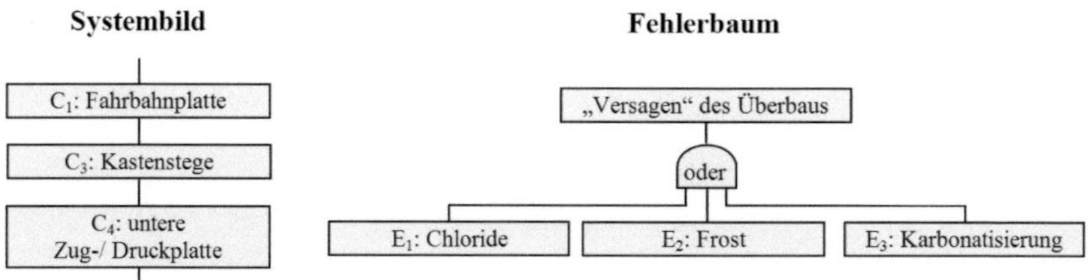

Bild 7. Systembild und Fehlerbaum für den Fall der Modellierung eines Seriensystems am Beispiel eines Brückenüberbaus

Für die oben getroffene Annahme einer kombinierten Beanspruchung aus Chloriden, Frost und Karbonatisierung für die Systemelemente Fahrbahnplatte, Kastenstege sowie untere Zug-/Druckplatte kann die grenzzustandsbezogene Versagenswahrscheinlichkeit $P_{f,Serie}$ für das modellierte Seriensystem mit dem Programm SYSREL [9] berechnet werden, siehe Bild 8.

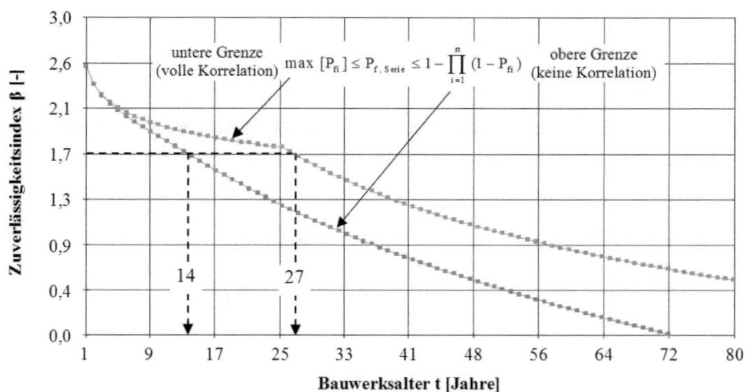

$$\max\,[P_{fi}] \le P_{f,Serie} \le 1 - \prod_{i=1}^{n}(1 - P_{fi})$$

Bild 8. Entwicklung des Zuverlässigkeitsindexes für das Seriensystem „Brückenüberbau"

Die Analyse der Systemzuverlässigkeit zeigt, dass bei kombinierter dauerhaftigkeitsrelevanter Beanspruchung des Brückenüberbaus in Bezug auf ein „Systemversagen" der Eingreifzeitpunkt für eine Instandsetzungs-maßnahme bereits ab ca. 14 Jahren Betriebsdauer erfolgen sollte, siehe Bild 8. Für das Seriensystem „Brückenüberbau" gilt, dass die Versagenswahr-scheinlichkeit $P_{f,Serie}$ ansteigt bzw. die β-Werte sinken, wenn die Korrelation zwischen den einzelnen Grenzzuständen (vgl. auch Tabelle 3) abnimmt. Diese zunächst überraschende Tendenz wird in [16] mathematisch-statistisch nachgewiesen und begründet.

Die hier exemplarisch durchgeführte Quantifizierung der Systemversagenswahrscheinlichkeit dient vorrangig der Analyse des Systemverhaltens bei gleichzeitigem Auftreten mehrerer ungewollter Bauteilzustände (erreichte Grenzzustände). Hierdurch können zielsicher Schwachstellen im System identifiziert werden.

4.3   Quantifizierung des Risikos

Die Ermittlung des Risikos bzw. des Gesamtrisikos R_{ges} eines ungewollten Ereignisses kann z. B. anhand Gleichung (3) ermittelt werden:

$$R_{ges} = \sum (P_i \cdot K_{vi}) \tag{3}$$

Darin ist P_i die Wahrscheinlichkeit für das Auftreten des Ereignisses i und K_{vi} sind die Schadenskosten für das Ereignis i. Unter Verwendung von Gleichung (3) ist eine Verknüpfung der berechneten Versagenswahrscheinlichkeit des Gesamtsystems bzw. der Systemelemente mit den zu erwartenden Schadenskosten möglich.

Zusammenfassend sei festgehalten, dass weniger die quantitative Angabe des berechneten Risikos (oder auch der Systemversagenswahrschein-lichkeit) im Vordergrund der oben aufgezeigten Analysen steht, als vielmehr die Untersuchung und Bewertung bestimmter ungewollter Bauteilzustände. Die Durchführung und Auswertung einer Risikoanalyse gibt fundiert Aufschluss darüber,

-    welche Bauwerkskomponenten bzw. -bereiche die größten zu erwartenden Versagenswahrscheinlichkeiten besitzen (Identifikation von Schwachstellen);

-    wie, wann und in welchem Umfang Instandsetzungsmaßnahmen unter besonderer Berücksichtigung der Schwachstellen und in Abhängigkeit von den zu erwartenden Schadensfolgen durchzuführen sind.

Unter Berücksichtigung dieser Gesichtspunkte kann eine kostenoptimierte Bauwerksunterhaltung realisiert werden. Dies bedeutet, dass Finanzmitteln nur im erforderlichen, d. h. im berechneten und nachgewiesenen Umfang eingesetzt werden.

5   Interaktionen und singuläre Risiken

Dauerhaftigkeitsrelevante Einwirkungen treten häufig nicht einzeln, sondern gleichzeitig auf, wie dies beispielweise bei der Beanspruchung durch Karbonatisierung und Chloride (Streusalze) der Fall ist [17]. Eine solche Kombination von Einwirkungen kann mittels einer Fehlerbaumstruktur lediglich durch eine „und"-oder „oder"-Verknüpfung dargestellt werden. Unstrittig und vielfach nachgewiesen ist, dass sich dauerhaftigkeitsrelevante Einwirkungen gegenseitig beeinflussen, siehe z. B. [18]. Diese gegenseitige Beeinflussung wird im Nachfolgenden „Interaktion" genannt. Eine solche Interaktion, die material- und umweltbedingt vorliegen kann, findet in Fehlerbaumstrukturen keine ausreichende Berücksichtigung.

Neben den dauerhaftigkeitsrelevanten Einwirkungen (z. B. Karbonati-sierung und Frost-Tausalz-Beanspruchung), die flächig auftreten, existieren auch lokal begrenzte Einwirkungen auf Betonbauwerke, die im Folgenden als „singuläre Risiken" bezeichnet werden. Sie beeinträchtigen ebenfalls die Dauerhaftigkeit von Beton und interagieren mit den zuvor genannten dauerhaftigkeitsrelevanten Einwirkungen. Beispielsweise stellen Risse im Beton singuläre Risiken dar, welche die Dauerhaftigkeit bei der Beanspruchung durch Karbonatisierung, Frost-Tauwechsel und Chloride signifikant beeinflussen können. Aber auch schadhafte Abdichtungen oder nicht funktionsfähige Entwässerungen (z. B. bei Infrastrukturbauwerken) sind als singuläre Risiken für Dauerhaftigkeitsbetrachtungen relevant, da sie zu einem unplanmäßigen Feuchtigkeits- und/oder Chlorideintrag führen und damit die Gefahr einer Schädigung durch Frost oder chloridinduzierte Bewehrungskorrosion erhöhen.

Singuläre Risiken, wozu auch nicht oder schlecht verpresste Hüllrohre gehören, müssen bei einer probabilistischen Lebensdauerbetrachtung ggf. gesondert betrachtet werden. Dies ist vergleichsweise einfach möglich, wenn das Risiko für sich alleine statistisch quantifiziert werden kann, was bei Verpressmängeln oftmals möglich ist. Liegt aber eine Wechselbeziehung mit dauerhaftigkeitsbeeinflussenden Einwirkungen vor, z. B. bei einer mangelhaften Abdichtung, so ist deren Berücksichtigung ungleich schwieriger. Die Analyse und Modellierung von Interaktionen zwischen kombiniert auftretenden Einwirkungen auf Betonstrukturen, einschließlich vorhandener singulärer Risiken, soll im Nachfolgenden exemplarisch aufgezeigt werden.

5.1 Kombiniert auftretende Einwirkungen ohne Berücksichtigung von Interaktionen

Betrachtet wird hier die mit der Zeit fortschreitende Schädigung eines Brückenüberbaus bzw. die Änderung der Bauwerkszuverlässigkeit. Für die Schädigung werden vereinfachend vier mögliche Einwirkungen vorgegeben (siehe Bild 9). Karbonatisierung und Chloridangriff sind zwei dauerhaftigkeitsrelevante Einwirkungen, die in Kombination auftreten und einander beeinflussen können. Diese Interaktion bleibt zunächst unberücksichtigt, d. h. das Kreissymbol mit η_K entfällt (gleichbedeutend mit $\eta_K = 1{,}0$). Die dritte dauerhaftigkeitsrelevante Einwirkung ist die Betonschädigung infolge einer Alkali-Kieselsäure-Reaktion (AKR). Als singuläres Risiko wird eine mangelhafte Verpressung der Hüllrohre der Spannstähle angenommen.

Zunächst werden alle vier Einwirkungen, die auf den Überbau der Brücke wirken, als Seriensystem modelliert, siehe Bild 9.

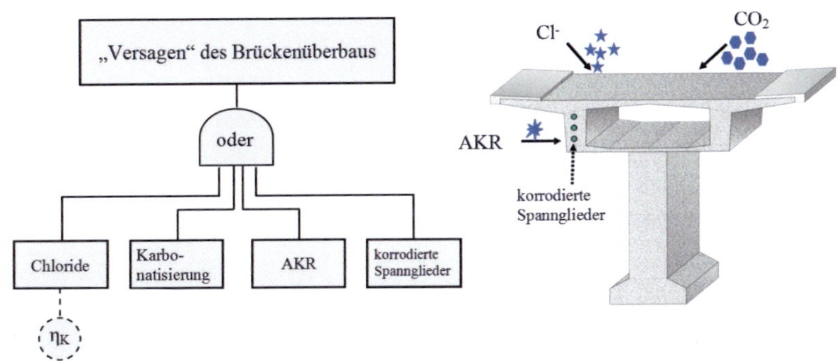

Bild 9.   Fehlerbaum des Seriensystems Brückenüberbau unter Berücksichtigung dauer-haftigkeitsrelevanter Einwirkungen und singulärer Risiken

Zur Beurteilung der Bauteilzuverlässigkeit sind die Eintretenswahr-scheinlichkeiten der vier genannten Einwirkungen zu quantifizieren. Für die ersten beiden Einwirkungen, Karbonatisierung und Chloride, sind diese durch bekannte Materialgesetze zeitvariant definiert [1]. Die Parametrisierung, d. h. die Zuweisung von geeigneten Werten für die eingehenden Parameter der Modelle, ist anhand von Literaturangaben [1, 15, 19] möglich. Für die beiden noch zu definierenden Wahr-scheinlichkeiten der Risiken durch AKR und korrodierte Spannglieder werden vereinfachend konstante Werte angenommen, mit $P_{f,AKR} = 0,5\,\%$ und $P_{f,korrSp} = 2,0\,\%$. Für diese vier Einwirkungen wird unter Berücksichtigung der vor-stehend genannten Annahmen mittels des Programms SYSREL [9] die Systemzu-verlässigkeit des beanspruchten Brückenüberbaus ermittelt. Hierbei wird lediglich die obere Grenze der Versagenswahrscheinlichkeiten des Seriensystems gemäß Gleichung (1) betrachtet, siehe Bild 10.

Bild 10 zeigt die Ergebnisse der Berechung in der typischen Darstellungsform (sie-he Bild 3). Die obere Kurve gibt den Verlauf des Zuverlässigkeitsindex β für den Fall wieder, dass allein die Einwirkungen aus Karbonatisierung und Chloridangriff vorhanden sind. Unterstellt wird hierbei, dass beide Einflussgrößen nicht interagie-ren ($\eta_K = 1,0$) und auch keine Korrelation der Bauteile des Seriensystems vorliegt (vgl. Bild 9). Die beiden darunter liegenden Kurven berücksichtigen zusätzlich den Einfluss einer AKR bzw. die zusätzlichen Einflüsse von AKR und Spanngliedkor-rosion.

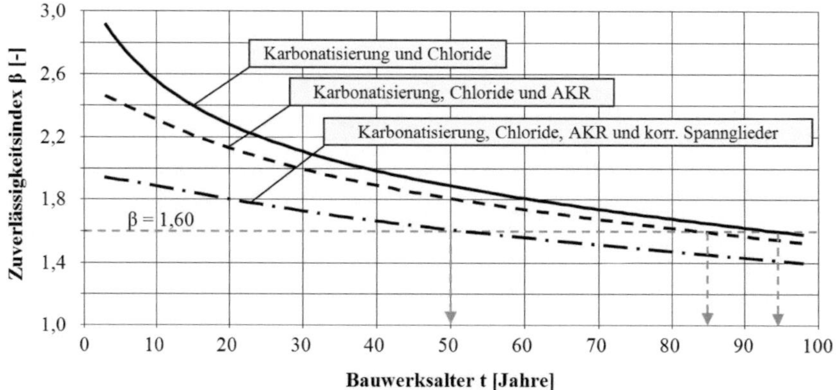

Bild 10. Zeitabhängiger Zuverlässigkeitsindex des Brückenüberbaus für kombinierte Einwirkungen (Karbonatisierung, Chloride) und AKR sowie korrodierte Spannglieder

Dieses Ergebnis verdeutlicht, wie stark singuläre Risiken auf die Bauwerkszuverlässigkeit Einfluss nehmen können. Während ein angenommenes erforderliches Sicherheitsniveau von z. B. $\beta = 1{,}6$ bei der alleinigen Einwirkung von „Karbonatisierung und Chloride" erst nach ca. 95 Jahren unterschritten würde, führt das zusätzliche Risiko „AKR und korrodierte Spannglieder" bereits nach 50 Jahren zum Erreichen des Grenzzustands. Im Hinblick auf zu ergreifende Maßnahmen ist eine differenzierte Bewertung der ermittelten Ergebnisse notwendig.

5.2 Kombiniert auftretende Einwirkungen mit Berücksichtigung von Interaktionen

Nachfolgend wird die Interaktion zwischen den dauerhaftigkeitsrelevanten Einwirkungen „Karbonatisierung" und „Chloride" berücksichtigt. Über die Einführung des Interaktionsfaktors η_K kann z. B. abgebildet werden, dass die Veränderung des Zementsteins aufgrund der Karbonatisierung eine Änderung des Chloriddiffusionskoeffizienten zur Folge hat, siehe Bild 9. Vereinfachend wird hier unterstellt, dass der Parameter η_K und der Chloriddiffusionskoeffizient multiplikativ miteinander verbunden sind. Bei sinkendem Wert für η_K ($\eta_K < 1{,}0$) verringert sich daher der Chloriddiffusionskoeffizient, so dass die Zuverlässigkeit des Systems steigt, weil der eingeschränkte Chloridtransport das Erreichen eines kritischen Chloridgehalts verringert. Umgekehrt sinkt die Zuverlässigkeit für Werte $\eta_K > 1{,}0$, weil der Widerstand des Betons gegenüber dem Eindringen von Chloriden abnimmt. Andere Einflüsse, wie z. B. die Freisetzung von Chloriden durch die Karbonatisierung, bleiben der Einfachheit halber hier unberücksichtigt.

Die im Rahmen einer Parameterstudie gewonnenen Wahrscheinlichkeiten P_f und Zuverlässigkeitsindizes β_η in Abhängigkeit vom Parameter η_K sind in der Tabelle 4 zusammengefasst. Der Betrachtungszeitpunkt für diese exemplarische Studie beträgt t = 50 Jahre. Der Wert $\eta_K = 1{,}0$ entspricht einem von der Karbonatisierung unabhängigen Chloriddiffusionskoeffizienten.

Tabelle 4. Parameterstudie in Bezug auf den Parameter η_K

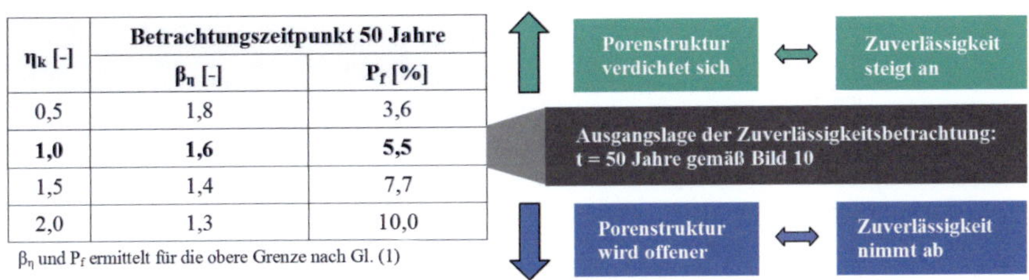

η_k [-]	Betrachtungszeitpunkt 50 Jahre	
	β_n [-]	P_f [%]
0,5	1,8	3,6
1,0	**1,6**	**5,5**
1,5	1,4	7,7
2,0	1,3	10,0

β_η und P_f ermittelt für die obere Grenze nach Gl. (1)

Tabelle 4 zeigt, dass innerhalb der gewählten Bandbreite für den η_K-Wert die Systemzuverlässigkeit zwischen 1,3 und 1,8 variiert. Dies bedeutet, dass bei $\eta_{karbo} = 0{,}5$, gegenüber $\eta_K = 1{,}0$, das zulässige Sicherheitsniveau erst nach 115 Jahren erreicht wird, bei $\eta_K = 2{,}0$ dagegen schon nach 15 Jahren. Man erkennt, dass Art und Ausmaß der Interaktion einen erheblichen Einfluss ausüben können. Welchen Wert der Interaktionsparameter η_K tatsächlich besitzt und welche Abhängigkeiten gegeben sind, muss von einem Experten unter Berücksichtigung zahlreicher Randbedingungen festgestellt werden. Hinsichtlich der Interaktionen zwischen dauerhaftigkeitsrelevanten Einwirkungen ist zudem auch ein erheblicher Forschungsbedarf gegeben.

6 Schlussfolgerungen und Ausblick

Der wesentliche Nutzen der in diesem Beitrag vorgestellten Methoden der Dauerhaftigkeitsbemessung bzw. Lebensdauerprognose resultiert aus dem Sachverhalt, dass hierbei die Dauerhaftigkeit – im Gegensatz zu den Ansätzen nach DIN 1045 – ingenieurmäßig „quantifiziert" wird. Damit ist das voraussichtliche Ausmaß dauerhaftigkeitsrelevanter Schädigungen an einer Betonkonstruktion auf der Basis von zuvor festgelegten ungewollten Bauteilzuständen und eines definierten Sicherheitsniveaus rechnerisch ermittelbar. Dies bedeutet, dass eine Konstruktion unter Beachtung der Nutzungsdauer kostengünstig erstellt und ein vorzeitig eintretendes erhöhtes Schädigungsmaß vermieden wird. Weiterhin kann der ohnehin erforderliche Unterhaltungsaufwand bei Betonbauwerken optimiert – in wirtschaftlichem Sinne minimiert – werden. Bei bestehenden Bauwerken wird eine gesicherte technische und wirtschaftliche Bewertung von Lebensdauer erhöhenden Maßnahmen möglich. Da sich auf der geschaffenen Grundlage auch die langfristig anfallenden

Unterhaltungskosten zutreffend abschätzen lassen, wird zudem eine wirtschaftliche Investitionsplanung in Bezug auf einen Neubau ermöglicht.

Die vielfältigen dauerhaftigkeitsrelevanten Einwirkungen auf Betonbauwerke treten naturgemäß fast immer in Kombination auf. Kombiniert auftretende Einwirkungen können sich gegenseitig beeinflussen bzw. interagieren. Zudem gibt es sogenannte „singuläre Risiken", die ihrerseits ggf. einen negativen Einfluss auf die kombiniert auftretenden und untereinander interagierenden Einwirkungen ausüben können. Vereinfachende Strategien zur Berücksichtigung dieser Effekte wurden hier vorgestellt. Diese Zusammenhänge quantitativ detaillierter zu erfassen, ist der künftigen Forschung vorbehalten. Unabhängig davon können aber die bereits heute verfügbaren und hier vorgestellten Methoden effizient zur Bemessung und Beurteilung von Betonkonstruktionen im Hinblick auf deren Dauerhaftigkeit bzw. Lebensdauer eingesetzt werden.

Literatur

[1]   Model Code for Service Life Design. fib Bulletin 34, Fédération Internationale du Béton (fib), Lausanne, 2006

[2]   Gehlen, C., Mayer, T. M., von Greve-Dierfeld, S.: Lebensdauerbemessung. In: Beton-Kalender 2011, Teil 2, Ernst & Sohn Verlag, 2011, S. 231-278

[3]   Müller, H. S., Vogel, M.: Lebenszyklusmanagement im Betonbau. beton 58 (2008), Nr. 5, S. 206-214

[4]   DIN 1045-1: Tragwerke aus Beton, Stahlbeton und Spannbeton, Teil 1: Bemessung und Konstruktion, Berlin, Beuth Verlag, August 2008

[5]   DIN 1045-2: Tragwerke aus Beton, Stahlbeton und Spannbeton, Teil 2: Beton – Festlegung, Eigenschaften, Herstellung und Konformität – Anwendungsregeln zu DIN EN 206-1, Berlin, Beuth Verlag, August 2008

[6]   DIN EN 206-1: Beton, Teil 1: Festlegung, Eigenschaften, Herstellung und Konformität, Berlin, Beuth Verlag, Juli 2001

[7]   Positionspapier des DAfStb zur Umsetzung des Konzepts von leistungsbezogenen Entwurfsverfahren unter Berücksichtigung von DIN EN 206-1, Anhang J. Beton- und Stahlbetonbau 103 (2008), H 12, S. 837-839

[8]   Gehlen, C.: Lebensdauerbemessung – Zuverlässigkeitsberechnungen zur wirksamen Vermeidung von verschiedenartig induzierter Bewehrungskorrosion. Beton- und Stahlbetonbau 96 (2001) Heft 7, S. 478-487

[9]   RCP GmbH: STRUREL, A Structural Reliability Analysis Program System, (STATREL Manual 1999; COMREL & SYSREL Manual, 2003). RCP Consulting GmbH München

[10]   Klingmüller, O., Bourgund, U.: Sicherheit und Risiko im Konstruktiven Ingenieurbau. Vieweg Verlag, 1992

[11]   Siemens, A. J., Vrouwenvelder, A. C. W. M., Van den Beukel, A.: Durability of Buildings: a reliability analysis. Heron, Vol. 30, No. 3, 1985

[12]   Thoft-Christensen, P., Baker, M. J.: Structural Reliability Theory and Its Applications. Springer Verlag, 1982

[13]   The European Union – Brite EuRam III: Modelling of Degradation. DuraCrete: Probabilistic Performance based Durability Design of Concrete Structures, Contract BRPR-CT95-0132, Project BE95-1347, Document BE95-1347/R4-5, December 1998

[14]   Sentler, L.: Stochastic Characterization of Concrete Deterioration. CEB – rilem, International Workshop: Durability of Concrete Structures, 18th – 20th May 1983, Copenhagen 1983

[15]   The European Union – Brite EuRam III: Statistical Quantification of the Variables in the Limit State Functions. DuraCrete: Probabilistic Performance based Durability Design of Concrete Structures, Contract BRPR-CT95-0132, Project BE95-1347, Document BE95-1347/R9, January 2000

[16]   Spaethe, G.: Die Sicherheit tragender Baukonstruktionen. Springer-Verlag, 1992

[17]   Holt, E. E., Kousa, H. P., Leivo, M. T., Vesikari, E. J.: Deterioration by Frost, Chloride and Carbonation Interactions Based on Combining Field Station and Laboratory Results, In: 2nd International RILEM Workshop on Concrete Durability and Service Life Planning, 2009, pp. 123-130

[18]   Dahme, U.: Chlorid in karbonatisierendem Beton – Speicher- und Transportmechanismen. Dissertation, Universität Duisburg Essen, Mitteilungen aus dem Institut für Bauphysik und Materialwissenschaft, 2006

[19]   Durable and Reliable Tunnel Structures (DARTS) – The Reports (CD Rom) CUR Gouda, May 2004

Nico Herrmann

Die MPA Karlsruhe unter der Leitung von Prof. Dr.-Ing. Harald S. Müller

**Dr.-Ing.
Nico Herrmann**

Stellvertretender Direktor
der MPA Karlsruhe

Karlsruher Institut für
Technologie (KIT)
Gotthard-Franz-Str. 3
76131 Karlsruhe
E-Mail:
herrmann@mpa-karlsruhe.de

Vorwort

Der vorliegende Beitrag gibt einen kurzen Überblick über die Geschichte der Materialprüfungs- und Forschungsanstalt, MPA Karlsruhe, über ihre technische Ausstattung sowie über die Forschungs- und Prüftätigkeit im Hause unter der Leitung von Prof. Dr.-Ing. Harald S. Müller seit 2006. Nähere Informationen zu den einzelnen Abteilungen der MPA Karlsruhe und deren technischen Möglichkeiten können den Beiträgen von Guse, Gerlach und Eckhardt, sowie dem des Autors in dieser Festschrift entnommen werden.

1 Eine kurze Geschichte der MPA Karlsruhe

Bereits kurze Zeit nach der Einrichtung des Lehrstuhls für Beton- und Eisenbetonbau im Jahre 1916 – des ersten Lehrstuhls an der damals schon nahezu seit einem Jahrhundert bestehenden Technischen Hochschule Karlsruhe, der sich mit der Bauweise mit Beton beschäftigte – und der Berufung von Dr.-Ing. Emil Probst, wurde im Winter 1919/1920 die "Bautechnische Versuchsanstalt" gegründet. Mit großem Weitblick hatte Probst erkannt, dass die noch relativ junge Technik des Betonbaus zur Weiterentwicklung und Anwendung in erster Linie den Versuch benötigte. Die Beobachtung des Verhaltens einer Konstruktion stand bei Probst an erster Stelle. Die Berechnung des Eisenbetons hielt er zur damaligen Zeit nur näherungsweise für erfassbar. Trotzdem war es sein Ziel, nicht nur eine reine Materialprüfanstalt zu schaffen, sondern in erster Linie eine wissenschaftliche Forschungsstätte für den Baustoff des 20. Jahrhunderts ins Leben zu rufen.

Über die fachliche Qualifikation von Probst hinaus, die ihn zu Kongressen und Gastvorlesungen auf der ganzen Welt führte, war er vor allem auch bekannt für sein Einfühlungsvermögen und Engagement für seine Mitarbeiter. Trotz schwieriger Umstände in der Zeit direkt nach dem ersten Weltkrieg gelang es Probst stets, seinen Mitarbeitern und Schülern eine beispiellose Förderung und Motivation angedeihen zu lassen, die dazu führte, dass sich viele von ihnen auf ihrem weiteren Lebensweg zu großen Persönlichkeiten entwickeln konnten.

In den folgenden Jahrzehnten durchliefen sowohl der Lehrstuhl wie auch die bautechnische Versuchsanstalt verschiedene Namensänderungen und Besetzungen der leitenden Positionen, die oftmals Neuberufungen und damit verbundenen Umstrukturierungen geschuldet waren. Von großer Bedeutung für die weitere Entwicklung der Einrichtung war vor allem der Umzug in neue Räumlichkeiten im Jahre 1970, wobei hierbei vor allem der Neubau der heute noch genutzten Versuchshalle vielfältige Entfaltungsmöglichkeiten bot und die Erschließung neuer Arbeitsgebiete ermöglichte (siehe Bild 1). Die Planungen und Auslegungen der Versuchshalle sowie deren Einrichtungen und Prüfmaschinen wurden maßgeblich von institutseigenen Ingenieuren geleistet, was die Funktionalität im Sinne der Betonforschung nachhaltig bis in die heutige Zeit sicherstellt. Dies lässt sich vor allem daran ablesen, dass ein Großteil der damals beschafften Prüfeinrichtungen auch ungefähr 40 Jahre nach ihrer Inbetriebnahme noch dauerhaft genutzt werden.

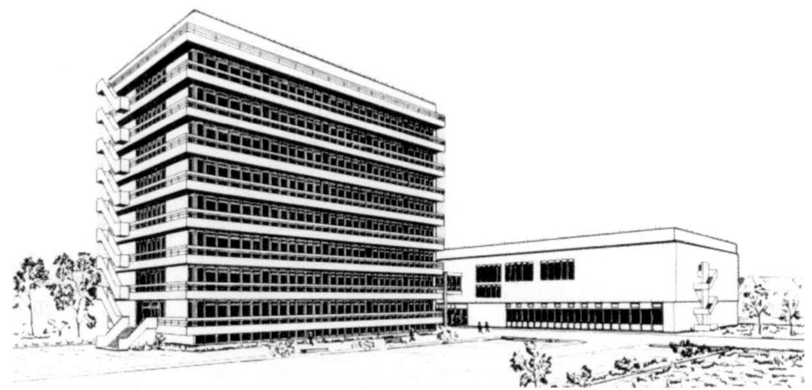

Bild 1   Darstellung des Kollegiengebäudes III für Bauingenieure (Geb. 50.31), das die Büroräume und verschiedene Labore der MPA Karlsruhe sowie das Institut für Massivbau und Baustofftechnologie beherbergt; im Hintergrund ist die Versuchshalle der MPA Karlsruhe (Geb. 50.32) zu erkennen

Mit der Schaffung des zusätzlichen Lehrstuhls für Baustofftechnologie im Zuge der Berufung von Prof. Dr.-Ing. Hubert Hilsdorf im Jahre 1971 wurde der Weg hin zur heutigen Struktur geebnet. Das Institut bestand zur damaligen Zeit aus den beiden Abteilungen „Beton und Stahlbeton" und „Baustofftechnologie" sowie der ins Gesamtinstitut integrierten „Amtlichen Materialprüfungsanstalt". Durch die Berufung von Prof. Dr.-Ing. Josef Eibl wurde hieraus, nach einer kurzen, nicht besonders glücklichen Phase der Trennung beider Abteilungen, das Institut für Massivbau und Baustofftechnologie mit eingeschlossener Materialprüfungsanstalt, für die sich der geläufige Name „MPA Karlsruhe" eingebürgert hatte und die, wie auch das Institut, unter kollegialer Leitung der Professoren Hilsdorf und Eibl stand. Im Jahre 1995 wurde Prof. Dr.-Ing. Harald S. Müller als Nachfolger auf den Lehrstuhl für Baustofftechnologie berufen und auch in der Abteilung Massivbau wurde im Jahre 2000 der Lehrstuhl mit Prof. Dr.-Ing. Lothar Stempniewski als Nachfolger von Prof. Eibl wiederbesetzt.

Die vorläufig letzte Veränderung, die die MPA Karlsruhe seit ihrem Bestehen erfahren hat, wurde im Zuge einer Umstrukturierung durch die Fakultät für Bauingenieur-, Geo- und Umweltwissenschaften realisiert. Seit Mitte des Jahres 2006 ist Prof. Dr.-Ing. Harald S. Müller neben seiner Funktion als Lehrstuhlinhaber und Institutsleiter auch Direktor und somit alleinverantwortlicher Leiter der nunmehr als „Materialprüfungs- und Forschungsanstalt, MPA Karlsruhe" bezeichneten Betriebseinheit der Fakultät, in die sämtliche experimentellen Einrichtungen der Institutsabteilungen eingegangen sind und nunmehr von der MPA Karlsruhe betrieben werden.

Somit wurde die MPA Karlsruhe nach über 85 Jahren ihres Bestehens aus dem Institut für Massivbau und Baustofftechnologie herausgelöst und zu einem eigenständigen Institution, die die ursprüngliche Vision seines Gründers Probst, nämlich nicht nur eine Prüfanstalt, sondern auch eine Forschungseinrichtung zu sein, auch im Namen trägt. Auch in einem weiteren Aspekt schließt sich mit Prof. Harald S. Müller der Kreis vom Gründer zum aktuellen Leiter der MPA Karlsruhe. Auch in ihm haben seine Studierenden und Mitarbeiter einen Ansprechpartner, für den der respektvolle Umgang untereinander sowie auch die persönlichen Probleme des Einzelnen an höchster Stelle stehen. Darüber hinaus gelingt es auch ihm, vielen seiner Wegbegleiter ein geduldiger Lehrer, Ansprechpartner, Ideengeber und auch Vorgesetzter zu sein, der schon manch einem den nächsten Schritt auf dem Weg zu einer erfolgreichen Karriere ermöglicht und vor allem die Entwicklung zu einer großen Persönlichkeit gefördert hat.

2 Die MPA Karlsruhe im Jahr 2012

Die MPA Karlsruhe hat sich in den fünf Jahren nach ihrer Neustrukturierung als eigenständige Einrichtung innerhalb der Hochschule erfolgreich in der deutschen Materialprüfungs- und Forschungslandschaft im Bereich des Bauwesens etabliert. Aktuell wird die Akkreditierung als Prüfstelle sowie als Überwachungs- und Zertifizierungsstelle vorbereitet, so dass ein reibungsloser Übergang der Arbeit nach dem Bauproduktengesetzt auf die künftige Bauproduktenverordnung ermöglicht wird. Der Personalstand zum Ende des Jahres 2011 beträgt 53 Mitarbeiter, die sich in 10 Wissenschaftler, 33 Personen in Verwaltung und Technik sowie in 10 Auszubildende der Berufsgruppen Feinwerkmechaniker und Baustoffprüfer aufgliedern.

2.1 Abteilungsstruktur

Die von Prof. Dr.-Ing. Harald S. Müller im Jahre 2006 eingeführte Fachabteilungsstruktur (siehe Bild 2) der MPA Karlsruhe ist sehr breit angelegt und hat sich in den vergangenen Jahren auf hervorragende Weise bewährt. Jede dieser Abteilungen wird von einem auf dem entsprechenden Gebiet erfahrenen Wissenschaftler geleitet, der durch die innerhalb der Abteilungen angesiedelten Ingenieure und technischen Angestellten unterstützt wird. Durch intensive Zusammenarbeit der Abteilungen untereinander ist die MPA Karlsruhe in der Lage, auch umfangreiche und komplexe Aufträge zu bearbeiten.

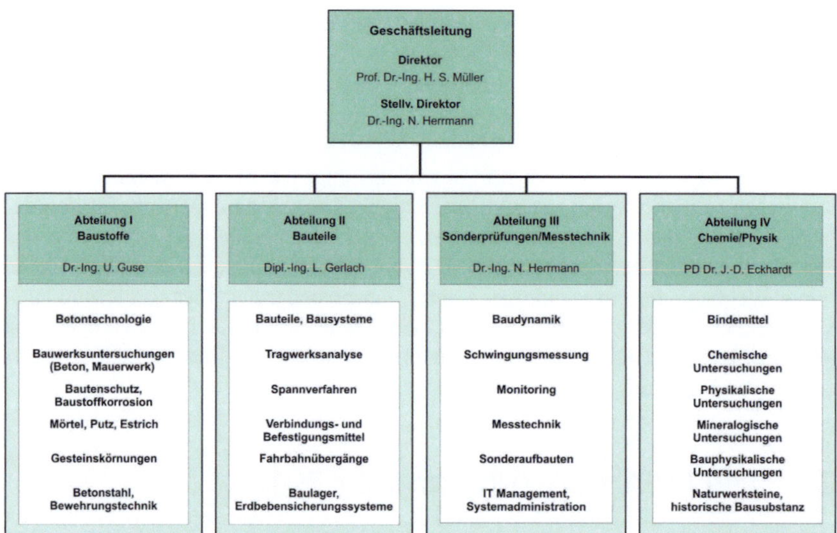

Bild 2   Abteilungsstruktur und Arbeitsbereiche der MPA Karlsruhe

Eine detaillierte Darstellung der Arbeitsbereiche und aktuellen Forschungsprojekte findet sich in den folgenden Kapiteln dieser Festschrift, in denen für jede der Abteilungen die Arbeitsinhalte dargestellt werden. Vorweggenommen sei an dieser Stelle lediglich, dass in den Abteilungen I „Baustoffe" und II „Bauteile" verstärkt operativ, im Rahmen von Prüfaufträgen aus der Industrie, Zulassungsverfahren und Überwachungen gearbeitet wird, während in den Abteilungen III "Sonderprüfungen/Messtechnik" und IV „Chemie/Physik" schwerpunktmäßig die Forschungsarbeiten sowie zentrale Dienstleistungen angesiedelt sind. Diese Dienstleistungen, vor allem in den Bereichen Messtechnik sowie chemische und physikalische Untersuchungen, unterstützen die Arbeiten der Abteilungen I und II in entscheidendem Maße und gewährleisten, dass nur wenige ergänzende Untersuchungen an Dritte weitervergeben werden müssen.

2.2 Dienstleistungsbereiche

Die MPA Karlsruhe verfügt über die im folgenden Bild 3 dargestellten Dienstleistungsbereiche, die zum größten Teil unmittelbar an die Geschäftsleitung angebunden sind. Hierbei sind zuallererst die Sekretariate, die die Geschäftsführung und die Abteilungsleiter maßgeblich in der täglichen Arbeit unterstützen, sowie die Bereiche Arbeitsicherheit, Qualitätsmanagement und Zertifizierung zu nennen, die der Geschäftsleitung direkt berichten.

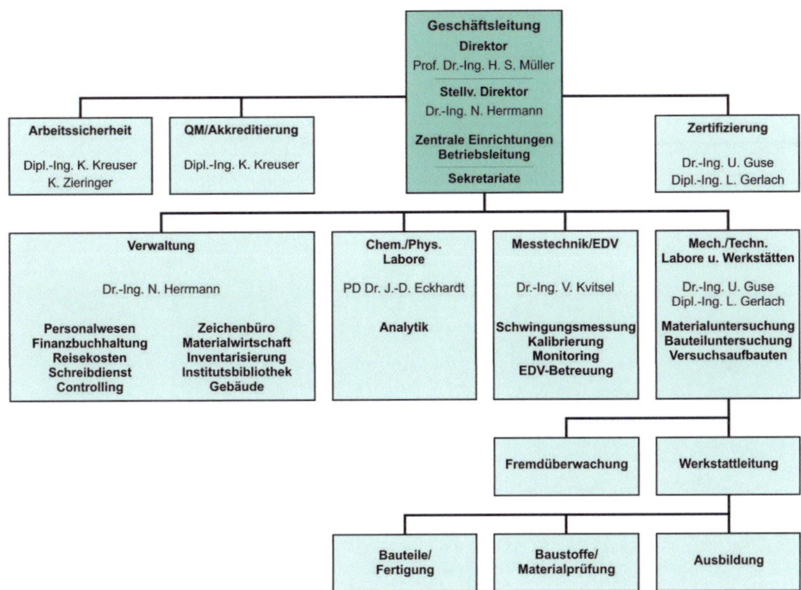

Bild 3   Dienstleistungsbereiche der MPA Karlsruhe

Die weiteren Dienstleistungsbereiche gliedern sich in Verwaltung und Technik. Im Verwaltungsbereich sind die Finanzbuchhaltung und das Personalwesen, die betriebseigene Beschaffung und Gebäudeverwaltung, die Institutsbibliothek, welche auch die Bestände des Instituts für Massivbau und Baustofftechnologie verwaltet, sowie ein eigenes Zeichen- und Graphikbüro angesiedelt.

Im technischen Dienstleistungsbereich sind die Labore für chemische und physikalische Untersuchungen, das messtechnische Labor sowie die mechanisch/technischen Werkstätten und Labore tätig. Mit moderner Ausstattung ermöglichen diese Bereiche die hochqualitative Bearbeitung von Aufträgen aller Art, wobei hier vor allem die hauseigenen Fertigungs- und Prüfmöglichkeiten von entscheidender Bedeutung sind. Auf die Ausstattung der MPA Karlsruhe soll im Folgenden exemplarisch eingegangen werden, da eine komplette Darstellung den Rahmen einer an dieser Stelle vorgesehenen kurzen Beschreibung der technischen Möglichkeiten sprengen würde.

2.3   Ausstattung und Einrichtungen

Die MPA Karlsruhe verfügt über eine breite Palette von Einrichtungen, die es erlauben, auch außergewöhnliche Experimente durchzuführen, die über das übliche Maß von Entwicklungs- und Forschungsarbeiten hinausgehen. Die Grundausstattung der nunmehr seit über 40 Jahren genutzten Labore und der Versuchshalle wurde bereits während des Baus so vorausschauend konzipiert, dass sie auch heute noch in nahezu allen Bereichen dem Stand der Technik entspricht. Ausstattungsdetails und Einsatzgebiete vieler Einrichtungen und Labors können den folgenden Beiträgen zu den jeweiligen Abteilungen entnommen werden. An dieser Stelle soll vor allem ein exemplarischer Überblick über die Einrichtungen der Versuchshalle gegeben werden, von der ein Teil im Bild 4 dargestellt ist.

Bild 4   Blick in die Versuchshalle der MPA Karlsruhe

Das obige Bild stellt eine Momentaufnahme der Versuchsaufbauten in der Versuchshalle im Winter 2011/2012 dar. Im Vordergrund erkennt man die Universalprüfmaschine UBP 15000, die Experimente mir einer Druckkraft von bis zu 15 000 kN ermöglicht und vor allem dank ihrer großen Steifigkeit und dem etwa 7 m hohen Prüfraum für ein breites Spektrum von Druckprüfungen eingesetzt werden kann. Das Haupteinsatzgebiet dieser Prüfmaschine liegt vor allem im Bereich der Bauteilprüfung, auf die im Beitrag der Abteilung II der vorliegenden Festschrift näher eingegangen wird. Die im rechten Vordergrund des Bildes befindliche Zug-Druck-Prüfmaschine ZD 300 kann bei statischen und dynamischen Prüfungen bis zu einer Kraft von 3000 kN eingesetzt werden. Prüfungen dieser Art werden oft im Rahmen von Zulassungsprüfungen für Spannsysteme durchgeführt.

Durch das in die Versuchshalle integrierte Aufspannfeld mit einer Größe von 14 m x 24 m (erkennbar im Hintergrund von Bild 4), einem Verankerungspunktraster von 0,8 m und einer unabhängigen Lastverankerungskapazität von 1000 kN an jedem einzelnen Ankerpunkt ist es möglich, mit Hilfe der reichhaltigen Spann-wand-, Träger- und Portalausstattung, nahezu beliebige Prüfgeometrien zu realisie-ren. Hierzu stehen neben den entsprechend benötigten Stahlbaukomponenten auch die aufeinander abgestimmten Hydraulikkomponenten zur Verfügung, so dass eine variable Versuchskonzeption bis hin zu Prüfkräften von 40 000 kN ermöglicht wird. Bild 5 zeigt einen Teil der Spanntöpfe an den Verankerungspunkten an der Unterseite des Spannfeldes, unter dem verschiedene Hydraulikaggregate unterge-bracht sind, so dass durch die Verankerungspunkte an jeder beliebigen Stelle die Versorgung der in der Halle zu betreibenden Hydraulikzylinder sichergestellt wer-den kann.

Bild 5   Untersicht des Aufspannfeldes der Versuchshalle

Die außerdem zur Verfügung stehende breite Palette von Prüfmaschinen, die den gesamten Kraftbereich von geringen Zug- und Druckkräften bis hin zu 15 000 kN statisch und dynamisch abdecken, soll an dieser Stelle nicht detailliert dargestellt werden.

Eine weitere zentrale Ausstattung der Versuchshalle der MPA Karlsruhe stellen die Einrichtungen zur eigenständigen Produktion von Beton dar. Eine Vielzahl ver-schiedener Mischer unterschiedlichen Fassungsvermögens sowie Lagermöglichkei-ten für Zement und Gesteinskörnungen, die im hauseigenen Siebraum charakteri-siert werden, sind hierfür die Voraussetzung. Das folgende Bild 6 zeigt die Ent-nahmestellen der vom Betriebshof aus befüllbaren Silozellen.

Bild 6   Siloanlage im Untergeschoss der Versuchshalle

Zur Bearbeitung und Vorbereitung von Proben stehen außerdem mehrere Steinsägen und Schleifmaschinen zur Verfügung, die eine versuchsspezifische Aufbereitung der Probekörper für die entsprechenden Prüfungen ermöglichen.

Da das Materialverhalten im Allgemeinen und speziell auch von Baustoffen von den klimatischen Randbedingungen abhängt, können Proben an der MPA Karlsruhe auch in mehreren Klima- und Trockenschränken sowie insgesamt sechs etwa 30 m^3 großen Klimakammern gelagert und auch geprüft werden. Die einstellbaren Klimate reichen hierbei von -60 °C bis +60 °C und von 25 % bis 95 % relativer Luftfeuchte. Beispielhaft ist im folgenden Bild 7 ein Klimaraum mit darin befindlichen Relaxationsprüfständen gezeigt, mit deren Hilfe der Kraftrückgang bei konstant gehaltener Verformung der Proben gemessen werden kann. Ebenso verfügt die MPA Karlsruhe über eine Vielzahl von Kriechprüfständen, mit denen Langzeitversuche zur Verformung von Beton unter konstanten, voneinander unabhängig einstellbaren Lasten bis zu 1000 kN durchgeführt werden können, wobei die daraus resultierende Verformung gemessen wird.

Bild 7   Relaxationsprüfstände in einem der Klimaräume der MPA Karlsruhe

Da das Materialverhalten in höheren Temperaturbereichen vor allem vor dem Hintergrund sicherheitstechnischer Fragestellungen gerade in aktueller Zeit von großer Bedeutung ist, konnten die Prüfanlagen der MPA Karlsruhe um eine Hochtemperaturprüfeinrichtung ergänzt werden, die es ermöglicht, Materialproben einem Temperaturbereich von bis zu 1450 °C auszusetzen und kontrolliert abzukühlen. Für den Werkstoff Beton spielt dies insbesondere im Rahmen von Untersuchungen zur Sicherheit von Tunnelstrukturen oder Schutzbauwerken eine bedeutende Rolle. Diese Prüfeinrichtung wird auch zur eigenen Herstellung von Spezialzementen genutzt (siehe Bild 8)

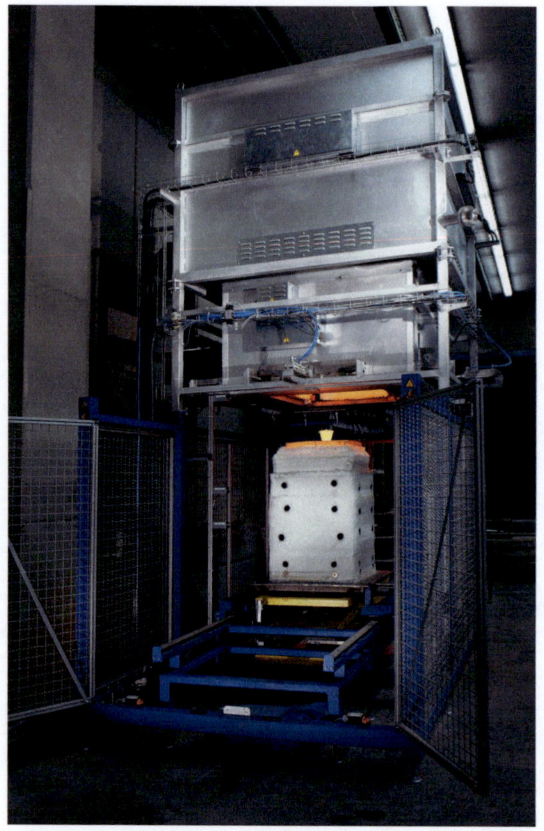

Bild 8   Hochtemperaturprüfeinrichtung der MPA Karlsruhe mit Abkühlofen
(hier beim Ausfahren eines Tiegels bei der Herstellung eines Spezialzementes)

3   Zusammenfassung

Im vorliegenden Beitrag wird eine kurze Übersicht über die Geschichte und die aktuelle Ausstattung und Organisation der MPA Karlsruhe gegeben. Bedenkt man die Motivation des Gründers Prof. Dr.-Ing. Emil Probst, so lässt sich ohne Zweifel sagen, dass seine Vision einer Materialprüfungs- und Forschungsanstalt unter der Leitung von Prof. Dr.-Ing. Harald S. Müller weiterlebt. Sicherlich wird es wie in der Vergangenheit auch in der Zukunft gelingen, dies immer wieder aufs Neue, auch unter veränderlichen Rahmenbedingungen unter Beweis zu stellen.

Ulf Guse

Baustoffe sind nicht nur Betone, aber häufig schon – Themen der Abteilung I – Baustoffe – der MPA Karlsruhe

**Dr.-Ing.
Ulf Guse**

Leiter der Abteilung I der
MPA Karlsruhe

Karlsruher Institut
für Technologie (KIT)
Gotthard-Franz-Str. 3
76131 Karlsruhe
E-Mail:
guse@mpa-karlsruhe.de

Vorwort

Es war der hochfeste Beton, dessen Regelwerk im Jahr 1993 entstand. Ein Arbeitsauschuss des DAfStb entwickelte eine Richtline als Ergänzung zur DIN 1045.

Herr Prof. Müller berichtete auf der 3. Sitzung dieses Arbeitsauschusses am 17. Mai 1993 in Neu-Isenburg über seine Arbeiten an einer Datenbank zum Schwinden und Kriechen und über geplante Versuche mit hochfesten Betonen zu diesem – seinem Thema.

1995 trat Herr Prof. Müller die Nachfolge von Herrn Prof. Hilsdorf in Karlsruhe an. Gemeinsam mit Herrn Prof. Eibl leitete er fortan die MPA Karlsruhe, und ich hatte einen neuen Chef.

Im Rahmen einer Strukturreform der MPA Karlsruhe im Jahr 2006, die unter seiner Direktion umgesetzt wurde, übertrug er mir die Leitung der Abteilung Baustoffe.

Vieles ist seitdem geschehen, eines gab es aber nie: einen Tag ohne Ziel.

1 Einführung

Das Prüfen, Überwachen und Zertifizieren von Bauprodukten für Auftraggeber aus der Bau- und Baustoffindustrie stellt das zentrale Arbeitsgebiet der Abteilung I der MPA Karlsruhe dar.

Dabei bildet die gesamte Betontechnologie den Schwerpunkt unserer Tätigkeit. Neben Transportbeton- und Fertigteilwerken sowie Betonbaustellen arbeiten wir für Hersteller von Gesteinskörnungen, Zementen, Zusatzmitteln und Zusatzstoffen und befassen uns mit Mörteln, Putzen und Estrichen. Weiterhin zählen Prüfungen an Betonstählen und mechanischen Betonstahlverbindungen zu unserem Angebot. Untersuchungen an Beschichtungen zum Schutz oder als Abdichtung von Massivbauwerken runden das Profil ab.

Die Kenntnisse der genannten Baustoffe setzen wir bei Bauwerksuntersuchungen ein, um Instandsetzungen vorzubereiten, zu überwachen oder Schadensfälle aufzuklären Hier sind öffentliche Einrichtungen, private Unternehmen, Ingenieurbüros, Sachverständige und Gerichte unsere Auftraggeber.

Zu den Grundlagen unserer Tätigkeiten gehört neben der fachlichen Qualifikation die Anerkennung nach dem Bauproduktengesetz und der Landesbauordnung (0754, BWU01) sowie die aktive Mitarbeit in Arbeitskreisen, Normungsgremien und Sachverständigenausschüssen.

Neben all diesen Aufgaben werden Forschungsaufträge bearbeitet. Die dabei in den letzten Jahren gewonnenen Erkenntnisse werden im Folgenden umrissen.

2 Straßenbau – Leistungsfähige Betonfahrbahnen

Für ein sicheres, leistungsfähiges und umweltgerechtes Straßennetzes sind Bauweisen erforderlich, die wirtschaftlich realisierbar sind und die vor allem die ständig steigende Verkehrsbelastung im Nutzungszeitraum weitgehend schadlos aufnehmen können. Bei besonders hochbelasteten Bundesautobahnen finden vorwiegend Betonfahrbahnen auf Tragschichten mit hydraulischen Bindemitteln (THB) Anwendung. Mit Einführung der Richtlinien für die Standardisierung des Oberbaues von Verkehrsflächen 2001 (RStO 01) wurde die Bauweise Betondecke auf hydraulisch gebundener Tragschicht (HGT) bzw. Verfestigung in direktem Verbund infolge festgestellter negativer und damit kostenträchtiger Erfahrungen aus der Tafel 2 der RStO 01 entfernt.

Hintergrund der Entscheidung waren verschiedentlich festgestellte Schäden, die vor allem auf eine Verschlechterung der Auflagerbedingungen der Betondecke infolge der Erosion an der Tragschicht zurückgeführt wurden. Bild 1 zeigt den dabei entstehenden Spalt zwischen der Tragschicht und der Betondecke. Dies führt zu einer spürbaren Verschlechterung des Gebrauchswertes sowie einer erheblichen Verkürzung der Nutzungsdauer. Gleichwohl liegen auch Erkenntnisse aus Untersuchungen an über 30 Jahre alten Betondecken vor, an denen nach entsprechender Liegezeit keine Erosion und gute Verbundeigenschaften festgestellt wurden.

Zur Vermeidung von Erosionen unter Betondecken und zur Sicherung der dauerhaften Gebrauchstauglichkeit wurde in der Vergangenheit die in der Eignungsprüfung nachzuweisende Druckfestigkeit der THB kontinuierlich erhöht, und zwar von 5 bis 8 N/mm² (1972) über 9 bis 12 N/mm² (1982) bis auf $\geq$ 15 N/mm² (1995). Des Weiteren ist die THB unter den späteren Fugen der Betondecke zu kerben, um eine planmäßige Rissbildung zu gewährleisten. Neben der Festigkeit wird insbesondere der Nachbehandlung im Anschluss an die Herstellung der HGT eine entscheidende Bedeutung hinsichtlich der Erosionsstabilität bzw. der Bildung von Rissen beigemessen.

Grundsätzlich ungeklärt blieb, ob die aufgetretenen Schäden der in der Herstellung vergleichsweise günstigeren Bauweise im direkten Verbund systembedingt oder aber auf individuelle Fehler zurückzuführen sind und hätten vermieden werden können.

Ziel eines arbeitsteilig mit dem Institut für Straßen- und Eisenbahnwesen (ISE) des Karlsruher Instituts für Technologie (KIT) bearbeiteten Forschungsprojektes [1] war es, anhand von systematisch angelegten zerstörungsfreien und zerstörenden Untersuchungen an geschädigten und ungeschädigten Streckenabschnitten eine Antwort auf diese Frage zu geben, und zwar unter Beachtung der Einflüsse aus Nutzung, Klima und baulicher Erhaltung. Die Auswahl umfasste 11 Untersuchungsstrecken im Zuge von Bundesautobahnen, die sich im Wesentlichen durch ihre Bauweise unter Berücksichtigung einer zeitlichen Staffelung in Maßnahmen vor und nach Einführung der ZTVT-StB 95 unterschieden.

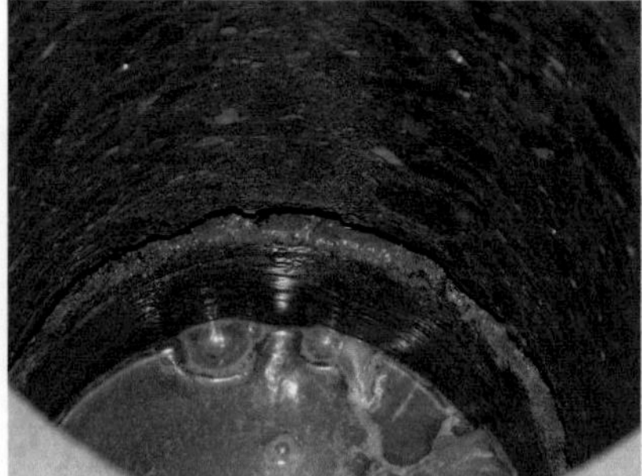

Bild 1   Ablagerungen auf dem Standstreifen - Hinweis auf eine Erosion der Tragschicht (links) und erodierte Tragschicht (rechts)

Mit der angewandten Kombination von Untersuchungsmethoden konnten Bereiche innerhalb der Untersuchungsstrecken zerstörungsfrei selektiert werden, die für die zerstörenden Untersuchungen von Belang waren. Zwar ist der jeweils vorgefundene Zustand nicht automatisch repräsentativ für die jeweilige Strecke, es ergeben sich jedoch aus einer Gesamtschau der Einzelbewertungen allgemeine Erkenntnisse.

Die zerstörungsfreien Messungen mit dem Falling Weight Deflectometer (FWD) führten zu dem Ergebnis, dass Konstruktionen mit Asphaltzwischenschicht, aber auch mit einer erodierten HGT bzw. teilweise aufgelösten Bindemittelmatrix der HGT, gutes bis brauchbares Tragverhalten zeigen. Dies trifft auch auf die noch jungen Bauweisen mit Verfestigungen zu. Bei den übrigen untersuchten Bauweisen mit HGT war das Tragverhalten zum Teil gut bis brauchbar, aber auch schlecht und in Einzelfällen mangelhaft. Eine ähnliche Bandbreite zeigte sich bei Betontragschichten. Die Konstruktionen mit Vlieszwischenlage hatten insgesamt ein positives Tragverhalten. Die zerstörenden Untersuchungen bestätigten in vielen Fällen die festgestellten strukturellen Schwachpunkte, die teilweise sehr kleinräumig und lokal begrenzt waren. Sie zeigten weiterhin, dass die Bauausführung die Eigenschaften der Tragschichten mit hydraulischen Bindemitteln beeinflusst. So kann eine ungleichmäßige Zusammensetzung die Festigkeit der gesamten Schicht lokal vermindern. Dies wurde aber relativ selten festgestellt. Vielmehr zeigte sich eine abnehmende Spaltzugfestigkeit mit zunehmender Tiefe, was auf eine begrenzte Wirksamkeit des Einbaugeräts (Verdichtungswirkung) bzw. auf eine abnehmende Bindemittelmenge mit zunehmender Tiefe hindeutet (Wirkungstiefe der Fräse bei Verfestigungen). Dieser Effekt der abnehmenden Festigkeit mit zunehmender Tiefe ist aber im Hinblick auf die Beurteilung der Verbundzone nicht bedeutsam. Wesentlicher ist die Nachbehandlung der Oberfläche. Die Auswirkung einer mangelnden Nachbehandlung konnte anhand der Ergebnisse von Porenstrukturuntersuchungen verdeutlicht werden. Dass damit auch zwangsläufig eine signifikante Verminderung der Zugfestigkeit (Spaltzugfestigkeit) im Oberflächenbereich verbunden ist, kann aus den Ergebnissen nicht abgeleitet werden.

Analysen zur Zusammensetzung der Tragschichten mit hydraulischen Bindemitteln ergaben keinen Anhaltspunkt dafür, dass bei den vorgefundenen Chloridgehalten von einer maßgebenden Schädigung infolge der Beanspruchung durch Frost in Kombination mit Taumitteln auszugehen ist. Die höchsten Chloridgehalte (ca. 0,1 M.-%) wurden in Strecken festgestellt, die keine Anzeichen einer Frost-Tausalzschädigung erkennen ließen. Demgegenüber fanden sich in Strecken mit einer deutlichen Erosion der Oberfläche Chloridgehalte, die noch der normalen Konzentration in den Ausgangsstoffen (bis ca. 0,02 M.-%) zuzuordnen sind. Eine reine Frostschädigung ist aufgrund der Ergebnisse der Porenstrukturuntersuchungen und zur Wasseraufnahme (Sättigungsgrad) bei diesen Strecken unwahrscheinlich.

Zusammenfassend ist feststellen, dass die Eigenschaften der Tragschichten mit hydraulischen Bindemitteln durch die Bauausführung ungünstig beeinflusst werden können bis hin zu möglichen Ausführungsfehlern. Es ist aber auch deutlich darauf hinzuweisen, dass sich die Eigenschaftsveränderungen infolge der Bauausführung nicht so bestätigten, wie dies ursprünglich erwartet worden war.

Die festgestellten fertigungstechnisch bedingten Inhomogenitäten oder auch Baufehler führen nicht zu dem beobachteten, systematisch auftretenden Problem der Verbundlösung, ausgehend vom Plattenrand (Querfuge), das bei sämtlichen Arten von Tragschichten mit hydraulischen Bindemitteln, die im Verbund mit der Betondecke hergestellt wurden, auftrat.

Es stellt sich folglich die Frage, welche Ursache der Verbundlösung zugrunde liegt bzw. wodurch sie vermieden werden kann.

Eine Frost- bzw. Frost - Tausalzbeanspruchung scheidet aufgrund der Untersuchungsergebnisse als primäre Ursache für diese Erscheinung mit hoher Wahrscheinlichkeit aus.

Weiterhin ist davon auszugehen, dass eine Festigkeitssteigerung, über die derzeitigen Anforderungen für Verfestigungen und HGT hinaus (> 15 N/mm² in der Eignungsprüfung), nicht zur Lösung dieses Problems führt. Dies wird insbesondere dadurch deutlich, dass auch die im Verbund mit der Betondecke hergestellten Betontragschichten, die im Rahmen des Forschungsprojekts untersucht wurden, eine Verbundlösung aufwiesen und sogar in einem Fall, der sicher aus einer extremen Beanspruchung resultiert, eine Erosion der Betontragschicht festzustellen war.

Dementsprechend muss die Modellvorstellung, die dem Trag- und Verformungsverhalten der im Verbund mit der Betondecke hergestellten Tragschichten mit hydraulischen Bindemitteln, speziell der HGT, zugrunde liegt, dahingehend hinterfragt werden, ob diese mit den Untersuchungsergebnissen übereinstimmt.

An Bohrkernen aus Strecken mit einer HGT wurden dynamische E-Moduln aus Laufzeitmessungen bis zu ca. 50.000 N/mm² bestimmt. Rissstrukturen, die auf eine schollenartig gegliederte Tragschicht schließen lassen, zeigten sich an keiner HGT, aus der prüffähige Bohrkerne entnommen werden konnten. Auch bei den Verfestigungen mit deutlich geringeren E-Moduln bis ca. 25.000 N/mm² war keine Rissbildung zu erkennen, die Rückschlüsse auf eine schollenartige Struktur zulassen würde. Das Gleiche trifft auch auf die Betontragschichten mit E-Moduln bis ca. 42.000 N/mm² zu.

Aus dem vorgefundenen Zustand der Tragschichten mit hydraulischem Bindemittel kann man ableiten, dass diese relativ steif sind, wodurch die temperaturbedingten horizontalen Verformungen der zunächst damit verbundenen Betondecke behindert werden.

Folglich entstehen Spannungen in der Verbundzone, die am Plattenrand die Verbundfestigkeit erreichen können, da bei den üblicherweise zu beobachtenden Fugenbewegungen bereits die aufnehmbare Dehnung erreicht bzw. überschritten wird.

Horizontale Plattenbewegungen führen zunächst zum Abscheren in der Verbundzone, und zwar dort beginnend, wo die Verformungen am größten sind – am Plattenrand. In der Plattenmitte tritt praktisch keine Horizontalbewegung auf. Dies veranschaulicht Bild 2, aus dem zu erkennen ist, dass der Verbund in der Plattenmitte besteht, während sich am Plattenrand die Tragschicht von der Betondecke bereits gelöst hat.

Ungleichmäßige Temperatur- und Feuchteänderungen im Querschnitt der Betondecke können weiterhin zum Abheben der Plattenränder von der Tragschicht führen. Passt sich die Unterlage nicht der verformten Betondecke an, so resultieren daraus extreme Beanspruchungen unter Verkehrslast, da die Fahrbahnplatte nicht vollflächiges aufliegt.

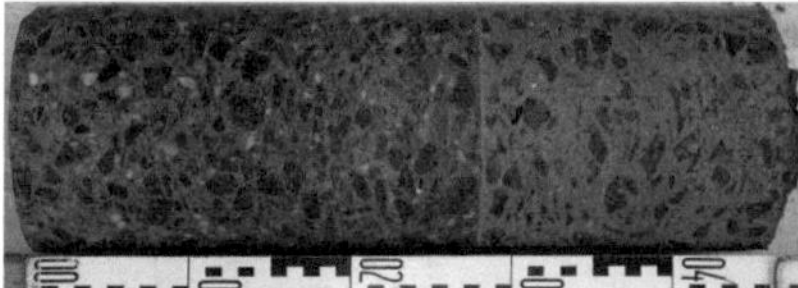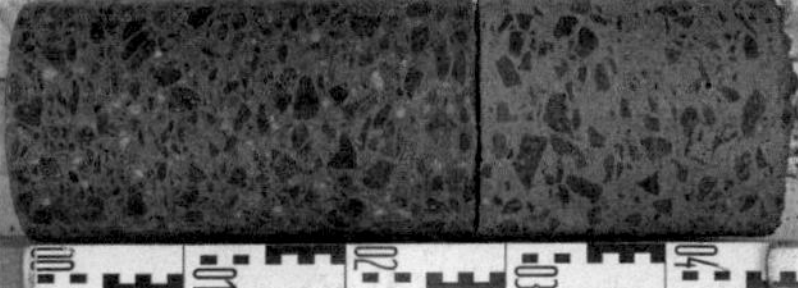

Bild 2   Verbund zwischen der Tragschicht und der Betondecke in der Plattenmitte (links) und getrennte Schichten am Plattenrand (rechts)

Dringt Wasser in die gestörte Verbundzone ein und wird nicht abgeleitet, so entstehen unter Verkehrsbeanspruchung durch Pumpbewegungen der Betondecke hohe Fließgeschwindigkeiten im Spalt zur Tragschicht. Dies kann Erosionsprozesse auslösen.

Folglich sollte die Betondecke auf einer Tragschicht aufgelagert werden, die den Plattenbewegungen (Betondecke) folgen oder diese Bewegungen durch elastische Verformungen kompensieren kann. Dadurch wird eine weitgehend vollständige Plattenauflagerung sichergestellt und ein Abheben der Plattenränder (Aufschüsseln) vermieden. Weiterhin sollte diese Schicht so beschaffen sein, dass in den Fahrbahnaufbau eindringendes Oberflächenwasser abgeleitet wird und sich nicht ansammelt.

Die vergleichsweise einfachste Möglichkeit, diese Anforderungen hinsichtlich der Verformungsfähigkeit und der Wasserdurchlässigkeit zu realisieren, bietet der Einbau einer ungebundenen Schottertragschicht.

Aus den Untersuchungen kann weiterhin abgeleitet werden, dass eine Asphaltzwischenschicht, aber auch eine dünne Bitumenschicht, die primär als Nachbehandlungsmaßnahme eingesetzt wird, sowie eine Zwischenlage aus Vliesstoff die Auflagerungsbedingungen von Betonfahrbahnen auf Tragschichten mit hydraulischen Bindemitteln günstig beeinflussen. Damit wurden die Bauweisen der Tafel 2 der RStO 01 vom Prinzip her bestätigt.

3 Frostbeanspruchte Betonbauwerke – Nachweis der Dauerhaftigkeit

Entsprechend DIN EN 206-1 gilt der Widerstand des Betons gegen Einwirkungen der Umgebung als nachgewiesen, wenn definierte Betoneigenschaften und Grenzwerte für die Zusammensetzung eingehalten werden (deskriptives Normenkonzept). Daneben dürfen die Anforderungen an den Beton alternativ auch anhand leistungsbezogener Entwurfsverfahren abgeleitet werden. Für diesen zweiten Fall der Beurteilung der Leistungsfähigkeit sollen Verfahren dienen, die auf der Grundlage anerkannter und erprobter Prüfungen die tatsächlichen Verhältnisse wiedergeben und die anerkannte Leistungskriterien enthalten.

In Deutschland werden Frostprüfverfahren bislang allerdings nicht als primäres Qualitätssicherungselement im Sinne von DIN EN 206-1, Anhang J eingesetzt, sondern vielmehr als Ergänzung zum deskriptiven Konzept. Anlass hierfür sind in erster Linie Defizite bei den Grundlagen für die Anwendung des deskriptiven Konzeptes, wie z.B. unzureichende Langzeiterfahrungen mit neuen Betonausgangsstoffen und Betonzusammensetzungen, und/oder erhöhte Anforderungen hinsichtlich der Nutzungsdauer und der Versagenswahrscheinlichkeit von Sonderbauwerken, z. B. bei Großprojekten im Verkehrswegebau. Hier wird i. d. R. ein Vergleich zwischen der Leistungsfähigkeit bewährter Betone im Frostprüfverfahren mit der des zu beurteilenden Betons vorgenommen.

Unsicherheiten bestehen bei allen Frostprüfverfahren grundsätzlich hinsichtlich der Frage, inwieweit die im Labor erzielten Prüfergebnisse das Verhalten des Betons in der Praxis widerspiegeln. Dies resultiert u. a. daraus, dass zwischen der Beanspruchung in der Natur und den Frostprüfverfahren erhebliche Unterschiede bestehen können. Sie betreffen neben dem Feuchtezustand der Betone auch die Abkühl- und die Auftaurate, die Maximal- und die Minimaltemperatur sowie den Beanspruchungszeitpunkt (Prüfalter bzw. Reife).

Da die tatsächlichen Bedingungen zu vielfältig sind, als dass ihr Spektrum in einer Laborprüfung umfassend abgebildet werden könnte, stellt ein Prüfverfahren in der Regel eine Konvention dar. Ob eine grundsätzliche Eignung der eingesetzten Verfahren zur Simulation der Frostbeanspruchung von Bauwerken unterstellt werden kann, ist im Wesentlichen davon abhängig, ob es gelingt, die in der Praxis maßgebenden Schädigungsprozesse im Versuch beschleunigt ablaufen zu lassen („Zeitraffereffekt"). Bewirkt eine Überhöhung der Beanspruchung auch eine Veränderung des Schädigungsprozesses, so entsteht ein Schadensbild, das in der Praxis nicht auftritt. Bei zutreffender Simulation ist zu klären, welche Abwitterungen und Zyklenanzahl im Prüfverfahren welchem Schadensbild und Zeitraum in der Praxis, und zwar in Abhängigkeit von den klimatischen Bedingungen am Bauwerksstandort, entsprechen.

Um diese Wissenslücken zu schließen, gründete der Deutsche Ausschuss für Stahlbeton (DAfStb) im Jahr 2000 die Arbeitsgruppe „Übertragbarkeit von Frost-Laborprüfungen auf Praxisverhältnisse", die sich bis zum Jahr 2009 dieser Thematik widmete. Dabei sollten Informationen über die tatsächlichen Beanspruchungen und das Verhalten der eingesetzten Betone in der Frostperiode gewonnen werden und geklärt werden, inwieweit eine Übereinstimmung mit den Laborprüfungen besteht. In einer Gesamtauswertung sollten die Ergebnisse aller Forschungsprojekte gebündelt werden [2].

Neben Laboruntersuchungen mittels des CDF- und CIF-Verfahrens wurden parallel Prüfkörper über mehrere Jahre im Freien ausgelagert und periodisch kontrolliert sowie verschiedene Bauwerke (Kläranlage, Brücken, Schleusen, Tunnel, Kaimauer, Autobahn) untersucht. Weiterhin wurde ein Prüfverfahren zur Simulation der Beanspruchung entsprechend der Expositionsklasse XF2 entwickelt.

Untersuchungen hinsichtlich der Temperaturbeanspruchung von Bauwerken ergaben, dass an einzelnen Frosttagen des Beobachtungszeitraums von 1999 bis 2006 eine maximale Temperaturspanne von 20 K auftrat, und zwar zwischen -10 °C und +10 °C. An einigen Eistagen sank die Temperatur unter -20 °C ab. Die Temperaturspanne der betrachteten Prüfverfahren (CDF und CIF) reicht von -20 °C bis +20 °C ($\Delta T = 40$ K). Die Abkühl- und Auftaurate der Prüfverfahren beträgt 10 K/h. Dieser Wert kann in der Praxis insbesondere an Wasserbauwerken überschritten werden. Beobachtet wurden hier Abkuhlraten bis zu 12 K/h und Auftauraten bis zu 15 K/h. Zu beachten ist, dass diese Extremwerte sehr selten (< 1 %) auftreten und die am häufigsten auftretenden Werte etwa eine Größenordnung niedriger liegen (1 bis 3 K/h). Damit decken die Prüfverfahren (CDF, CIF) extreme Praxisbedingungen an Frost- und Eistagen ab und erzeugen gleichzeitig einen beschleunigenden Effekt, da die Häufigkeit extremer Temperaturspannen, hoher Temperaturänderungsraten und die von Eistagen mit -20 °C in einem Winter sehr gering ist.

Neben der Temperaturbeanspruchung muss auch der Feuchtezustand betrachtet werden, den die Prüfkörper während der Laborprüfung erreichen. Hierbei steht die Frage im Vordergrund, ob dieser Feuchtezustand bzw. der Sättigungsgrad der Randzone des Prüfkörpers den Verhältnissen der zu bewertenden Bauwerksoberfläche im Winter entspricht. Massebestimmungen während der Laborprüfung zeigen stets, dass die Wasseraufnahme der Prüfkörper nach der 7-tägigen Vorlagerung (kapillares Saugen bei 20 °C) nicht beendet ist, sondern sich während der Frostbeanspruchung kontinuierlich fortsetzt. Die Feuchtezunahme während der Frostbeanspruchung kann dabei nach 28 Zyklen im CIF-/CDF-Test Werte erreichen, die dem

Betrag während der Vorlagerung entsprechen oder diesen noch übersteigen. Dieses permanente Feuchteangebot in der Prüfung ist nur vergleichbar mit Bauwerken, bei denen der auftauende Beton in ständigem Kontakt mit Taumittellösung oder Wasser stehen kann, z. B. bei Wasserbauwerken im Bereich der Wasserwechselzone. Dementsprechend sind mit der „Fußbadlagerung" der Prüfkörper im CIF- und CDF-Test extreme Praxisbedingungen hinsichtlich der Feuchteeinwirkung abgedeckt und die Wirksamkeit extremer Temperaturspannen, hoher Temperaturänderungsraten und von Eistagen mit -20 °C in einem Winter sichergestellt.

Tiefe Temperaturen und ein hoher Sättigungsgrad sind jeweils notwendige Kriterien, aber getrennt voneinander keine hinreichenden Kriterien für das Eintreten eines Schadens. Erst in der Kombination wird der Frostschaden möglich. Viele Winter mit jeweils wenigen extremen Frost- und Eistagen werden folglich in der Prüfung komprimiert (Zeitraffer). Eine Arbeitshypothese für den CDF-Test mit 28 Frost-Tauwechseln geht zurzeit von mindestens 50 Wintern aus.

Überwiegend unterliegen Betonflächen von Bauwerken (Brücken, Tunnel, Verkehrsflächen, Wände von Wasserbauwerken oberhalb der Wasserwechselzone) aber Schwankungen im Feuchtegehalt, die dadurch geprägt sind, dass auf eine hohe Wassersättigung stets eine Trocknungsperiode folgt. Der Unterschied des Feuchtegehaltes der Betone in den verschiedenen Expositionsklassen ist schematisch im Bild 3 dargestellt.

Messungen des Feuchtegehalts an Bauwerken ergaben, dass in der Regel der Feuchtegehalt in der Bauteilrandzone nicht über den Wert ansteigt, der sich bei der kapillaren Wasseraufnahme von Betonproben im Labor bei 20 °C einstellt, d. h. der während der 7-tägigen Lagerung (kapillares Saugen) vor dem Beginn der Frostbeanspruchung im CIF- und CDF-Test erreicht wird.

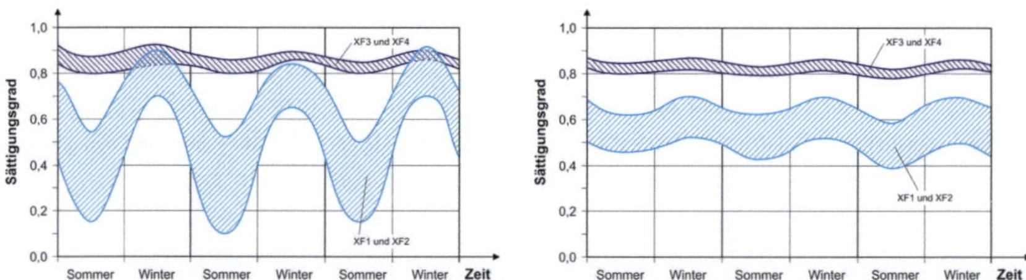

Bild 3   Schematischer Verlauf der jahreszeitlichen Schwankungen des Sättigungsgrades (Feuchtegehalts) von untersuchten Betonbauteilen ohne Luftporenbildner in einer Messtiefe von 7 mm (links) und in einer Messtiefe ab 8 mm bis 30 mm (rechts)

Dementsprechend sollte sich die Beurteilung des Verhaltens von Betonen in Bauwerken ohne ständigen Kontakt des auftauenden Betons mit Wasser bzw. Taumittel an der Häufigkeit von Phasen hoher Wassersättigung in Kombination mit Minimaltemperaturen unter -5 °C orientieren („strenge" Winter). Für den Beobachtungszeitraum von 1999 bis 2006 kann die Häufigkeit der Tage, an denen solche Bedingungen in einem Winter auftreten können, mit tendenziell 2 % der Frosttage (T_{min} < 0 °C, T_{max} > 0 °C) nur grob abgeschätzt werden. Bei Bauteilen mit ständigem Kontakt zwischen auftauendem Beton und Wasser, liegt diese Anzahl höher. Zudem sind bei Wasserbauwerken, deren Wasserwechselzone als typisch für diese Beanspruchung anzusehen ist, betriebs- bzw. gezeitenabhängige Frost-Tau-Wechsel zu berücksichtigen.

Zusammenfassend ist festzustellen, dass es mit dem eingesetzten Verfahren des CDF-Tests zur Simulation der Frost-Tausalzbeanspruchung gelingt, die in der Praxis maßgebenden Schädigungsprozesse im Versuch beschleunigt ablaufen zu lassen („Zeitraffereffekt" der Abwitterung). Die Beanspruchung des Betons in realen Bauwerken wird dabei durch den einachsigen Wärme-, Feuchte- und Taumitteltransport nur über eine Prüfkörperfläche abgebildet. Damit ist auf der Basis der Abwitterung eine Bewertung von Betonen für die Expositionsklasse XF4 sowohl hinsichtlich der mindestens zu fordernden bzw. ausreichenden Leistungsfähigkeit als auch die Überprüfung einer gleichwertigen Leistungsfähigkeit möglich. Das Abnahmekriterium von 1500 g/m² nach 28 Frost-Tauzyklen konnte in den Untersuchungen bestätigt werden.

Zur Bewertung von Betonen für die Expositionsklasse XF2 existiert zurzeit kein eingeführtes Prüfverfahren. Im Rahmen eines Forschungsvorhabens wurde eine Konzeption für ein „modifiziertes CDF-Verfahren (XF2)" erarbeitet. Weiterführende Forschungsarbeiten sind erforderlich, um das Abnahmekriterium zu präzisieren.

Betone für die Expositionsklasse XF3, die mit dem CIF-Verfahren untersucht werden, sind beim Einsatz in Verkehrswasserbauten entsprechend den von der Bundesanstalt für Wasserbau (BAW) aufgestellten Abnahmekriterien zu bewerten. Außerhalb dieses Regelungsbereiches fehlen zurzeit Festlegungen zur Anzahl der Frost-Tauwechsel, die in der Laborprüfung ohne Schädigung des Betons (relativer dynamischer E-Modul RDM $\geq$ 80 %) mindestens zu erreichen sind. Bisher ungeklärt ist weiterhin, inwieweit die in der Laborprüfung gemessene Abnahme des relativen dynamischen E-Moduls als Maßstab für die in der Praxis zu erwartende Schädigung in der Expositionsklasse XF3 herangezogen werden kann.

Besonders zu beachten ist bei der Übertragung der Laborergebnisse, welchen Sättigungszustand die Betonrandzone unter Praxisverhältnissen erreichen kann, und welchem Stadium der Laborprüfung dieser Zustand entspricht. Ein Feuchtegehalt, der zu einem Sättigungsgrad führt, der in der Praxis nicht erreicht wird, führt zu einem unrealistischen Schadensbild. Um unvermeidliche Unterschiede zwischen dem Schadensbild in der Laborprüfung und in der Praxis zu begrenzen, besteht die Aufgabe, die Abnahmekriterien so festzulegen, dass die baupraktischen Erfahrungen getroffen werden.

Im Hinblick auf die Übertragbarkeit von Frost-Labor-Prüfungen auf Praxisverhältnisse ist bei Betonen mit langsamer Erhärtungscharakteristik der zumeist höhere Hydratationsgrad zum Zeitpunkt der tatsächlichen Frosteinwirkung zu berücksichtigen. Zudem wird bei diesen Betonen das Prüfergebnis der Laborprüfung erheblich durch die Carbonatisierung der Prüfkörper im Laborklima von 20 °C und 65 % rel. Luftfeuchte beeinflusst. Folglich ist der Feuchtehaushalt und damit auch der Hydratations- und der Carbonatisierungsfortschritt in der Laborprüfung den Praxisverhältnissen anzupassen, um realistische Prüfergebnisse zu erhalten.

4 Gewässerschutz – Schutz der natürlichen Lebensgrundlagen

Biokraftstoffe (Biodiesel, Bioethanol) und Gemische aus herkömmlichen, mineralölstämmigen Kraftstoffen mit Biokomponenten, z. B. Ottokraftstoff mit Bioethanol (E5, E10, E85) oder Dieselkraftstoff mit Biodiesel (B7) sind vom Deutschen Institut für Bautechnik (DIBt) bei der Erteilung allgemeiner bauaufsichtlicher Zulassungen für Abdichtungsmittel in Anlagen zum Lagern, Abfüllen und Umschlagen wassergefährdender Flüssigkeiten (LAU-Anlagen) zunehmend zu berücksichtigen. Die im Zulassungsverfahren übliche Beurteilung der Beständigkeit eines Abdichtungsmittels gegenüber einer Mediengruppe (Gruppe von Flüssigkeiten mit vergleichbarer chemischer Wirkung auf Abdichtungsmittel) anhand einer Referenzflüssigkeit (aggressivste oder repräsentative Flüssigkeit einer Mediengruppe), ist bei Biokraftstoffen nicht sicher anwendbar. Bereits in die Zulassungsgrundsätze eingeführte Prüfflüssigkeiten (PF) von Mediengruppen, die Biokraftstoffe repräsentieren, wurden bisher weder systematisch mit Handelsprodukten verglichen noch hinsichtlich ihrer Wirkung auf verschiedene Kunststoffe eingehender untersucht. Auch die auf der Basis von Erfahrungen gewählten Zusammensetzungen dieser Prüfflüssigkeiten unterlagen bisher keiner kritischen Bewertung. Bei Prüfungen von Abdichtungsmitteln mit diesen Prüfflüssigkeiten zeigten sich in einzelnen Fällen unterschiedliche und auch widersprüchliche Ergebnisse.

Das Ziel eines Forschungsvorhabens [3] war es, die genannten Aspekte aufzugreifen und eine Grundlage für die Bewertung der zurzeit eingesetzten Prüfflüssigkeiten für Biokraftstoffe zu schaffen. Darüber hinaus sollten Ansatzpunkte erarbeitet werden, die es gestatten, Zusammensetzungen von Prüfflüssigkeiten zu optimieren und/oder neuen Entwicklungen auf dem Gebiet der Biokraftstoffe (z. B. E10) anzupassen. Weiterhin kann die Präzisierung der Zusammensetzungen der Prüfflüssigkeiten dazu beitragen, die Vergleich- und Wiederholbarkeit von Prüfergebnissen im Rahmen der Zulassungsverfahren zu verbessern.

Dafür wurden Vergleichsuntersuchungen durchgeführt, in die Handelsproben verschiedener Biodieselhersteller, Dieselkraftstoffe mit Biodieselanteilen, Bioethanolproben und Mischungen mit Ottokraftstoff sowie bestehende Prüfflüssigkeiten der Zulassungsgrundsätze des DIBt und potenziell neue Prüfflüssigkeiten einbezogen waren.

Für die Untersuchungen dienten allgemein bauaufsichtlich zugelassene Abdichtungsmittel für LAU-Anlagen, und zwar zwei Beschichtungssysteme (EP, PUR) und zwei Kunststoffbahnen (PE-HD, PVC-P). Diese Abdichtungen wurden über 28 Tage in die Kraftstoffe bzw. in die entsprechenden Prüfflüssigkeiten eingelagert. Bei den Beschichtungen erfolgten neben den Einlagerungen auch Druckversuche (1 bar) über 28 Tage entsprechend der Zulassungsgrundsätze des DIBt. Bewertungskriterien für die Wirkung der eingesetzten Flüssigkeiten (Aggressivität, Quellwirkung) und das Verhalten nach der Flüssigkeitsbeanspruchung (Rücktrocknung über 28 Tage) waren die Masse-, die Volumen- und die Härteänderung der Kunststoffe.

Den Aufbau für die Versuche bei 1 bar Überdruck zeigt Bild 4 gemeinsam mit dem Zustand einer Beschichtung, die gegenüber Ottokraftstoff mit einer Beimischung von 10 Vol.-% Bioethanol (E10) unbeständig war.

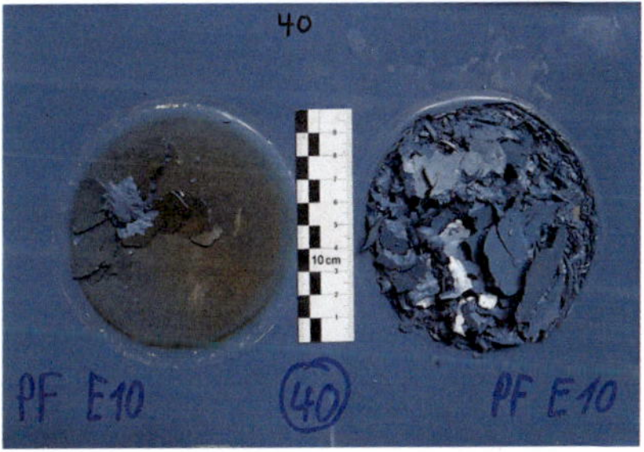

Bild 4   Versuchsstand für die Beanspruchung von Beschichtungen mit Flüssigkeiten unter Überdruck von 1,0 bar (links) und durch PF E10 geschädigte Beschichtung (rechts)

Der Auswahl der Abdichtungsmittel lag der Gedanke zugrunde, dass anhand von Werkstoffen mit deutlich verschiedener Beständigkeit das Wirkungsspektrum der zu untersuchenden Kraftstoffgemische und der entsprechenden Prüfflüssigkeiten sichtbar wird.

Die Beständigkeit der ausgewählten Produkte grenzt in etwa das Leistungsspektrum der zugelassenen Beschichtungssysteme und Kunststoffbahnen für den Einsatz in LAU-Anlagen ab.

Dabei ist darauf hinzuweisen, dass nicht die Prüfung der Beständigkeit der ausgewählten Werkstoffe gegenüber von Biokraftstoffen das Ziel der vorliegenden Arbeit war, sondern die Verifizierung entsprechender Referenzflüssigkeiten. Dementsprechend gab es auch Versuchskombinationen, bei denen davon auszugehen war, dass einzelne der einbezogenen Kunststoffe gegenüber der Flüssigkeit nicht ausreichend beständig sind. Entsprechend des o. g. Ziels wurde damit überprüft, ob die Wirkung der vorhandenen oder potenziellen Prüfflüssigkeiten der der Handels- bzw. Kraftstoffproben entsprach.

Hinsichtlich der Formulierung von Prüfflüssigkeiten für Biokraftstoffe sind neben den gesetzlichen Regelungen (10. BImSchV vom 8. Dezember 2010) auch EU-Richtlinien (z. B. 2009/30/EG), die Vorgaben der Regelwerke (Normen für Kraftstoffe) und Erkenntnisse aus früheren Forschungsarbeiten zu beachten. Ein wesentlicher Aspekt ist aber auch, dass chemisch eindeutig definierte Flüssigkeiten zur Zubereitung der Prüfflüssigkeiten eingesetzt werden sollten. Werden Handelsprodukte bestimmter Hersteller verwendet, so sind Schwankungen in der Zusammensetzung kaum vermeidbar. Diese können aus Folgendem resultieren: der Wahl des Herstellers, der bezogenen Charge, der jahreszeitlich verschiedenen Zusammensetzung und der Lagerungsdauer sowie den Lagerungsbedingungen.

Die Untersuchungen mit Biodieseln verschiedener Hersteller ergaben, dass sich die entsprechend der Zulassungsgrundsätze zu verwendenden Rapsölmethylester zweier Hersteller (PF 7b) in das Spektrum der Wirkungen der untersuchten Biodieselproben einordnen. Dies betrifft die Veränderungen der Kunststoffe sowohl während der Beanspruchung als auch bei der Rücktrocknung. Dementsprechend kann die zurzeit in den Zulassungsgrundsätzen festgelegte Prüfflüssigkeit für Biodiesel als repräsentativ angesehen werden. Eine etwas erhöhte Beanspruchung bzw. Verschärfung der Quellwirkung, die für eine Prüfflüssigkeit typisch wäre, um mit Sicherheit die Wirkung aller am Markt verfügbaren Biodiesel abzudecken, ist damit aber nicht gegeben.

Nach der Einlagerung in Biodiesel trat bei keinem der untersuchten Kunststoffe eine nennenswerte Rücktrocknung ein, d. h. die Masse und die Erweichung (Abnahme der Härte) blieben über den 4-wöchigen Beobachtungszeitraum bei 23 °C und 50 % rel. Luftfeuchte nahezu konstant. Damit wirkt Biodiesel in den untersuchten Kunststoffen praktisch wie ein Weichmacher. Weiterhin wurde beobachtet, dass infolge von Alterungsprozessen die Quellwirkung von Biodiesel zunahm.

Als Referenzflüssigkeit zur Prüfung der Beständigkeit von Kunststoffen gegenüber Biodiesel (Fettsäuremethylester) wird, ausgehend von den erzielten Ergebnissen, Ölsäuremethylester (Methyloleat) vorgeschlagen. Charakterisiert wurde der eingesetzte Ölsäuremethylester mittels GC-MSD. Die Ergebnisse lassen den Schluss zu, dass eine detaillierte Nachstellung der Fettsäureanteile von in Deutschland hergestellten Biodieseln nicht zwingend erforderlich ist. Ein Vorschlag für eine entsprechende Prüfflüssigkeit PF B100 orientiert sich an den Vorgaben der DIN EN 14214 und DIN EN 590. In weiterführenden Untersuchungen sollte überprüft werden, inwieweit die Quellwirkung der vorgeschlagenen PF B100 praxisgerecht verstärkt werden kann, um die Wirkung aller am Markt verfügbaren Biodiesel und auch die von gealtertem Biodiesel sicher abzudecken.

Prüfflüssigkeiten der Zulassungsgrundsätze, die für die Gemische mit 5 Vol.-% und 20 Vol.-% Biodieselanteil (PF 3a und 3b) eingesetzt werden, weisen eine höhere Quellwirkung auf als die untersuchten Handelsprodukte (Dieselkraftstoff B7 von Tankstellen). Dies kann im Wesentlichen auf die ausreichend bemessene Quellwirkung der Prüfflüssigkeit F nach DIN ISO 1817 zurückgeführt werden, die Hauptbestandteil der PF 3a bzw. 3b ist. Infolge von Alterungsprozessen des Biodiesels verstärkte sich die Quellwirkung der untersuchten Gemische mit 5 Vol.-% und 20 Vol.-% Biodieselanteil.

Im Hinblick auf die Formulierung neuer Prüfflüssigkeiten für Gemische aus Dieselkraftstoff bzw. Heizöl EL und Biodiesel kann aus den Untersuchungen abgeleitet werden, dass die Prüfflüssigkeit F nach DIN ISO 1817 unverändert als Basis dienen sollte. Die bisher eingesetzten Biodiesel sind grundsätzlich als Beimischungen geeignet und können beibehalten werden. Sobald eine neue PF B100 auf der Basis von Methyloleat verfügbar ist, kann diese als Beimischung verwendet werden. Der Nachweis der Eignung solcher Mischungen wäre aber in zukünftigen Untersuchungen noch zu erbringen.

Untersuchungen zur Wirkung von Bioethanol auf Kunststoffe erfolgten mit entsprechenden Handelsproben, mit Ethanol ($\geq$ 99,8 %), mit Prüfflüssigkeiten der Zulassungsgrundsätze des DIBt (PF 5, 5a, 5b) und einer potenziellen Prüfflüssigkeit für Bioethanol (PF E100), die auf den Vorgaben in der DIN EN 15376 basiert. Bei den Beschichtungen (EP, PUR) wurde die Wirkung von Bioethanol durch die existierenden Prüfflüssigkeiten PF 5 und 5b nicht erreicht. Die PF 5a schädigte demgegenüber zu stark. Weiterhin war die Wirkung nicht identisch mit der von Ethanol und der potenziellen PF E100. Bei Kunststoffbahnen (PE-HD, PVC-P) entsprach die Wirkung der Bioethanolproben der von Ethanol und auch der potenziellen PF E100. Um einen Ansatz für die Erklärung der Beobachtungen bei den Beschichtungen zu liefern, erfolgten Analysen der Bioethanolproben mittels GC-MSD. Anhand dieser Analysen ist zu erkennen, dass in den Bioethanolproben neben höheren Alkoholen auch Essigsäureester und Acetaldehyd sowie entsprechende Verbindungen dieser Stoffe in geringen Anteilen enthalten sind.

Mit der einbezogenen potenziellen PF E100 und der in den Zulassungsgrundsätzen festgelegten Prüfflüssigkeit PF 1 ist es möglich, Modellmischungen für Ottokraftstoffe mit Bioethanolanteilen herzustellen, z. B. für E85 und E10. Aus den Untersuchungen mit den Beschichtungen folgt, dass die Spannweite der Wirkungen zwischen der PF 1 und der PF 1a zu groß ist. Beschichtungen, die gegenüber Mischungen mit Ottokraftstoff (E85 und E10) möglicherweise eine ausreichende Beständigkeit aufweisen, können mit der PF 1 nicht sicher beurteilt werden und versagen u. U. bei der Prüfung mit der PF 1a. Folglich sollte hier die Möglichkeit eröffnet werden, mit Prüfflüssigkeiten zu arbeiten, die sich zwischen den Wirkungen der

PF 1 und der PF 1a einordnen lassen. Untersuchungen mit entsprechenden Modellmischungen für E85 nach DIN 51625, Tabelle 2, zeigten für EP und PUR, dass E85 in der Zusammensetzung "Winter" ein stärkeres Quellen verursachen kann als in der Zusammensetzung "Sommer". Mit der PF E85 Sommer wird etwa die Wirkung der E85-Handelsproben erreicht. Als potenzielle Prüfflüssigkeit für E85 ist folglich die Variante PF E85 Winter zu empfehlen. Um Mischungen aus der Prüfflüssigkeit PF 1 und der potenziellen PF E100 besser beurteilen zu können, wären weitere Untersuchungen erforderlich. Dies betrifft sowohl die Frage, bei welchem Ethanolanteil die Quellwirkung ein Maximum erreicht, als auch den Vergleich mit Handelsproben (E10).

Ein anderes Bild lieferten die Untersuchungen mit den Kunststoffbahnen (PE-HD, PVC-P). Hier unterschieden sich die Quellwirkungen der PF 1 und der PF 1a kaum von der potenziellen Prüfflüssigkeit für E10 (PF E10). E85 bewirkte bei PVC-P etwa vergleichbare Masse- und Härteänderungen und bei PE-HD geringere. Somit ist bei Kunststoffbahnen keine Notwendigkeit erkennbar, die Prüfflüssigkeiten der Mediengruppe 1 um Prüfmischungen für E85 und E10 zu ergänzen.

Literatur

[1]   Roos, R.; Freund, H.-J.; Stammler, L.; Großmann, A.; Müller, H. S.; Guse, U.; Foos, S.: Untersuchungen an Betonfahrbahnen mit hydraulisch gebundenen Tragschichten. Schriftenreihe Forschung Straßenbau und Straßenverkehrstechnik des BMVBS Abt. Straßenbau, Straßenverkehr, Bonn, Heft 942, 2006

[2]   Müller, H. S.; Guse, U.: Zusammenfassender Bericht zum Verbundforschungsvorhaben "Übertragbarkeit von Frost-Laborprüfungen auf Praxisverhältnisse". Schriftenreihe Deutscher Ausschuss für Stahlbeton, Heft Nr. 577, Beuth Verlag, Berlin, 2010

[3]   Guse, U.; Malárics, V., Ruhl, V.: Verifizierung von Referenzflüssigkeiten zur Beurteilung der Beständigkeit von Beschichtungen und Kunststoffbahnen gegenüber Biokraftstoffen. Abschlussbericht der MPA Karlsruhe zum Forschungsauftrag im Rahmen des Länderfinanzierungsprogramms „Wasser, Boden und Abfall", 2011

Lutz Gerlach

Die Abteilung II
– Bauteile –
der MPA Karlsruhe

**Dipl.-Ing.
Lutz Gerlach**

Leiter der Abteilung II der
MPA Karlsruhe

Karlsruher Institut für
Technologie (KIT)
Gotthard-Franz-Str. 3
76131 Karlsruhe
E-Mail:
gerlach@mpa-karlsruhe.de

Vorwort

Nachdem mein direkter Chef, Herr Prof. Dr.-Ing. Josef Eibl, krankheitsbedingt ausgefallen war, hatte ich meinen ersten Kontakt mit Herrn Prof. Dr.-Ing. Harald S. Müller im Rahmen meiner Vereidigung nach meinem Eintritt am Institut für Massivbau und Baustofftechnologie, MPA Karlsruhe der Universität Karlsruhe (TH) im September 1996. Da ich auch auf den Gebieten Abbruch und Recycling von Massivbauwerken gearbeitet habe, ergaben sich erste inhaltlich geprägte Berührungen im Rahmen von Stellungnahmen zu diesem Thema.

Im Jahr 2000 habe ich die Leitung des Versuchsbetriebs der Abteilung Massivbau übernommen und bin seit dem Jahr 2005 Leiter bzw. stellvertretender Leiter der anerkannten Prüf-, Überwachungs- und Zertifizierungsstelle nach Landesbauordnung Baden-Württemberg bzw. der anerkannten und notifizierten Prüf-, Überwachungs- und Zertifizierungsstelle nach Bauproduktengesetz am Institut beziehungsweise der MPA Karlsruhe, so dass die Zusammenarbeit mit Herrn Prof. Müller intensiviert wurde. Nach der Umstrukturierung der Materialprüfanstalt zur eigenständigen Betriebseinheit der Fakultät für Bauingenieur-, Geo- und Umweltwissenschaften mit der Bezeichnung Materialprüfungs- und Forschungsanstalt, MPA Karlsruhe unter der Leitung von Herrn Prof. Müller im Jahr 2006 habe ich die Leitung der Abteilung II – Bauteile – übertragen bekommen.

1 Bauteilprüfungen

Die Bauteilprüfung befasst sich mit dem Verhalten und den Kenngrößen von Bauteilen. Untersucht werden die Bauteile dabei unter mechanischen, chemischen oder thermischen Einwirkungen. Erfasst und gegebenenfalls bewertet werden beispielsweise das Trag- und Verformungsverhalten, die Gebrauchstauglichkeit, die Tragfähigkeit, die Dauerhaftigkeit oder die Dauer- bzw. Betriebsfestigkeit der geprüften Bauteile und Baukonstruktionen. Hinsichtlich der Werkstoffe der Versuchskörper bestehen keinerlei Einschränkungen, wobei das Hauptarbeitsgebiet der Materialprüfungs- und Forschungsanstalt, MPA Karlsruhe im Bereich des Betonbaus liegt. Grundsätzlich wird zwischen zerstörenden und zerstörungsfreien Prüfungen unterschieden.

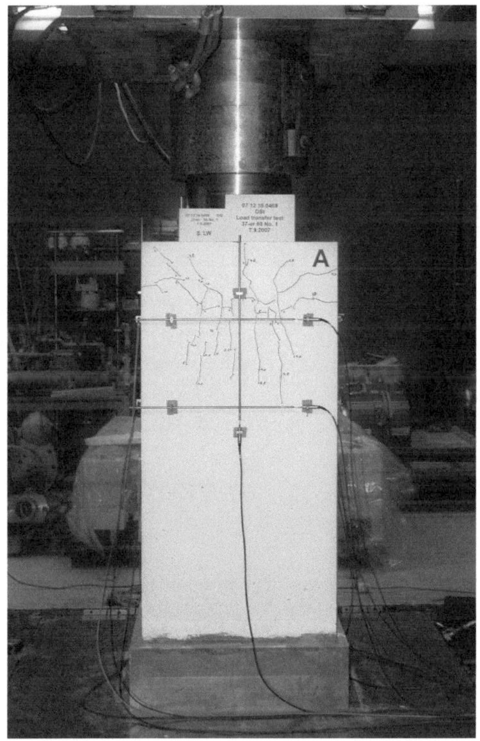

Bild 1   Ankerkörper-Beton- (AKB-) Versuch im Rahmen von Zulassungsprüfungen nach ETAG 013 für ein Spannverfahren in der Universal-Baustoffprüf-Presse UBP 15 000 kN

Gegenstand der Bauteilprüfungen sind überwiegend Versuchskörper, bei denen nicht die Eigenschaften der einzelnen im Bauteil verwendeten Baustoffe, sondern das Zusammenwirken aller verwendeten Komponenten zu prüfen ist. Dies führt in der Regel zu original- oder großmaßstäblichen Belastungsprüfungen. Durch die variable Ausstattung der Versuchshalle im mechanischen sowie im hydraulischen Bereich können die Versuchsaufbauten sehr flexibel an die Geometrie der zu prüfenden Bauteile angepasst werden. Hierzu stehen neben dreizehn hydraulischen, servo-hydraulischen und elektromechanischen Prüfmaschinen unterschiedlichster Größe und mit einer Kapazität von bis zu 15 000 kN, eine große Anzahl von Spannwänden, Portalen und ähnlichen Baukastenelementen für das 14 m × 24 m große Prüffeld zur Verfügung, die mit verschiedenen Prüfzylindern kombiniert werden können.

Bild 2   Prüfung eines Balkonplattenanschlusses mit mehraxialer Lasteinleitung im Rahmen von Zulassungsprüfungen auf dem Prüffeld

Die Prüfungen an Bauteilen werden normalerweise auf der Grundlage nationaler oder internationaler technischer Spezifikationen im Sinne von Normen, Zulassungsleitlinien und Prüfgrundsätzen durchgeführt. Jedoch finden auch produkt- oder kundenspezifische Vorgaben sowie selbst entwickelte Prüfverfahren Anwendung. Dies ist beispielsweise auch im Rahmen von Forschungs- und Entwicklungsvorhaben sowie bei der Validierung von Berechnungsverfahren oder Simulationsprogrammen durch messtechnisch umfangreich instrumentierte Versuche erforderlich.

Die Bauteilprüfung bildet im Labor verschiedene Stadien oder Zustände ab, die bei einem Produkt oder Bauteil in der Anwendung auftreten können. So unterstützen diese Prüfungen bereits die Optimierung von Produkten bei der Entwicklung und bei der Ermittlung des Leistungspotentials. Des Weiteren finden Bauteilprüfungen im Rahmen von Zustimmungen im Einzelfall, Zulassungsprüfungen oder Erstprüfungen statt. Sie sind je nach Produkt oder Bauteil bzw. den daran gestellten Anforderungen auch Gegenstand der Fremdüberwachung als produktionsbegleitende Qualitätssicherungsmaßnahme.

Ein weiteres Arbeitsgebiet der Bauteilprüfung ist die Untersuchung von Schadensfällen im Rahmen der Erstellung von Sachverständigengutachten. In Analogie zum breiten Anwendungsfeld der Bauteilprüfung werden an der MPA Karlsruhe auch anwendungsorientierte, typischerweise experimentelle Forschungsthemen aus dem Bereich des konstruktiven Ingenieurbaus bearbeitet. Oftmals werden hierzu neue Prüfmethoden und Beurteilungsverfahren für Bauteile und Baukonstruktionen entwickelt. Typische Themenfelder der Bauteilprüfung an der MPA Karlsruhe sind die Konstruktion, Bemessung, Erhaltung und Verstärkung von Tragwerken aus Stahl- und Spannbeton, unbewehrtem Beton und Mauerwerk, Spannverfahren, Bewehrungs- und Befestigungstechnik, Fahrbahnübergangskonstruktionen, Lager im Bauwesen und Erdbebenvorrichtungen.

Im Themenfeld Konstruktion, Bemessung, Erhaltung und Verstärkung von Tragwerken aus Stahl- und Spannbeton, unbewehrtem Beton und Mauerwerk sind aktuell typische Untersuchungen die Prüfung von Fertigteilstützen oder unbewehrten und schwach bewehrten Betonwänden für Sonderanwendungen im Hoch- und Ingenieurbau für Zustimmungen im Einzelfall. Untersuchungen zur Verstärkung von Mauerwerk zur Erzeugung einer höheren Duktilität der aussteifenden Wände für den Lastfall Erdbeben, so dass bestehende Mauerwerksbauten erhalten und einer weiteren Nutzung auf einem dem Neubau ähnlichen Sicherheitsniveau zugeführt werden können, werden seit vielen Jahren durchgeführt. Untersuchungen an Wänden aus Schalungssteinen aus unterschiedlichen Materialien und dem zugehörigen unbewehrten oder bewehrten Beton oder auch Untersuchungen zum Tragverhalten und Versagen von historischem Mauerwerk, am Originalmaterial aber auch an den Materialkombinationen, die im Rahmen der Instandsetzung verwendet werden sollen, gewinnen in naher Zukunft an Bedeutung.

2 Spannverfahren, Bewehrungs- und Befestigungstechnik

Im Rahmen von Zulassungsprüfungen sowie der Entwicklung und Überwachung von Spannverfahren werden an der MPA Karlsruhe entsprechende Prüfungen an Produkten verschiedenster Hersteller durchgeführt. Hierbei werden vor allem die Aspekte Ermüdungsfestigkeit, Tragfähigkeit und Gebrauchstauglichkeit untersucht. Zum Nachweis der Ermüdungsfestigkeit neu entwickelter Spannverfahren werden im Rahmen des Zulassungsverfahrens Dauerschwellversuche, wie in Bild 3 dargestellt, durchgeführt. Die MPA Karlsruhe verfügt dafür über Prüfeinrichtungen unterschiedlicher Größe und Kapazität. Ergänzt werden diese Prüfungen durch den statischen Zugversuch. Durch langsames Steigern der aufgebrachten Zugkraft bis zum Versagen des Spannglieds wird hierbei die maximale Tragfähigkeit ermittelt. Im Lastübertragungsversuch, wie in Bild 1 dargestellt, wird der Lasteinleitungsbereich des Ankerkörpers im vorzuspannenden Bauteil untersucht.

Bild 3   Zugversuch an einer Kopplung im Rahmen von Zulassungsprüfungen nach ETAG 013 für ein Spannverfahren in der liegenden Zug-Druck-Prüfmaschine ZD 3000 kN

Im Themenfeld Bewehrungs- und Befestigungstechnik untersucht die MPA Karlsruhe unter anderem Querkraftdorne für den Hochbau aber auch für den Tunnelbau. Dies erfolgt im Rahmen von Forschungs- und Entwicklungsprojekten von Industriekunden. Bewehrungselemente aus anderen Materialien, zum Beispiel glasfaserverstärktem Kunststoff, und Balkonplattenanschlüsse, wie in Bild 2 dargestellt, werden ebenfalls untersucht. Immer wieder wird die Beurteilung von Bauwerken hinsichtlich der Verwendbarkeit von Befestigungsmitteln durchgeführt.

3 Untersuchungen an Lagern und Fahrbahnübergangskonstruktionen

Experimentelle Untersuchungen an Lagern verschiedener im Bauwesen eingesetzter Konstruktionsarten stellen ein spezielles Aufgabengebiet der MPA Karlsruhe dar. Im Rahmen von Zulassungsprüfungen und Erstprüfungen nach europäischen harmonisierten technischen Spezifikationen sowie im Rahmen der Fremdüberwachung für allgemeine bauaufsichtliche Zulassungen und der Entwicklung von Lagern werden Prüfungen für verschiedene Herstellern an der MPA Karlsruhe durchgeführt. Hierbei werden die Aspekte Ermüdungsfestigkeit, Tragfähigkeit und Gebrauchstauglichkeit untersucht. Das Spektrum der regelmäßig geprüften Lager reicht von Elastomerlagern mit und ohne Bewehrung bzw. mit und ohne Gleiteigenschaften zur Anwendung im Hochbau, über bewehrte Elastomerlager bis zu Topf- und Kalottenlagern für die Verwendung im Ingenieurbau. Auch Erdbebenvorrichtungen, wie in Bild 4 dargestellt, werden geprüft.

Fahrbahnübergangskonstruktionen werden zurzeit noch nach nationalen Regelwerken geprüft, hierbei stehen Lamellenübergänge an der MPA Karlsruhe im Vordergrund. Nachdem sich die diesbezügliche Regelsetzung in absehbarer Zeit ändern wird, ist davon auszugehen, dass Prüfungen auf diesem Themenfeld in nahezu der kompletten Breite der Produktpalette bei uns durchgeführt werden.

Bild 4   Schubprüfung an einem elastomeren Erdbebenisolator im Rahmen einer Losabnahme nach Vorgaben des Auftraggebers in der Universal-Baustoffprüf-Presse UBP 15 000 kN in Kombination mit dem zugehörigen Schubprüfstand für Brückenlager

4 Weitere Arbeitsfelder und Zusammenfassung

Auf Grund der flexiblen technischen Ausstattung führt die MPA Karlsruhe auch prüftechnische Untersuchungen auf ganz anderen Gebieten durch. Das Spektrum reicht von winzigen Kunststoffschrauben für den Medizingerätebau, Verbindungsmitteln für großflächig erweiterbare Bühnentechnikelemente über Kraftmesselemente für den Kranbau zu Dehnmessschrauben. Die durchgeführten Prüfungen an Glasplatten als pflegeleichtem Wandbelag für die Lebensmittelindustrie oder an Getrieben im Dauerschwingversuch im Rahmen der Entwicklung der Getriebegehäuse und der zugehörigen Berechnungssoftware zeigen die Bandbreite der "exotischen" Aufgaben auf. Außergewöhnlich große Aufbauten wurden in Zusammenarbeit mit der Abteilung III bei Versuchen zum Leckageverhalten von Kernkraftwerkcontainments an Ausschnitten im Originalmaßstab für nationale und ausländische Auftraggeber realisiert.

Auf den meisten der oben genannten Themenfelder arbeiten Mitarbeiter der Abteilung II – Bauteile – bei der nationalen Regelsetzung beim Deutschen Institut für Bautechnik (DIBt), der Bundesanstalt für das Straßenwesen (BASt) oder dem Deutschen Institut für Normung e.V. (DIN) mit. Das Gleiche gilt für die europäische Regelsetzung bei der Europäischen Organisation für Technische Zulassungen (EOTA) und bei der Commission European Normative (CEN).

Nico Herrmann

Die Abteilung III
– Sonderprüfungen / Messtechnik –
der MPA Karlsruhe

**Dr.-Ing.
Nico Herrmann**

Leiter der Abteilung III
- Sonderprüfungen /
Messtechnik -
der MPA Karlsruhe

Karlsruher Institut für
Technologie (KIT)
Gotthard-Franz-Str. 3
76131 Karlsruhe
E-Mail:
herrmann@mpa-karlsruhe.de

Vorwort

Als ich im Mai 1995 unter Prof. Dr.-Ing. Josef Eibl am Institut für Massivbau und Baustofftechnologie in der Abteilung Massivbau anfing, wurde bereits einige Monate danach der damalige Lehrstuhl für Baustofftechnologie durch Prof. Dr.-Ing. Harald S. Müller wiederbesetzt. In den ersten Jahren hatte ich leider sehr wenig Gelegenheit, ihn näher kennenzulernen, da die Projektarbeit zu meiner Promotion im Vordergrund stand. Mit der Übernahme der Verantwortung für Finanzen und Forschung im Bereich Massivbau ergaben sich mit der Zeit naturgemäß immer mehr Berührungspunkte mit Prof. Müller. Viele strategische Dinge mussten besprochen werden und vor allem die finanzielle Situation der MPA Karlsruhe, damals noch Bestandteil des Instituts, musste in Zeiten schwacher Baukonjunktur immer wieder aufs Neue analysiert werden.

Im Zuge der Neustrukturierung der MPA Karlsruhe als eigenständige Einrichtung der Fakultät für Bauingenieur-, Geo- und Umweltwissenschaften im Jahre 2006 gab mir Prof. Müller mit der Ernennung zu seinem Stellvertreter die Gelegenheit, zur neuen Struktur und deren Umsetzung maßgeblich betragen zu dürfen. Betrachtet man die heutige MPA Karlsruhe, so kann man seine Handschrift in allen Bereichen erkennen und man kann mit Stolz behaupten, dass mit ihm ein hohes Maß an struktureller und finanzieller Eigenständigkeit dieser Einrichtung erreicht werden konnte.

Für die Möglichkeit, in diesem Prozess erfolgreich mitwirken und mich beruflich und auch persönlich weiterentwickeln zu können, danke ich Prof. Müller von ganzem Herzen.

1 Einleitung

Die Abteilung III – Sonderprüfungen/Messtechnik – deckt die Arbeitsbereiche der messtechnischen Dienstleistungen (z. B. Bauwerksmonitoring), der baudynamischen Untersuchungen und ein Großteil der Forschungsaktivitäten der MPA Karlsruhe ab. Der messtechnische Dienstleistungsbereich verfügt über Messverstärker und Vielstellenmessanlagen zur Registrierung von Messsignalen, die den kompletten Geschwindigkeitsbereich von Kriechversuchen bis hin zu Abtastfrequenzen im Bereich von bis zu 25 MHz abdecken. Im Folgenden soll anhand von Arbeiten zur Schwingungssanalyse, zum Bauwerksmonitoring sowie am Beispiel von zwei aktuellen Forschungsprojekten aus dem Bereich der Reaktorsicherheit das Leistungsspektrum der MPA Karlsruhe bei hochdynamischen und realmaßstäblichen Versuchen sowie bei dynamischen Untersuchungen direkt am Bauwerk dargestellt werden.

2 Schwingungs- und Erschütterungsanalyse

Zu den Standardfällen der Baudynamik zählen spätestens seit Beginn des 20. Jahrhunderts und der Ausstattung der Läuteanlagen mit elektrischen Antrieben Schwingungsprobleme an Kirchtürmen. Da sich diese nur in seltenen Fällen rein rechnerisch lösen lassen, zählen Schwingungsmessungen an Glockentürmen zu den regelmäßig durchgeführten Untersuchungen der MPA Karlsruhe. Hierbei werden die Grundbiegeeigenfrequenzen der Türme in Läute- und in Querrichtung durch einen Unwuchterreger angeregt, durch im Vorfeld installierte Beschleunigungsaufnehmer ermittelt und mit dem zur Verfügung stehenden mobilen Messlabor registriert und ausgewertet. Beispielhaft ist dies in Bild 1 für die Kirche St. Johannes in Obereschach (Kreis Ravensburg) dargestellt.

Zur Beurteilung der Beanspruchungen aus dem Läuten der Glocken werden die horizontalen Schwingwegamplituden oder eine andere daraus abgeleitete Schwingungsgröße im Bereich der Mauerkrone gemessen. Außerdem werden zur Ermittlung der Glockenlagerkräfte auch die Läutewinkel messtechnisch bestimmt. Die Ergebnisse werden anhand der DIN 4178 [1] ausgewertet und beurteilt.

Wenn erforderlich, können auch weitere zusätzliche Untersuchungen durchgeführt werden, wie beispielsweise die Beobachtung von Rissbewegungen, die Analyse des Verhaltens des Glockenstuhls und die Weiterleitung von Bewegungen in angrenzende Bauwerke sowie die Messung ähnlicher schwingungsinduzierter Effekte. Anhand der Messergebnisse können dann Maßnahmen zur Schwingungsreduktion empfohlen oder Hinweise zu einer geplanten Umgestaltung, Erweiterung oder Sanierung des Geläuts gegeben werden.

Bild 1   Schwingungsmessung am Kirchturm von St. Johannes in Obereschach mit Hilfe des mobilen Messlabors

Baubegleitende Erschütterungsüberwachungen, wie sie beispielsweise dauerhaft ab dem Jahr 2001 an der Großbaustelle des Kraftwerksneubaus Rheinfelden zur Begrenzung und Kontrolle der durch die Baumaßnahme verursachten Erschütterungseinwirkungen auf benachbarte Industrieanlagen, Büro- und Wohngebäude sowie das vorhandene Stauwehr erfolgen, sind ein weiteres Arbeitsgebiet der MPA Karlsruhe.

Die Ursachen für solche Erschütterungen können hierbei Sprengungen zur Gesteinslockerung sowie allgemeine Ramm- oder Bohrarbeiten sein. Die MPA Karlsruhe verfügt über ein breites Spektrum an Messsystemen, um Schwingungen und

Erschütterungen zu detektieren und zu analysieren. Je nach Anforderung werden die gemessenen Beschleunigungszeitverläufe in Spektren der Schwingfrequenzen überführt und bautechnisch interpretiert.

3 Bauwerksüberwachung und -monitoring

Sowohl während der Baumaßnahmen als auch bei der Nutzung von Bauwerken ergeben sich oft Fragestellungen, die eine Überwachung bzw. ein fortlaufendes Monitoring des Baustoff- sowie des Bauwerkverhaltens erfordern. Auf diesem Gebiet ist die MPA Karlsruhe bereits seit langer Zeit tätig, wie die folgenden Beispiele belegen.

Ein Beispiel für die Überwachung von Bauwerken ist die Installation eines Monitoringsystems zur Dehnungs- und Rissüberwachung an der die Rheintalbahnstrecke überspannenden Unionbrücke in Offenburg, deren Untersicht mit den für die Applikation der Risssensoren vorbereiteten hellen Bereichen im Bild 2 dargestellt ist.

Bild 2   Untersicht der Unionbrücke in Offenburg während der vorbereitenden Arbeiten zur Applikation der Rissüberwachung (Sensorpositionen liegen in den hellen Bereichen)

Die MPA Karlsruhe führt hier in Absprache mit dem planenden Ingenieurbüro an einer Vielzahl ausgewählter Positionen Dehnungsmessungen an Bewehrungsstäben und Zuggliedern durch. Die Messaufnehmer wurden im Zuge einer aufwändigen Sanierungsmaßnahme installiert und sollen über den Zeitraum von Jahrzehnten zur Überwachung des Brückenverhaltens betrieben werden.

Die im Zuge dieser Sanierung und Ertüchtigung neu errichteten Strukturelemente übernehmen lediglich bei einer Überlastung der Altkonstruktion zusätzliche Kräfte. Derartige Lastumlagerungen können durch Dehnungsmessungen mit Hilfe der Dehnmessstreifentechnik detektiert und entsprechende Überprüfungsmaßnahmen eingeleitet werden. Das Bild 3 zeigt zwei der installierten Messstellen auf einem Bewehrungsstab im Bereich des zur Verstärkung aufgebrachten Aufbetons.

Bild 3   Dehnungsmessstellen an der Unionbrücke in Offenburg

Jede Messstelle verfügt über eine separate Temperaturkompensation durch eine unbelastete zusätzliche Messstelle, die in spezieller Weise in die Messschaltung integriert wurde. Insgesamt wurden 40 Dehnungsmessstellen installiert, die durch weitere Messungen zur Rissdetektion an der Unterseite der Brücke ergänzt werden. Die benötigten Messkabel wurden in Kunststoffschläuche eingeführt und einbetoniert. Ein derartiger Schlauch ist im oberen Bereich des Bildes 3 zu erkennen. Die auf die Bewehrungsstäbe applizierten Dehnungsmessstreifen sind durch PVC-Rohre geschützt, die bereits vor dem Einbau auf der Baustelle montiert wurden, wobei diese Rohre zusätzlich die Funktion übernehmen, im mittleren Bereich der Bewehrungsstäbe keinen Verbund zuzulassen. Somit wird sichergestellt, dass im Bereich der freien Stablänge die Dehnung der Stäbe zwischen den im Verbund zum Beton befindlichen Verankerungsbereichen korrekt gemessen werden kann.

Ähnliche Überwachungsmaßnahmen wie die oben beschriebenen wurden in der Vergangenheit auch schon an Hochbauten und Silobauwerken durchgeführt und werden gegenwärtig insbesondere an der Schwarzwaldhalle in Karlsruhe betrieben. Die 1953 erbaute Halle zählt zu den Kulturdenkmälern Baden-Württembergs und verfügt über eine kühne Dachkonstruktion, die teilweise nur eine Dicke von 50 mm aufweist und längs und quer vorgespannt ist. Die Spannglieder sind in Längsrichtung gleichmäßig über die Breite des Daches verteilt, während die Querspannglieder in Rippen angeordnet sind. Um den Zustand des filigranen Daches zu überwachen, wurden die Spannglieder schon mehrfach in Intervallen von einigen Jahren untersucht. Bei jeder dieser Untersuchungen musste die Betonüberdeckung an ausgewählten Stellen entfernt und der Spannstahl freigelegt werden.

Im Zuge der jüngsten Sanierung der Wärmeisolierung des Daches wurde von der MPA Karlsruhe ein Überwachungskonzept vorgeschlagen und umgesetzt, das ein Monitoring des Hallendachs über den Zeitraum von mehreren Jahren unter der Einwirkung verschiedener Lasten sowie unter Berücksichtigung des Alterns der Baustoffe einschließt und durch rechnerische Untersuchungen mit Hilfe der Finite-Elemente-Methode ergänzt wird. Mittlerweile wird die dort installierte Messanlage seit nahezu fünf Jahren betrieben und liefert Daten, die vom beurteilenden Ingenieur genutzt werden, um eine jeweils aktuelle Beurteilung zum Zustand des Hallendaches geben zu können.

Begleitet werden die Messungen von Finite-Elemente-Berechnungen, die auf Basis von ebenfalls durchgeführten Schwingungsmessungen kalibriert wurden und durch weitere Modellverbesserungen mittlerweile in der Lage sind, Szenarien für den Ausfall einzelner Spannglieder zu berechnen.

Durch die beschriebenen Bauwerksüberwachungen können aufwändige, meist zerstörende Überprüfungen zum größten Teil substituiert werden und somit ein wichtiger Beitrag zum Erhalt teilweise historischer, aber vor allem auch infrastrukturell wichtiger Bausubstanz geleistet werden.

4 Reaktorsicherheitsforschung

Fragestellungen zu baulichen Strukturen vor dem Hintergrund der Reaktorsicherheitsforschung sind naturgemäß mit dem Verständnis der verwendeten Baustoffe gekoppelt. Hierzu werden Materialgesetze und Ingenieurmodelle entwickelt und anhand von Versuchen validiert. Außer dem Verhalten des ungestörten Betons ist vor allem auch das Verhalten des Betons im geschädigten Zustand von höchstem

Interesse. Dies gilt im Hinblick auf die Resttragfähigkeit nach außergewöhnlichen Belastungen wie auch hinsichtlich des Leckageverhaltens unter Störfallbedingungen. Da ein Austreten kontaminierten Gases aus der Reaktorhülle vermieden werden muss, ist der Luft- bzw. Dampfdurchtritt durch entstandene Risse von erheblicher Bedeutung.

4.1 Anprallversuche und -simulationen

Die MPA Karlsruhe verfügt über eine Vielzahl von Möglichkeiten, um Belastungsgeschwindigkeiten vom Aufbringen einer statischen Last bis hin zu einer hochdynamischen Belastung zu realisieren. Hierzu stehen ein Fallrohr sowie eine Luftdruckkanone zur Verfügung, um geeignete Projektile bis zu einer Geschwindigkeit von 250 m/s zu beschleunigen. Die Datenaufnahme kann hierbei mit einer Abtastfrequenz von bis zu 25 MHz erfolgen.

Im Rahmen von nunmehr bereits drei Forschungsprojekten im Auftrag bzw. unter der Projektträgerschaft der Gesellschaft für Anlagen- und Reaktorsicherheit mbH für das Bundesministerium für Wirtschaft und Technologie (BMWi) hat sich die MPA Karlsruhe mit nach den Ereignissen vom 11. September 2001 neu aufgeworfenen Fragen der Anprallsicherheit von Bauwerken kerntechnischer Anlagen befasst [2]. Hierzu wurde eine Beschussanlage aufgebaut, mit deren Hilfe Projektile, die in Steifigkeits- und Massenverteilung einem Verkehrsflugzeug ähnlich waren, auf unterschiedliche Zielkörper geschossen werden konnten. Im Bild 4 ist der prinzipielle Aufbau dieser Beschussanlage dargestellt, bei der eine Luftdruckkanone zur Beschleunigung der Projektile eingesetzt wird.

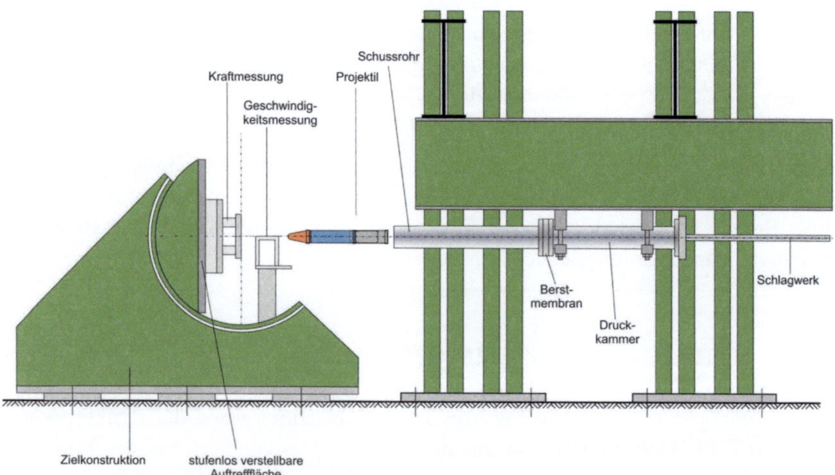

Bild 4   Prinzipskizze der Beschusseinrichtung zur Durchführung von Anprallversuchen

Das Projektil verlässt nach der Beschleunigungsphase das Schussrohr, erreicht nach einer Freiflugphase die Geschwindigkeitsmessung und prallt auf den Zielkörper auf. Im folgenden Bild 5 ist ein Projektil in der Freiflugphase, kurz bevor es die Geschwindigkeitsmessung erreicht und dann auf den Zielkörper prallt, abgebildet. Als Zielkörper stehen starre Wände, ein rotierbarer Zielträgertisch aus Stahl sowie ein Betonpendel zur Verfügung, die es ermöglichen, die Anprallkräfte direkt, mit Hilfe einer auf dem Zielkörper befestigten Kraftmessplattform, oder indirekt über Beschleunigungsmessungen zu bestimmen.

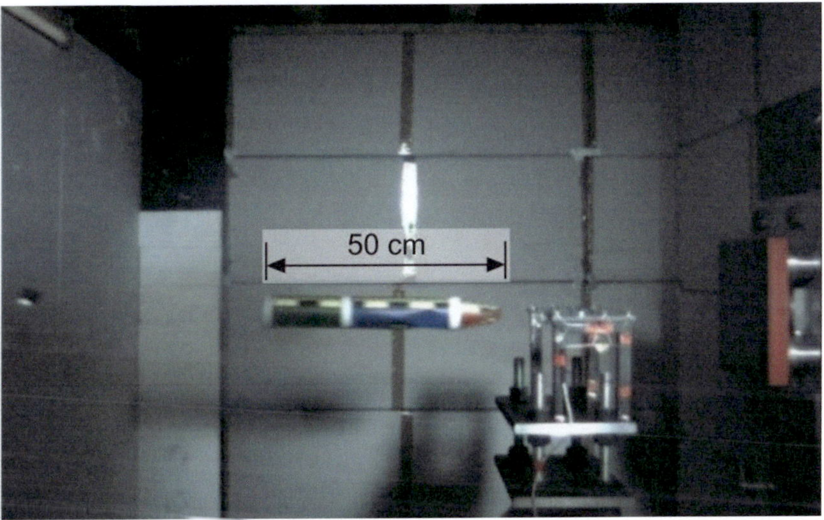

Bild 5   Projektil in der Freiflugphase kurz vor dem Anprall auf die Kraftmessplattform

Die Versuche werden mit einer Hochgeschwindigkeitskamera dokumentiert, die in der Lage ist, bis zu 10 000 Bilder pro Sekunde aufzunehmen. Ein exemplarischer Anprallverlauf ist als Standbildserie im Bild 6 dargestellt. Man erkennt auf den ersten vier Standbildern das Zusammenfalten der vorderen weicheren Teile des Projektils (rot und grün), bis es nach dem Auftreffen des hinteren steiferen Zylinders (grün, fünftes Standbild) zum Stillstand kommt (letztes Standbild). In diesen hinteren Projektilteil kann zusätzlich ein gefüllter Wassertank eingebaut werden, um den Einfluss der Tankfüllung auf die einwirkende Kraft sowie die Flüssigkeitsausbreitung beim Anprall ebenfalls im Versuch abbilden zu können.

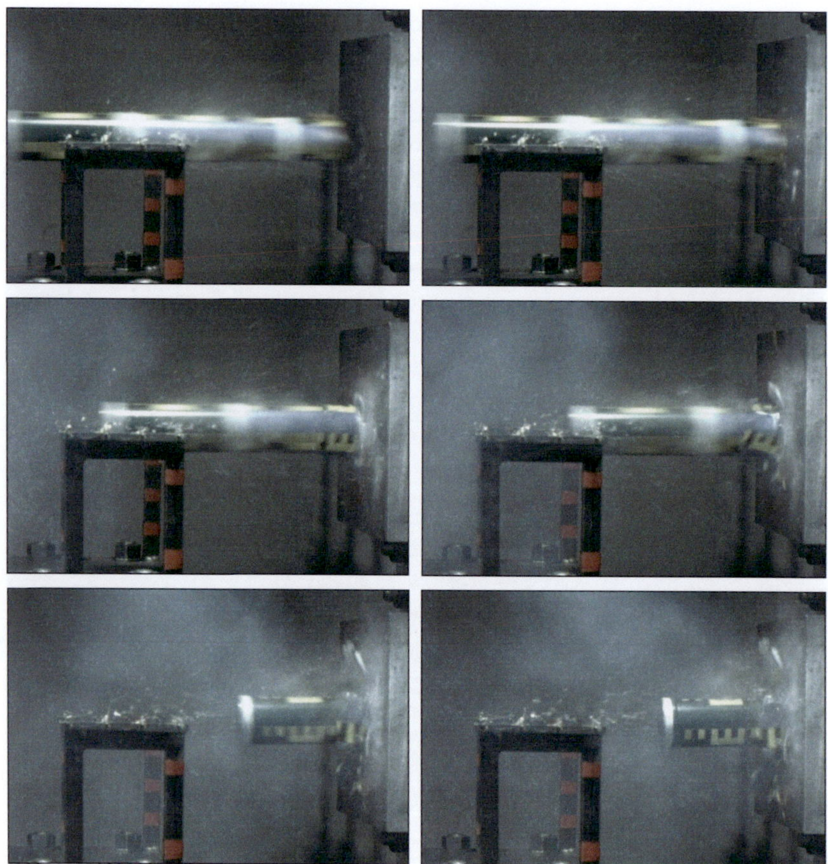

Bild 6   Projektil beim etwa 4 ms dauernden Anprallvorgang

Die bei den Versuchen gewonnenen Messwerte werden einer Frequenzfilterung unterzogen, da die Messsignale von Schwingungsanteilen aus der Anregung der Zielkörper überlagert sind. Ein exemplarischer Kraftverlauf ist im folgenden Bild 7 dargestellt. Man erkennt den prinzipiellen Verlauf der auf den Zielkörper einwirkenden Kräfte, der auch von einfachen Ingenieurmodellen in ähnlicher Weise prognostiziert und somit bestätigt wird.

Die Versuche werden von Finite-Elemente-Simulationen begleitet, die in einem aktuell laufenden Forschungsvorhaben weiterentwickelt werden. Hierbei werden unter anderem auch Reibeffekte bei schrägem Anprall sowie unterschiedliche Modellierungsarten (Arbitrary Lagrangian Eulerian (ALE) und Smooth Particle Hydrodynamics (SPH)) untersucht. Ausgeprägt ist sowohl beim Versuch wie auch bei beiden Berechnungsvarianten, die sich nur im späteren Verlauf der Lastkurve sichtbar unterscheiden, vor allem der steile Anstieg der Kraft beim Anprall des steifen Projektilteils. Insgesamt kann eine gute Übereinstimmung der Kraftverläufe erreicht werden.

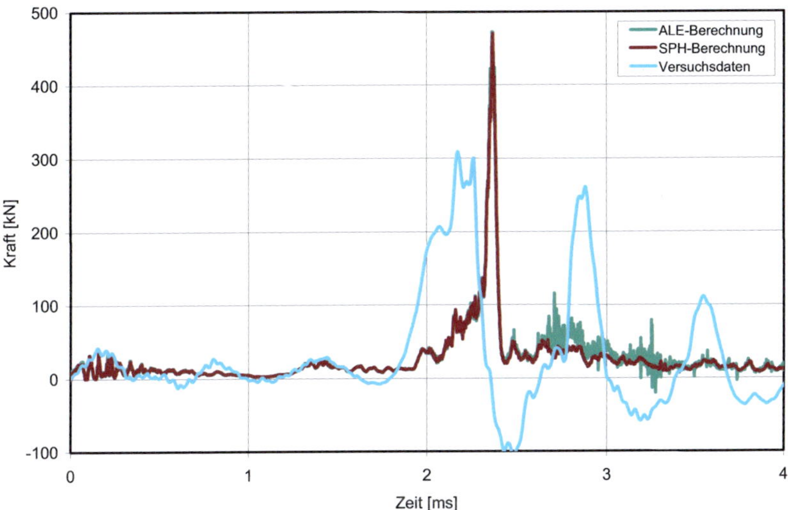

Bild 7   Beispielhafter Kraftverlauf, Vergleich Versuch und numerische Simulation

4.2   Leckageuntersuchungen an Containmentwänden

Vor dem Hintergrund der Ereignisse in Japan im März 2011 und der Entscheidung der Bundesregierung, die sieben ältesten kerntechnischen Anlagen in Deutschland vom Netz zu nehmen, stellt sich naturgemäß auch weiterhin die Frage der Sicherheit der im Betrieb befindlichen Anlagen. Ein wichtiger Aspekt dieser Überlegungen ist die Frage der Dichtigkeit des Betoncontainments, das bei den neueren Anlagen als zusätzlicher Schutz um die Stahlhülle des Reaktors gebaut wurde und die letzte Barriere gegen das Austreten kontaminierter Stoffe darstellt. Bei einem schweren Störfall stellen sich aus bautechnischer Sicht vor allem Fragen zum Verhalten der Stahlbetonstruktur beim möglichen Anprall von Komponentenfragmenten, der möglichen Rissentstehung (verursacht durch steigenden Innendruck innerhalb des Containments) sowie des Leckageverhaltens der Struktur (Materiedurchtritt durch die möglicherweise entstandenen Risse).

An der MPA Karlsruhe wurde im Rahmen eines Kooperationsprojektes mit der Electricité de France (EDF) bereits die zweite Generation einer speziellen Prüfanlage entwickelt, die es ermöglicht, realistisch bewehrte Bauteile, deren Abmessungen und Krümmung sich an im Einsatz befindlichen Reaktorkonzepten orientieren, unter Störfallbedingungen auf ihr Riss- und Leckageverhalten zu untersuchen [3].

Es können hierbei unter anderem die wissenschaftlichen Fragestellungen bezüglich der Penetrationsraten unterschiedlicher Gas- bzw. Luft/Dampf-Gemische in Abhängigkeit von Druck, Temperatur und Rissbreite, der Wirksamkeit von Abdichtungsmaßnahmen und sowohl autogener als auch initiierter Selbstheilungseffekte untersucht werden. Hierzu können mittels einer Druckkammer auf der Oberseite des Prüfkörpers Luft-Dampf-Gemische, die bis zu einem Innendruck von 7 bar$_{abs}$ auf den Körper einwirken, und gleichzeitig die entsprechend zugehörigen äußeren Kräfte durch hydraulische Pressen simuliert werden. Es besteht außerdem die Möglichkeit, die Prüfkörper mit einer Vorspannung zu versehen. Diese Vorspannung kann zur Simulation des Kriechverhaltens der Struktur im Verlauf einer Versuchsserie reduziert werden.

Die Leistungsdaten der Anlage lassen sich wie folgt zusammenfassen:

–	Prüfkörper:	Stahl- oder Spannbeton (bis ca. 12 MPa Vorspannung in Längsrichtung), Abmessungen (l x b x h) ca. 3,5 m x 1,8 m x 1,2 m, Krümmung wählbar (Radius aktuell ca. 22,5 m)
–	Prüfdruck:	1 - 7 bar$_{abs}$
–	Prüfkraft:	max. 40 MN Zugkraft in Längsrichtung
–	Medien:	Luft (Umgebungstemperatur), Luft bis ca. 200 °C, Luft-Dampf-Gemische bis ca. 200 °C

Das Prinzip des Versuchskörpers und die Umsetzung im Labor sind im nachfolgenden Bild 8 dargestellt.

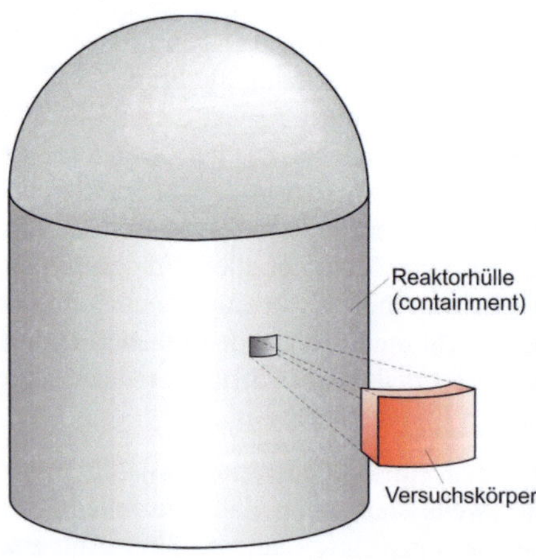

Bild 8   Prinzip des Prüfkörpers (links) und Umsetzung im Labor (rechts)

Im linken Bildbereich ist der simulierte Containmentausschnitt abgebildet und im rechten Bildbereich sieht man den Körper nach der Herstellung während des Drehvorgangs, bevor er liegend in den Prüfaufbau eingesetzt wird.

Der Prüfkörper wird im Rahmen eines definierten Störfallszenarios bis zum Entstehen von Trennrissen belastet. Hierzu wird die mit dem Innendruck in der oben liegenden Druckkammer verknüpfte, extern angreifende Zugkraft über die außen liegenden Hydraulikpressen in den simulierten Wandausschnitt eingeleitet (siehe Prinzipskizze in Bild 9). Dies geschieht mit Hilfe von massiven Stahlträgern, die über einbetonierte, mit Gewinden versehene Bewehrungsstäbe (GEWI) an den Prüfkörper angekoppelt sind.

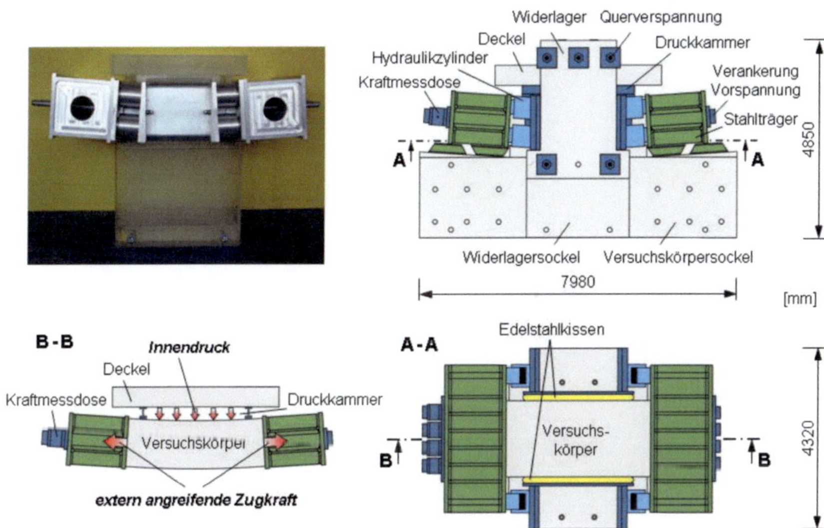

Bild 9   Modell (oben links) sowie Prinzipskizze und Schnitte des Versuchsaufbaus für Leckageuntersuchungen

Bei Steigerung des Innendrucks bewirkt die externe Zugkraft zuerst eine Verminderung der Vorspannung des Körpers, um nach vollständiger Überwindung der Vorspannung Zugkräfte in den Beton einzuleiten, die diesen zum Reißen bringen. Nach Entstehung der ersten Trennrisse wird der Probekörper zum Zwecke der Rissbreitenmessung zusätzlich instrumentiert und mit einer Auffangwanne versehen, die es dann erlaubt, durch die Risse durchtretendes Gas oder auch Flüssigkeit zu erfassen. Die Luft- und Wasser- bzw. Dampfleckagen können getrennt voneinander erfasst werden.

Zur Vermeidung einer verfälschten Leckagemessung an der Unterseite des Körpers wird dieser an den Seitenflächen durch Silikonmatten abgedichtet, die durch Edelstahlkissen mit einem Innendruck von bis zu 10 bar$_{abs}$ an den Körper gedrückt werden. Um die durch den Kissendruck auf die Widerlager wirkenden horizontalen Kräfte aufnehmen zu können, ist der gesamte Aufbau in horizontaler Richtung quer verspannt.

Eine Gesamtansicht des Versuchsaufbaus zeigt Bild 10, bei dem im vorderen Bereich einer der beiden Stahlträger mit den herausragenden Spanngliedern zu erkennen ist. Die oben im Bild sichtbare Betonplatte stellt den Deckel dar, der gleichzeitig auch als Druckkammer fungiert. Der komplette Stahlrost oberhalb des Deckels wird benötigt, um diesen auch in hohen Druckbereichen an einem Abheben zu hindern und die Dichtheit der Druckkammer zum Versuchskörper zu gewährleisten.

Bild 10   Bild des Versuchsaufbaus für Leckageuntersuchungen (Gesamthöhe ca. 7 m)

Das ganzheitliche Verhalten des Prüfkörpers kann durch seine umfangreiche Ausstattung mit Messtechnik erfasst werden, die es erlaubt, Dehnungen und Temperaturen im Innern des Betons sowie nach Rissentstehung die Rissbreiten an der Außenseite des Versuchskörpers zu registrieren. Zusätzlich wurden vom Projektpartner interne Dehnungsmessungen mit Hilfe eines optischen Systems sowie ergänzende Rissbreitenmessungen durchgeführt. Außerdem wurden ein optisches Rissdetektionssystem an der Unterseite des Probekörpers und eine Schallemissionsanalyse, bestehend aus acht einbetonierten Mikrofonen, installiert. Die Rissdetektionsergebnisse waren sehr vielversprechend, während die Schallemissionsauswertung ergab, dass ein Rissereignis bei entsprechender Filterung der Daten gut detektiert werden kann, eine Lokalisierung der Rissentstehung aus den Messdaten aber auf Grund der großen Heterogenität des Körpers jedoch nicht möglich ist.

In einer Messkampagne wurden Versuche bis zu einem Innendruck von 7 bar$_{abs}$ bei Vorspanngraden von 100 % (12 MPa), 80 % und 60 % durchgeführt. Bei einem auf 60 % reduzierten Vorspanngrad traten die erwarteten Trennrisse im Versuchskörper auf. Daraufhin wurden entsprechende Leckagemessungen durchgeführt. Exemplarisch ist eine solche Messung mit den zugehörigen Rissbreiten in Bild 11 dargestellt.

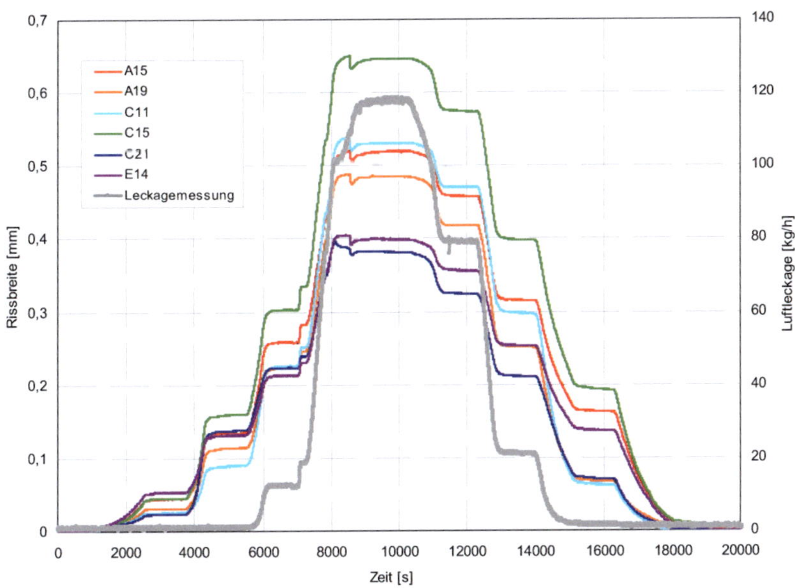

Bild 11   Exemplarisches Messergebnis einer Luftleckagemessung (grau) in gemeinsamer Darstellung mit den Rissbreitenverläufen an mehreren Messpositionen (farbig)

Man erkennt gut die farbig dargestellten Rissbreitenverläufe an verschiedenen Messpositionen der Unterseite des Körpers und die damit verbundene gemessene Leckagemenge. Der stufenartige Verlauf der Kurven erklärt sich durch das zur Anwendung gekommene Druckszenario, das verschiedene Laststufen bis zu einem Innendruck von 6 bar$_{abs}$ vorsah.

Die erzielten Ergebnisse von mittlerweile drei Leckageprojekten bilden die Grundlage für verschiedene numerische Simulationen und die Modellbildung für das Durchströmverhalten von Luft und Luft-Dampf-Gemischen durch gerissenen Stahl- bzw. Spannbeton [4].

5 Zusammenfassung

Mit dem oben dargestellten exemplarischen Auszug aus Prüf- und Forschungsprojekten soll ein Einblick in die aktuellen, aber auch langjährigen Tätigkeitsbereiche der Abteilung III – Sonderprüfungen/Messtechnik – der MPA Karlsruhe gegeben werden. Selbstverständlich gibt es noch viele weitere Aufgabengebiete, die an dieser Stelle nicht in aller Fülle dargestellt werden können. Wie die Erfahrung gerade im Forschungsbereich lehrt, tun sich immer neue, äußerst interessante Arbeitsgebiete auf, die es allen Mitarbeiterinnen und Mitarbeitern ermöglichen, sich selbst und die MPA Karlsruhe weiter zu entwickeln. Der Dank des Autors geht an alle Beteiligten, die den Erfolg der dargestellten Projekte durch Ihre engagierte Mitarbeit ermöglicht haben; sei es in Verwaltung, Werkstätten, Labors oder im wissenschaftlichen Bereich.

Literatur

[1]   DIN 4178, Ausgabedatum: 2005-04; Glockentürme; Beuth-Verlag; Berlin, 2005

[2]   Ruch, D.; Herrmann, N.; Müller, H. S.: Impact of soft Missiles –Evaluation of Load-Time Functions; Int. J. Materials Engineering Innovation; Vol. 2, No. 2, pp. 124-135, 2011

[3]   Herrmann, N. ; Gerlach, L. ; Müller, H. S.; Le Pape, Y.; Bento, C. ; Niklasch, C.; Kiefer, D.: PACE-1450 - Experimental Investigation of the Crack Behaviour of Prestressed Concrete Containment Walls considering the Prestressing Loss due to Aging; 20th International Conference on Structural Mechanics in Reactor Technology; SMiRT20, August 9-14, Espoo, Finland, 2009

[4]   Niklasch, C.; Herrmann, N.: Nonlinear fluid–structure interaction calculation of the leakage behaviour of cracked concrete walls; Nuclear Engineering and Design, Volume 239, Issue 9, pp. 1628-1640, September 2009

Die Abteilung IV
– Chemie / Physik –
der MPA Karlsruhe

Jörg-Detlef Eckhardt

Priv.-Doz. Dr. rer. nat. Jörg-Detlef Eckhardt

Leiter der Abteilung IV der MPA Karlsruhe

Karlsruher Institut für Technologie (KIT)
Gotthardt-Franz-Str. 3
76131 Karlsruhe
E-Mail:
Eckhardt@mpa-karlsruhe.de

Vorwort

Prof. Dr. Harald S. Müller ist nicht nur Inhaber des Lehrstuhls für Baustoffe und Betonbau am IMB und Direktor der MPA, sondern er stellt ein wichtiges Mitglied der Fakultät für Bauingenieur-, Geo- und Umweltwissenschaften und bedeutende Persönlichkeit innerhalb des Karlsruher Instituts für Technologie KIT dar.

So begegnete ich ihm als Geowissenschaftler seit der Gründung der neuen Fakultät für Bauingenieur-, Geo- und Umweltwissenschaften im Jahr 2002 zunächst auf zahlreichen Sitzungen. Prof. Müller erwies sich als stets freundliche und offene Persönlichkeit. In der Fakultät und deren Vorstand setzte er sich intensiv und integrativ für die nicht immer einfache Zusammenführung der Geowissenschaftler mit den Bauingenieuren ein. Dadurch hat er sich auch unter den neuen Fachkollegen zahlreiche Freunde geschaffen. Vor gerade zwei Jahren erhielt ich von Prof. Müller das reizvolle Angebot, in die Fußstapfen von Herrn Dr. Herold zu treten, der vorher die Abteilung Chemie/Physik geleitet hatte. Ein wichtiges Argument, diese Herausforderung dankbar anzunehmen, war für mich, eine Arbeitsgruppe anzutreffen, die sich nicht nur durch fachliche Qualität, sondern auch durch ein kollegiales und menschlich stimmiges Umfeld auszeichnet. Dass dies gegeben ist, liegt nicht nur an den Kollegen, die die entsprechenden Persönlichkeiten darstellen, sondern in ganz besonderem Maße an Prof. Müller, der seine fachliche und menschliche Kompetenz in seiner Leitungsfunktion und persönlich in die MPA Karlsruhe und den Lehrstuhl für Baustoffe und Betonbau einbringt.

1 Einführung

Die Eigenschaften des Baustoffs Beton lassen sich mit klassischen Größen, wie z. B. der Festigkeit beschrieben. Doch die Anforderungen steigen auf unterschiedlichen Ebenen stetig an. Es ist nicht nur notwendig, ständig den Baustoff zu modifizieren und zu verbessern, sondern die immer stärkeren Herausforderungen der Ingenieure verlangen ein tiefes Prozessverständnis insbesondere aus naturwissenschaftlicher Sicht.

Mit der Abteilung Chemie / Physik wurde an der MPA Karlsruhe schon frühzeitig und vorausschauend der Grundstein gelegt, um in einer Zusammenarbeit von Bauingenieuren und naturwissenschaftlich ausgerichteten Mineralogen solche Fragestellung zu lösen. Die Ausstattung war stets erstklassig, gleichermaßen orientiert an den Anforderung der praktischen Prüfaufgaben und anspruchsvollen Forschungsthemen.

Die hochmoderne analytische Abteilung wird ständig auf dem aktuellen Stand gehalten und erweitert. Im Rahmen der Baustoffprüfung, bei gutachterlichen Fragestellungen, bei Schadensfällen und im Bereich der Weiterentwicklung von Baustoffen, insbesondere des Betons wird seit vielen Jahren erfolgreich gearbeitet.

Nationale und internationale Forschungsprojekte, gefördert durch die Industrie, Bundesministerien und die Deutsche Forschungsgemeinschaft zeigen, wie fundiert und gleichzeitig breit die MPA Karlsruhe und das Institut für Massivbau und Baustofftechnologie aufgestellt sind. Fachübergreifende Kooperationen haben Tradition und einen wichtigen Anteil am interdisziplinären Ansatz bei der Lösung ingenieurwissenschaftlicher Fragestellungen.

2 Ausstattung

Die Gliederung der Abteilung IV in die Bereiche Physik und Chemie verdeutlicht den Ansatz, auf makroskopischer Skala gewonnene „klassische" Prüfergebnisse auf materialphysikalischer, mikroskopischer und chemischer Ebene durch naturwissenschaftliche Zusammenhänge zu unterfüttern, oder auch für diese Bereiche eigenständige Untersuchungen durchzuführen. Die MPA Karlsruhe ist in der Lage, Materialkennwerte über sämtliche relevanten Skalen hinweg zu untersuchen und dadurch, weit über eine Charakterisierung hinaus, die Prozesse zu untersuchen, die für bestimmte Baustoffeigenschaften oder -veränderungen verantwortlich sind.

Mit modernsten Methoden und analytischen Instrumenten werden physikalische und chemische Kenngrößen untersucht. Selbstverständlich ist die gesamte Grundausstattung zur Bestimmung aller gängigen Parameter im Hause vorhanden. Ein besonderes Merkmal der MPA Karlsruhe sind jedoch Labore und Instrumente, die spezifische Untersuchungen sowohl zur Materialcharakterisierung als auch in der Forschung an Baustoffen und betontechnologischen Fragestellungen ermöglichen.

Hierzu gehört ein Rheologielabor, das mit mehreren Geräten ausgestattet ist (in Bild 1 ist eines der Rheometer beispielhaft dargestellt), die über komplexe Messprogramme nicht nur rheologische Daten gewinnen. Vielmehr ist es mittels eigens entwickelter Messeinrichtungen (u. a. Ultraschallmesskopf) möglich, Aussagen über die Veränderung der Oberflächeneigenschaften der Zementpartikel während des Abbindeprozesses zu erhalten. Dies erlaubt essentielle Erkenntnisse beispielsweise über die Wirkung von Zusatzmitteln. Weitere Geräteentwicklungen an den Rheometern ermöglichen es, auch unter hohen Drücken und Temperaturen rheologische Untersuchungen durchzuführen um das Abbindeverhalten in tiefen Bohrlöchern zu simulieren (siehe hierzu auch Beitrag Haist in dieser Festschrift).

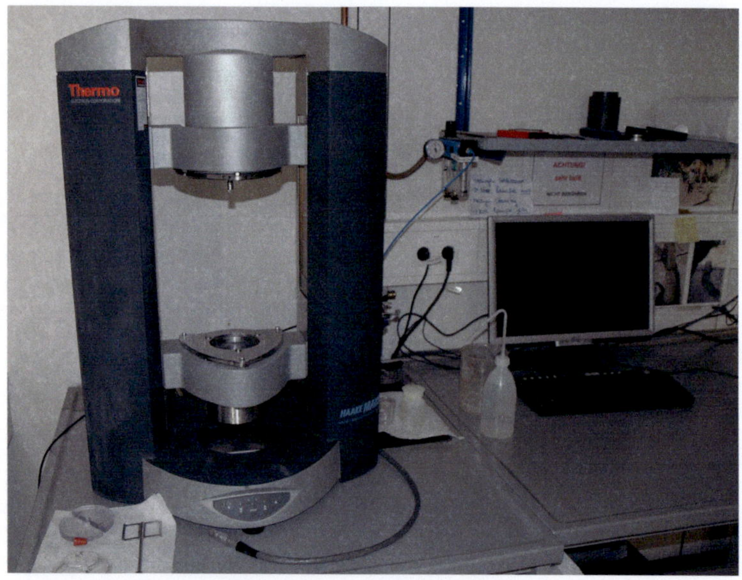

Bild 1   Rheologielabor mit zwei Hochleistungsrheometern für Untersuchungen an Zementsuspensionen und Mörteln

Zum Verständnis der Abbindereaktionen insbesondere verschiedenartiger Bindemittel ist der Einsatz eines Kalorimeters essentiell. Mit diesem Gerät kann chronologisch die Wärmeenergie chemischer Umsetzungen hochaufgelöst verfolgt werden. Dies ermöglicht die zeitliche und energetische Beschreibung einzelner, spezifischer Reaktionen, unter anderem beim Abbindeverhalten zementöser Werkstoffe.

Diese Untersuchungen werden durch lasergranulometrische Bestimmungen der Partikelgrößenverteilung granularer Feinststoffe ergänzt. Das zur Verfügung stehende Gerät deckt dabei Partikelgrößen in einer Spannweite zwischen etwa 0,04 µm und 500 µm ab.

Strukturelle Eigenschaften spielen eine entscheidende Rolle für die Festigkeit des Betons. Das Mikroskopielabor ist mit verschiedenartigen Geräten ausgestattet, so dass alle relevanten Mikroskopiertechniken angewendet werden können. Hierzu zählen Auflicht- und Durchlichtmikroskopie, Polarisationsmikroskopie und automatisierte Bildanalysesysteme. Bild 2 zeigt das zugehörige Mikroskop mit automatisiertem Probentisch und digitaler Bilderfassung. Ein direkter und kurzfristiger Zugang zum Elektronenmikroskopischen Labor des KIT und entsprechende Erfahrung bei der Interpretation derartiger Untersuchungsergebnisse sind in der Abteilung vorhanden.

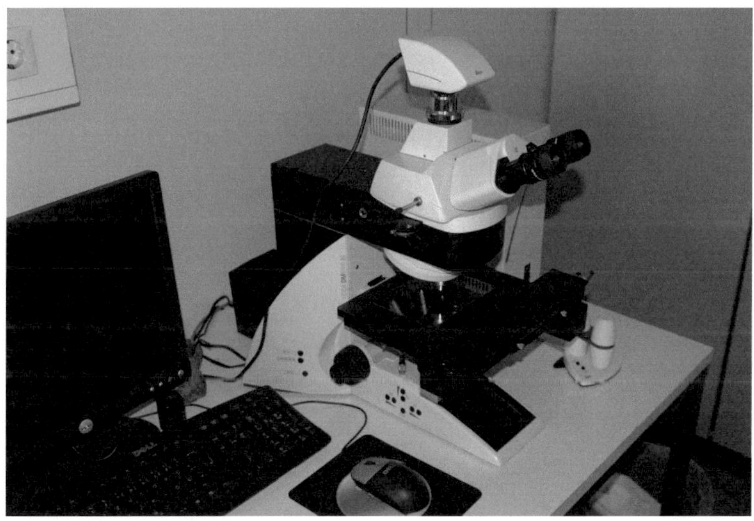

Bild 2   Mikroskopierraum mit automatischem Bildanalyse-Polarisationsmikroskop, ausgestattet mit Digitalkamera

Ebenfalls zur Beurteilung der Struktur von Baustoffen wird an der MPA Karlsruhe die Quecksilber-Druck-Porosimetriemethode eingesetzt. Hierzu wird Quecksilber unter hohem Druck in den Porenraum einer Probe eingepresst. Aus dem gemessenen Druck sowie dem eingepressten Volumen kann auf die Porengrößenverteilung von Baustoffen geschlossen werden. Diese Methode wird zusätzlich durch Gasadsorptionsmessungen (BET) unterstützt, mit denen die spezifische innere Oberfläche eines Materials ermittelt werden kann.

Ein weiterer Schwerpunkt im Bereich der physikalischen Untersuchungsmethoden liegt auf der Analyse kristalliner Phasen in Baustoffen. Neben der oben beschriebenen Polarisationsmikroskopie spielen hier moderne instrumentelle Verfahren eine wichtige Rolle und stellen schnelle und zuverlässige Bestimmungsmethoden dar. Die Abteilung Chemie und Physik der MPA Karlsruhe verfügt über ein Röntgendiffraktometer Bruker D8, das mit 3 verschiedenen Detektoren ausgestattet ist (Bild 3). Dadurch kann die Messmethodik schnell und flexibel an die jeweilige Problemstellung angepasst werden. Schnelle exakte Routinemessungen auf der einen Seite und hochaufgelöste Messungen mit eigenen maßgeschneiderten Messprogrammen ggf. unterstützt durch weiterführende Elementanalytik mittels Röntgenfluoreszenzmessungen sind am selben Gerät möglich.

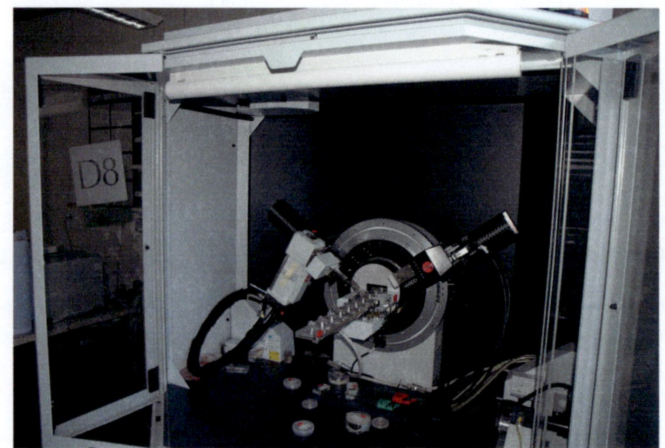

Bild 3 Röntgendiffraktometer

Die röntgenographische Phasenanalyse wird durch ein Gerät zur thermischen Phasenanalyse (DTA/TG/DTG) ergänzt, das in der Lage ist, Phasenreaktionen bis zu einer Temperatur von 1 600° C zu analysieren. Diese Methode kommt nicht nur zur Charakterisierung mineralischer Festphasengemische sondern auch für organische Substanzen wie Farben (hier mit variablem Trägergas) zum Einsatz. Das Gleiche gilt für das auf Bild 4 gezeigte Infrarotspektrometer, mit dem die analytischen Möglichkeiten zur Phasenanalyse vervollständigt werden.

Die chemische Analyse von Baustoffen spielt für ganz unterschiedliche Fragestellungen eine wichtige Rolle. Das Spektrum reicht von der Produktkontrolle über Schadensfälle bis hin zu anspruchsvollen Forschungsproblemen. Dies verlangt nach einem vielseitig ausgestatteten Labor und nach Methoden, mit denen spezielle analytische Fragestellungen gelöst werden können. Das Chemielabor der MPA Karlsruhe ist entsprechend eingerichtet. Neben einem konventionellen nasschemischen Labor verfügt es über modernste instrumentelle Analysenverfahren. Die im Zement wichtigen Elemente Schwefel und insbesondere für Kompositzemente Kohlenstoff werden mit einem Kohlenstoff-Schwefel-Analysator infrarotspektrometrisch direkt aus der Feststoffprobe analysiert (Bild 4).

Für die Elementanalyse aus Lösungen steht neuerdings neben dem Atomabsorptionsspektrometer (AAS) ein Mikrowellenplasma-Atomemissionsspektrometer (MP-AES) als neueste Generation dieser Geräteklasse zur Verfügung. Mit diesem Instrument sind zuverlässige Bestimmungen von mehr als 70 Elementen bis zu Konzentrationen von wenigen $\mu g/dm^3$ möglich.

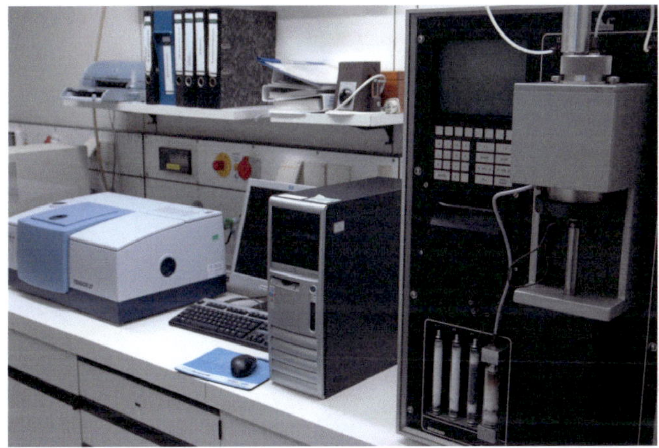

Bild 4   Chemielabor mit Kohlenstoff-Schwefel-Analysator und Infrarotspektrometer

Die erfolgreiche Anwendung der analytischen Möglichkeiten der Abteilung IV Chemie und Physik wäre nicht möglich ohne konsequente Qualitätssicherungsmaßnahmen und engagierte Mitarbeiter auf allen Ebenen.

3   Prüfprojekte

Die Art der Prüfprojekte, mit denen die MPA Karlsruhe und damit auch die Abteilung IV beauftragt wird, ist sehr vielseitig, interessant und häufig auch sehr spannend. Verständlicherweise kann hier nicht auf Einzelheiten eingegangen werden oder Auftraggeber und Prüfobjekte benannt werden. Aber es soll an dieser Stelle versucht werden, den Bogen über die Verschiedenartigkeit der Prüfungen zu spannen um dem Leser einen Eindruck in die Anwendung der physikalischen und chemischen Untersuchungen zu gewähren. Die Abteilung IV ist hier als Serviceeinheit zu verstehen, insbesondere für die Abteilung I (Baustoffe) der MPA Karlsruhe sowie für die Forschungsfragen des Lehrstuhls für Baustoffe und Betonbau. In den entsprechenden Kapiteln dieser Festschrift werden verschiedene Themen vorgestellt, zu denen Chemie und Physik einen wesentlichen Beitrag geleistet haben. Die Abteilung IV führt zudem zahlreiche eigene Prüf- und Forschungsprojekte durch, die sich spezifisch mit chemisch-physikalischen oder mineralogischen Fragestellungen befassen.

Das Fundament der Abteilung Chemie und Physik bilden Untersuchungen für Routineprüfungen aus dem gesamten Bereich der Baustoffe. Dies beinhaltet Werkskontrollen der Zement- und Kiesindustrie, Betonprüfungen und Bauwerksuntersuchungen. In diesem Feld sind vor allem verschiedene chemische und physikalische Analysen, petrographische Untersuchungen und Phasenanalysen gefragt. Als Beispiel zeigt Bild 5 eine Mikroskopaufnahme und ein Röntgendiffraktogramm eines Schadensfalls in dem der Zusammenhang zwischen Rissbildungen und der Zusammensetzung einer Faserbetonplatte mittels Mikroskopie und Röntgendiffrakometrie untersucht wurden.

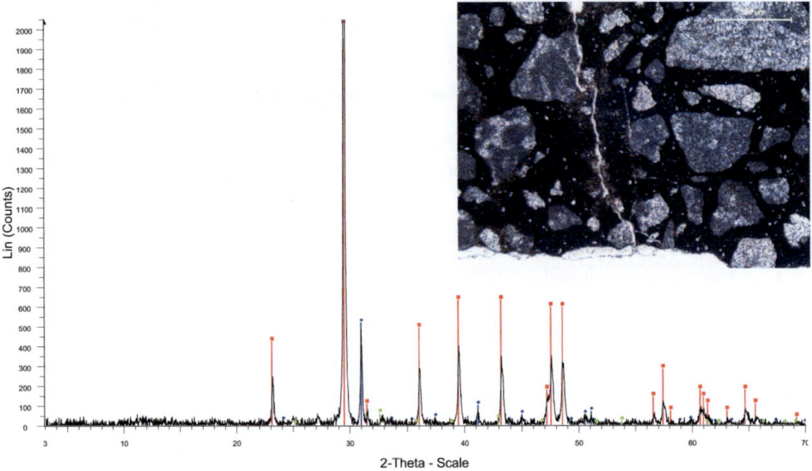

Bild 5   Mikroskopaufnahme und Röntgendiffraktogramm einer Faserbetonplatte

Die direkt in Abteilung IV angesiedelten Prüfaufträge betreffen oft komplexe Schadensfälle, zu deren Aufklärung meist eine Kombination verschiedener chemischer und physikalischer Untersuchungsmethoden notwendig ist. Vielfach sind spezifische chemische Untersuchungen einzelner Komponenten und Phasenanalysen der beteiligten Komponenten beinhaltet. Einige weitere Beispiele aus dem breiten Spektrum seien hier genannt:

- Untersuchung der Zementspezifikation
- Nachweis von Asbest (wieder aktuell in Folge der Montage von Solarmodulen)
- Ursachen von Schäden an Anhydrit-Estrichen
- Verfärbungen von Fassaden
- Prüfungen von Natursteinen z. B. an historischen Gebäuden
- Untersuchungen der (auch unzureichenden) Eigenschaften von Betonen aus neuartigen oder importierten Zementen
- Untersuchungen und Forschungstätigkeiten zur Alkaliempfindlichkeit lokaler Gesteinskörnungen bei Großbauwerken im In- und Ausland
- Analyse von Bauwerksschäden aufgrund unbekannter Korrosionsprozesse
- Bestimmung des Aufbaus und der Zusammensetzung alter Putze und Betone

Die Vielseitigkeit der Prüfaufträge bringt nicht nur eine willkommene Abwechslung in die analytischen Arbeiten, sondern ist gleichzeitig eine Herausforderung stets die von der Fragestellung gegebenen qualitativen Ansprüche zu erfüllen und die Auftraggeber umfassend zu betreuen.

4   Forschungsaktivitäten

Die Forschungsaktivitäten der Abteilung IV finden auf verschiedenen Ebenen statt. Unter der fachlichen Betreuung des jeweiligen Abteilungsleiters wurden und werden verschiedene anwendungsnahe Forschungsprojekte durchgeführt. Gleichzeitig findet eine intensive Beteiligung an Forschungen des Lehrstuhls für Baustoffe und Betonbau und anderen Projekten der MPA Karlsruhe in Form von analytischem Service und wissenschaftlicher Mitarbeit statt.

Hierbei werden wichtige aktuelle Themen die unter anderem im Bereich des Reaktorrückbaus, zement- und betontechnologischer Entwicklungen, korrosiven Prozessen und Schadensmechanismen oder der CO_2-Speicherung angesiedelt sind, behandelt. Eine beispielhafte Auswahl aktueller, gemeinsam mit dem Lehrstuhl durchgeführter Forschungsaktivitäten soll im Folgenden kurz beleuchtet werden.

In einem durch das BMBF geförderten Projekt werden gemeinsam mit Industriepartnern die Frischbetoneigenschaften von kalksteinhaltigen Zementen untersucht. Dieses Projekt ist von hoher Relevanz für die Bauwirtschaft, da sich in der Anwenderpraxis gezeigt hat, dass sich verschiedene Zemente bei gleichem Anteil unterschiedlicher Kalksteinmehle in der Verarbeitung anders verhalten. Die Untersuchungsergebnisse belegen, dass das rheologische Verhalten der Kalksteine ganz entscheidend von deren mineralogischer Struktur bestimmt wird. Dies ist in Bild 6 an zwei rasterelektronenmikroskopischen Aufnahmen erkennbar. Somit spielen auch Alter und Herkunft des Materials eine große Rolle. Weiterhin hat sich im

Rahmen der Versuche herausgestellt, dass die Wirkung verschiedener Zusatzmittel auf Zement und Kalkstein nicht nur unterschiedlich, sondern konträr sein kann [1].

Bild 6   Rasterelektronenmikroskop-Aufnahmen zweier unterschiedlicher Kalksteinmehle. Verschiedenartig ausgebildete Calcitkristalle und Kalksteinkörner sind erkennbar.

Korrosive Prozesse spielen schon seit langem eine zentrale Rolle unter den Forschungsarbeiten an der MPA Karlsruhe. Von fundamentaler Bedeutung waren dafür auch die Arbeiten von Herrn Dr. Herold, der sich über Jahre mit der Reaktionskinetik zementgebundener Werkstoffe beim Angriff betonangreifender Wässer beschäftigt hat. In diesem Rahmen konnte nicht nur das Lösungsverhalten der Zementsteinphasen differenziert betrachtet werden, sondern es wurde auch in Abhängigkeit der Umgebungsparameter das Wechselspiel zwischen dem Aufbau von Restschichten, die den Korrosionsprozess hemmen und der Reaktionsgeschwindigkeit dargestellt. Dadurch lassen sich sowohl Voraussagen über die zu erwartende Schädigungstiefe als auch Hinweise auf die mechanischen Kenndaten des Werkstoffs ableiten [21].

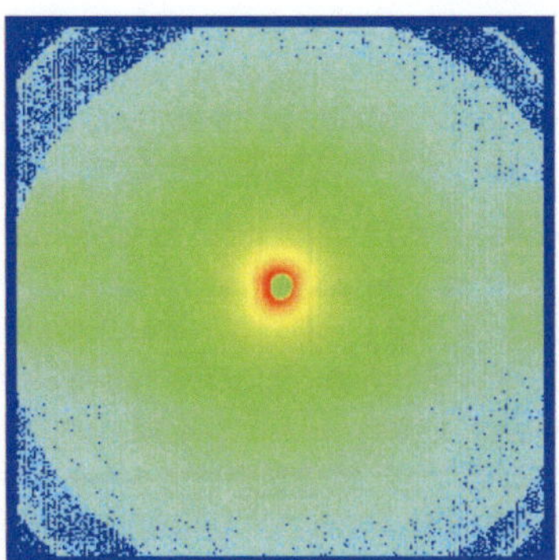

Bild 7   2-dimensionales Kleinwinkel-Röntgen-Streubild aus einem Lastexperiment mit Zementstein

Auch Herrn Prof. Müllers „eigenes" Thema, das Kriechverhalten von Zementstein, wurde mit mineralogischen Methoden im Rahmen eines DFG-geförderten Projekts behandelt. Mittels der Röntgenkleinwinkelstreuung (SAXS; ehem. Kratky-Kamera) lassen sich Hinweise auf Materialeigenschaften und Prozesse herleiten, die sich im Nanometer-Bereich abspielen. Mit diesem von Herrn Prof. Müller verfolgten, höchst innovativen Ansatz konnte erstmals in-situ das Verhalten des Porenraums und der Partikel beim Kriechen von Zementstein beobachtet und quantifiziert werden. In Bild 7 ist ein typisches Kleinwinkel-Röntgen-Streubild dargestellt [3].

5   Zusammenfassung

Die obigen Ausführungen sollen einen Überblick über die Ausstattung und analytischen Möglichkeiten der Abteilung IV – Chemie/Physik – der MPA Karlsruhe geben und gleichzeitig einen beispielhaften Einblick in typische Prüfaufgaben und angewandte Forschungsfelder gewähren. Mit Herrn Prof. Müllers Unterstützung und ständigen Anregungen befindet sich die Abteilung in einer konsequenten Weiterentwicklung; neue analytische Möglichkeiten und Forschungsthemen tun sich auf und werden vorangetrieben.

Der Dank für die erfolgreichen Tätigkeiten gilt nicht nur Herrn Prof. Harald S. Müller, sondern auch den motivierten und engagierten Mitarbeiterinnen und Mitarbeitern, die ihren wesentlichen Anteil daran haben.

Literatur

[1]   Haist, M., Glowacky, J., Eckhardt, J.-D., Müller, H. S.: Replacement of Cement Clinker by Limestone Powders Improving the Sustainability of Concrete Structures. In: Tagungsband zu „International Conference: Climate and Constructions", 24.-25. Oktober 2011, S. 207-218, Karlsruhe, 2011.

[2]   Herold, G.: Korrosion zementgebundener Werkstoffe in mineralsauren Wässern. Schriftenreihe des Inst. f. Massivbau u. Baustofftechnologie, Heft 36, 1999.

[3]   Neumann, A.; Herold, G.; Dingenouts, N.; Müller, H. S.: Investigation on Creep Mechanisms of Hardened Cement Paste by Means of the Small Angle X-ray Scattering Method. 7th Int. Conf. on Creep, Shrinkage and Durability of Concrete and Concrete Structures, 2005.

Programm

des Festkolloquiums aus Anlass des
60. Geburtstags von Prof. Dr.-Ing. Harald S. Müller

am 19. Januar 2012 um 15 Uhr s. t. in Karlsruhe

Grußworte	**Prof. Dr.-Ing. Detlef Löhe** Vizepräsident für Forschung und Information Karlsruher Institut für Technologie (KIT)

Prof. Dr.-Ing. habil. Dr. h.c. Bernhard Heck
Dekan der Fakultät für Bauingenieur-, Geo-
und Umweltwissenschaften
Karlsruher Institut für Technologie (KIT)

Laudatio   **Univ.-Prof. Dr. -Ing. Dr. h.c. mult. Franz Nestmann**
Institut für Wasser und Gewässerentwicklung
Karlsruher Institut für Technologie (KIT)

Festvorträge   ***fib* Model Code 2010 as basis of codes for
future concrete structures**
Prof. Dr.-Ing. György L. Balázs
Präsident der Fédération Internationale du Béton (*fib*),
Lausanne, Schweiz

**Wie Baustoffe von heute das Bauen
von morgen beeinflussen**
Prof. Dr.-Ing. Manfred Curbach
Vorstand des Deutschen Ausschusses für Stahlbeton e. V.,
Berlin

Baustofftechnologie in Lehre und Forschung
Prof. Dr.-Ing. Harald Budelmann
Mitglied des Senats der Deutschen Forschungsgemeinschaft
(DFG), Bonn

Empfang

Moderation: Dr.-Ing. Michael Haist und Dr.-Ing. Nico Herrmann